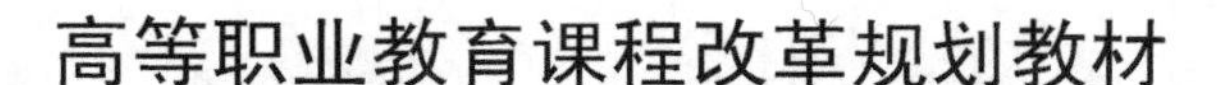

高等职业教育课程改革规划教材

云计算架构与技术实践

主　编　刘　昊　张玉萍

副主编　王丽娜　刘加森

参　编　马宇麟　李　强　孟凡涛　迟　曲

主　审　左晓英　冯志勇

机 械 工 业 出 版 社

本书首先介绍了云计算架构中基于IaaS的技术需求，并以此为导引，以IaaS建设过程为主线，全书分为云计算的架构、云计算架构的设计、云计算架构的系统集成、云计算架构的测试与演练4章。每章均做到工作过程和学习过程一体化，企业环境与教学环境一体化。

本书可作为高职高专院校计算机应用技术、计算机网络技术、云计算技术与应用、大数据技术与应用及相关专业的教材，也可作为相关培训和从业人员的案头手册。

为方便学习，本书配备实训手册、电子课件、习题答案、模拟试卷及答案、教学视频等资源，凡选用本书作为授课教材的学校，均可来电或者邮件索取，010-88379564 或 cmpqu@163. com。

图书在版编目（CIP）数据

云计算架构与技术实践/刘昊，张玉萍主编．—北京：机械工业出版社，2019. 5（2023. 7重印）

高等职业教育课程改革规划教材

ISBN 978-7-111-61967-3

Ⅰ．①云…　Ⅱ．①刘…　②张…　Ⅲ．①云计算-高等职业教育-教材

Ⅳ．①TP393. 027

中国版本图书馆CIP数据核字（2019）第024694号

机械工业出版社（北京市百万庄大街22号　邮政编码100037）

策划编辑：曲世海　　　　责任编辑：曲世海　冯睿娟

责任校对：张晓蓉　梁　静　封面设计：陈　沛

责任印制：单爱军

北京虎彩文化传播有限公司印刷

2023年7月第1版第4次印刷

184mm×260mm · 12.5印张 · 306千字

标准书号：ISBN 978-7-111-61967-3

定价：38.00元

凡购本书，如有缺页、倒页、脱页，由本社发行部调换

电话服务　　　　　　　　网络服务

服务咨询热线：010-88379833　机 工 官 网：www. cmpbook. com

读者购书热线：010-88379649　机 工 官 博：weibo. com/cmp1952

教育服务网：www. cmpedu. com

　金 书 网：www. golden-book. com

前　言

2014 年后，4G 通信、比特币、区块链、大数据、人工智能等领域的高速发展，使得服务商提供的服务越来越复杂。云计算是以数据中心为节点，利用 Internet 或 Intranet 进行互联，充分整合了通信技术、虚拟化技术、存储技术、集群技术等信息与通信行业优势资源，而衍生的一个综合性应用系统和服务模式。

本书以某移动通信公司 5G 体系架构中的云数据中心建设为背景，全面阐述了云计算中 IaaS（基础设施即服务）在体系架构、建设和运维过程中的相关知识，充分体现了高职教育基于工作过程与贴近工作的特点。

本书以 IaaS 的项目建设流程为主线，以“云–管–端”为知识体系框架，知识体系覆盖云计算建设中的 3 大主题：计算架构 + 传输网络 + 虚拟化，其中计算架构相当于人的脑细胞与脑组织，传输网络为神经元，虚拟化为人的思想延伸。

本书由刘昊和张玉萍主编。刘昊编写了第 1 章、第 2 章的 2.1 节；张玉萍编写了第 2 章的 2.4 节、第 3 章的 3.3 节；王丽娜编写了第 2 章的 2.3 节、第 3 章的 3.2 节；刘加森编写了第 2 章的 2.2 节；马宇麟编写了第 3 章的 3.1 节；李强编写了第 3 章的 3.4 节；孟凡涛编写了第 4 章；迟曲编写了第 2 章的 2.5 节。全书由左晓英、冯志勇主审。

教材在编写过程中，得到了黑龙江信息技术职业学院、哈尔滨工程大学、华为技术有限公司、新华三技术有限公司、哈尔滨新天翼电子有限公司、黑龙江省东源电子工程有限公司、佳杰科技（中国）有限公司等单位的大力支持，这些单位为本教材提供的设计方案、实施文档、工程管理文档等，在此深表感谢。本书在编写过程中参考了许多网络资料，由于大部分无法知晓作者的姓名，因此未能在参考文献中一一列出，在此一并深表感谢。

由于编者水平有限，加之时间仓促，书中难免有疏漏与不妥之处，恳请广大读者批评指正。

编　者

目　录

前　言
第 1 章　云计算的架构 …… 1
1.1　云计算的总体架构分析 …… 1
1.2　云计算数据中心的内部架构 …… 6
1.3　云计算数据中心的外部架构 …… 17
习题 1 …… 23
第 2 章　云计算架构的设计 …… 25
2.1　分布式计算架构设计 …… 25
2.2　内部网络设计 …… 35
2.3　接入网络设计 …… 55
2.4　传输与容灾网络设计 …… 66
2.5　虚拟化系统设计 …… 78
习题 2 …… 88
第 3 章　云计算架构的系统集成 …… 90
3.1　内部系统集成 …… 90
3.2　接入网络集成 …… 116
3.3　传输与容灾网络集成 …… 131
3.4　虚拟化系统集成 …… 151
习题 3 …… 178
第 4 章　云计算架构的测试与演练 …… 180
4.1　案例引入 …… 180
4.2　案例分析 …… 180
4.3　技术解析 …… 181
4.4　能力拓展 …… 190
习题 4 …… 195
参考文献 …… 196

第1章 云计算的架构

1.1 云计算的总体架构分析

1.1.1 案例引入

2020年，5G（第五代移动通信）将在中国实现商业化，基于移动终端的三网融合已成为可能。中国移动在2010年4月，正式发布的《面向绿色演进的新型无线网络架构C－RAN白皮书》，阐述了对未来集中式基带处理网络架构技术发展的愿景，而C－RAN架构以其特有的优势，已成为中国移动公司的5G基础架构。

随着研究的进展，C－RAN技术概念不断被充实，并赋予新的内涵，C－RAN的需求如下：

1）开放平台，支持多标准和系统异构。

2）更好地支持移动互联网服务，多业务按需传输。

3）海量的数据存储，高速的数据读取。

4）数据挖掘，精准营销。

5）数据容灾系统建设。

1.1.2 案例分析

一、C－RAN产业链构成

随着智能移动终端的普及，移动用户需要更快的传输速度，更加丰富多彩的掌上应用，5G已经迫在眉睫。中国移动的C－RAN是基于云计算的无线接入网络，以云计算为核心，构建了新型的5G网络架构，并以此为基础，可大幅度提升网络数据处理能力、转发能力和整个网络系统容量。

C－RAN自提出以来得到了国内外的巨大关注，广大标准组织、运营商和设备商都积极参与其中。目前，C－RAN已经形成了完整的产业链，覆盖芯片设备制造、运营和标准等各个环节，C－RAN产业链如图1-1所示。

未来的5G架构以云计算理念为内涵，向更广阔的技术领域延展，将会诞生灵活的无线接入云、智能开放的控制云、高效低成本的转发云，可以使5G网络更加智能化。

二、C-RAN架构简介

C-RAN是中国移动研究院在2009年提出的，它是一种实时云计算构架（Real-time Cloud Infrastructure）的无线接入网构架（Radio Access Network），其本质是将云计算、虚拟化、无线接入、高速传输、多业务接入等技术相融合，实现资源共享和动态调度，提高频谱效率，以达到低成本、高带宽和灵活度的运营。

图1-1 C-RAN产业链

将云计算技术引入到C-RAN中，给5G蜂窝网络架构带来巨大的影响，而基于云计算的大数据处理与挖掘，通过用户行为和业务特性的感知，实现业务和网络的深度融合，因此，中国移动的云计算建设，将成为5G通信中的重中之重。

C-RAN架构包括：

1）由远端无线射频单元（Radio Remote Unit，RRU）和天线组成的分布式无线网络。

2）高带宽、低延迟的光传输网络。

3）由高性能通用处理器和实时虚拟技术组成的集中式基带资源池，即多个基带传输单元（Base Band Unit，BBU）集中在一起，由云计算平台进行实时大规模信号处理，从而实现了BBU池，如图1-2所示。

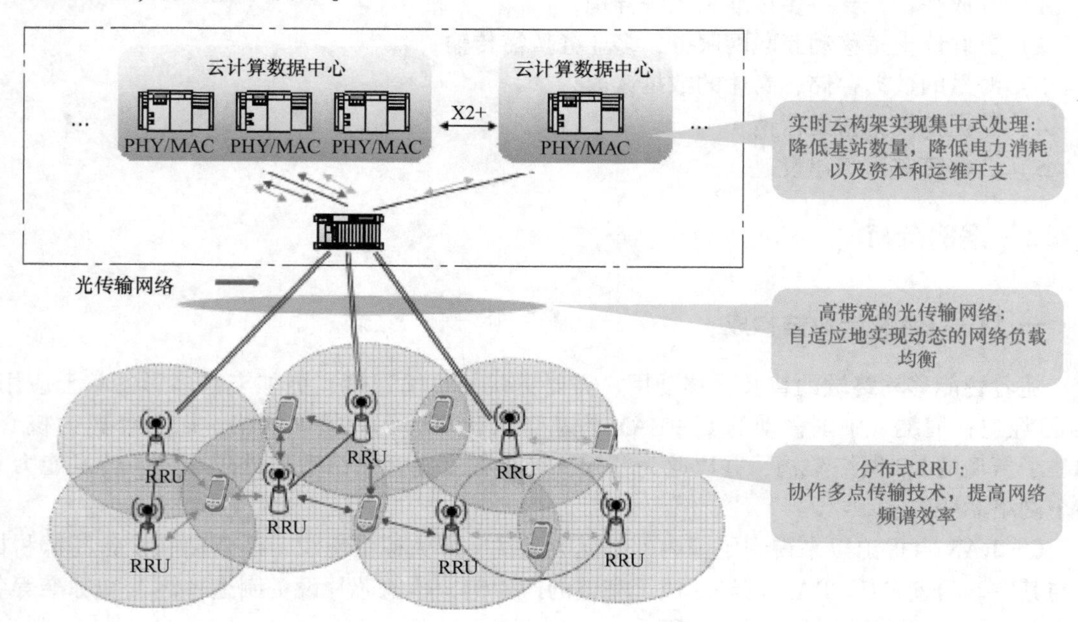

图1-2 C-RAN网络架构

1.1.3　技术解析

一、云计算的定义

“云”是电信网络、互联网、专用网络等的一种比喻说法，过去在图中往往用云来表示电信网，后来也用来表示互联网和底层基础设施。美国国家标准与技术研究院（NIST）定义：云计算（Cloud Computing）是一种按使用量付费的模式，这种模式提供可用的、便捷的、按需的网络访问，进入可配置的计算资源共享池（资源包括服务器、存储系统、应用软件服务等），这些资源能够被快速提供，只需投入很少的管理工作，或与服务供应商进行很少的交互。

狭义云计算指IT基础设施的交付和使用模式，通过网络以按需、易扩展的方式获得所需资源；广义云计算指服务的交付和使用模式，指通过网络以按需、易扩展的方式获得所需服务。这种服务可以是软件服务、互联网服务等，它意味着计算能力也可作为一种商品通过互联网进行流通。

云计算其本质是提供一种服务模型，实质上是建立在计算机技术、通信技术、虚拟化技术、存储技术、集群技术基础上的一个综合性的应用模式，是一种新型的IT服务模式，是计算机网络的延伸。

云计算的资源是动态易扩展而且虚拟化的，终端用户不需要了解“云”中基础设施的细节，不必具有相应的专业知识，也无须直接进行控制，只关注自己真正需要什么样的资源以及如何通过网络来得到相应的服务。

二、云计算的商业特性

云计算是通过互联网或专用网络，协调大量的分布式计算机，对某一任务或一组任务进行计算，而整体的计算过程不在本地计算机或远程服务器中，这使得企业能够将资源切换到需要的应用上，根据需求访问计算机和存储系统。与传统的分布式计算相比，最大的不同在于，它是通过互联网或专用网络进行远距离传输的，被普遍接受的云计算特点如下：

1）超大规模。“云”具有相当的规模，Google云计算已经拥有100多万台服务器，Amazon、IBM、微软、Yahoo等的“云”均拥有几十万台服务器，企业私有云一般拥有数百上千台服务器。

2）虚拟化。云计算支持用户随时随地接入网络，享受资源服务，但用户实际上无须了解，也不用担心应用运行的具体位置，只需要一台笔记本或者一个手机即可实现我们需要的一切，甚至包括超级计算这样的任务。

3）高可靠性。“云”使用了数据多副本容错、计算节点同构可互换等措施来保障服务的高可靠性，使用云计算比使用本地计算机可靠。

4）高可扩展性。“云”的规模可以动态伸缩，满足用户规模和应用增长的需要。

5）按需服务。“云”是一个庞大的资源池，可以按需购买，云可以像自来水、电、天然气那样计费。

6）极其廉价。由于“云”的特殊容错措施可以采用极其廉价的节点来构成云，自动化集中式管理使大量企业无须负担日益高昂的数据中心管理成本。

7）对于信息社会而言，信息安全是重中之重。云计算中的数据对于数据所有者以外的其他用户是保密的，但是对于云计算服务提供商来说是透明的，易于引发信息泄露的风险，所有这些潜在的危险，是商业机构和政府机构选择云计算服务，特别是国外机构提供的云计算服务时，不得不考虑的一个重要的前提。

三、云计算的技术特性

1）按需自助服务：消费者可以按需部署处理能力，如服务器和网络存储，而不需要与每个服务供应商进行人工交互。

2）网络分发服务：用户可以通过各种客户端（例如移动电话、笔记本电脑等）接入互联网，云计算依靠先进的技术按需为用户提供各种信息资源。

3）资源池化：供应商的计算资源被集中，以便以多用户租用模式服务所有客户，同时不同的物理和虚拟资源可根据客户需求动态分配。客户一般无法控制或知道资源的确切位置，这些资源包括存储系统、处理器、内存、网络带宽和虚拟机等。

4）资源灵活调度：可以迅速、弹性地提供能力，能快速扩展，也可以快速释放实现快速缩小。对客户来说，可以租用的资源看起来似乎是无限的，并且可在任何时间购买任何数量的资源。

5）可衡量的服务：可衡量的服务体现在服务能力的收费，收费是基于计量的一次一付，或基于广告的收费模式，以促进资源的优化利用，比如计量存储、带宽和计算资源的消耗，按月根据用户实际使用收费。在一个组织内的云可以在部门之间计算费用。

1.1.4 能力拓展

一、5G 简介

5G 是第五代移动电话行动通信标准，也称第五代移动通信技术，也是 4G 之后的延伸。5G 网络的理论下行速度为 10Gbit/s（相当于下载速度 1.25GB/s）。与此同时，在无线技术领域，技术的创新主要包括大规模天线阵列、超密集组网、新型多址、全频谱接入、基于滤波的非正交频分复用（F－OFDM）、全双工、灵活双工等。在 IT 技术领域，技术的创新主要包括软件定义网络（Software－Defined Networking，SDN）、网络功能虚拟化（Network Function Virtualization，NFV）、云计算、AI 等。

二、5G 的特性

1. 超密集异构网络

随着各种智能终端的普及，未来 5G 网络正朝着网络多元化、宽带化、综合化、智能化的方向发展，超密集异构网络成为未来 5G 网络提高数据流量的关键技术。

在超密集异构网络中，密集的部署使得小区边界数量剧增，用户部署的大量节点的开启和关闭具有突发性和随机性，使得网络拓扑结构和抗干扰性具有大范围动态变化特性。超密集异构网络可以准确有效地感知相邻节点，实现大规模节点协作。

2. 自组织网络

在未来 5G 网络中，智能化自组织网络（Self－Organizing Network，SON）将成为 5G 网

络必不可少的一项关键技术。该项技术可以智能化地完成网络部署及运维，调整网络节点覆盖能力，使之趋于一致，既节省大量人力资源，又减少运行成本，而且将网络优化达到理想状态。

3. 内容分发网络

在未来5G网络中，面向大规模用户的音频、视频、图像等业务急剧增长，网络流量的爆炸式增长会极大地影响用户访问互联网的服务质量。内容分发网络（Content Distribution Network，CDN）会对未来5G网络的容量与用户访问具有重要的支撑作用。内容分发网络是在传统网络中添加新的层次，即智能虚拟网络。

CDN网络架构在用户侧与源服务器之间构建多个CDN代理服务器，综合考虑各节点连接状态、负载情况以及用户距离等信息，将相关内容分发至靠近用户的CDN代理服务器上，使用户就近获取所需的信息，缓解网络拥塞状况，降低响应时间，提高响应速度，降低延迟，提高服务质量（Quality of Service，QoS）。

在未来5G网络中，随着云计算、移动互联网及动态网络内容技术的推进，内容分发技术逐步趋向于专业化、定制化，在内容路由、管理、推送以及安全性方面都面临新的挑战。CDN技术的优势在于为用户快速地提供信息服务，同时有助于解决网络拥塞问题。因此，CDN技术成为5G必备的关键技术之一。

4. D2D通信

在未来5G网络中，设备到设备通信（Device - to - Device communication，D2D通信）具有潜在的提升系统性能、增强用户体验、减轻基站压力、提高频谱利用率的前景。因此，D2D通信是未来5G网络中的关键技术之一。

D2D通信是一种基于蜂窝系统的近距离数据直接传输技术，会话的数据直接在终端之间进行传输，不需要通过基站转发，而相关的控制信令，如会话的建立、维持、无线资源分配，以及计费、鉴权、识别、移动性管理等仍由蜂窝网络负责。蜂窝网络引入D2D通信，可以减轻基站负担，降低端到端的传输时延，提升频谱效率，降低终端发射功率。

5. M2M通信

机器到机器（Machine to Machine，M2M）通信作为物联网在现阶段最常见的应用形式，在智能电网、安全监测、城市信息化、环境监测等领域实现了商业化应用。3GPP已经针对M2M网络制定了一些标准，并已立项开始研究M2M通信关键技术。根据美国咨询机构Forrester预测，到2020年，全球物与物之间的通信将是人与人之间通信的30倍。IDC预测，在未来的2020年，500亿台M2M通信设备将活跃在全球移动网络中，M2M通信市场蕴藏着巨大的商机。

6. 信息中心网络

信息中心网络（Information - Centric Network，ICN）的思想最早是1979年由Nelson提出来的，作为一种新型网络体系结构，ICN的目标是取代现有的IP。

ICN采用的是以信息为中心的网络通信模型，是一种基于发布订阅方式的信息传递流程，忽略IP地址的作用，甚至只是将其作为一种传输标志。这种全新的网络协议栈能够实现网络层解析信息名称、路由缓存信息数据、多播传递信息等功能，从而较好地解决计算机网络中存在的扩展性、实时性以及动态性等问题。因此，ICN的主要概念是信息的分发、查找和传递，不再是维护目标主机的可连通性，ICN 具有高效性、高安全性且支持客户端移动等优势。

ICN 网络和传统的 IP 网络相比，采用有别于传统网络安全机制的基于信息的安全机制，这种机制更加合理可信，且能实现更细的安全策略粒度。

7. *移动云计算*

在 5G 时代，全球将会出现 500 亿连接的万物互联服务，人们对智能终端的计算能力以及服务质量的要求越来越高，移动云计算将成为 5G 网络创新服务的关键技术之一。移动云计算是一种全新的 IT 资源或信息服务的交付与使用模式，它是在移动互联网中引入云计算的产物。移动智能终端以按需、易扩展的方式连接到远端的服务提供商，获得所需的服务资源，服务资源主要包含基础设施、平台、计算存储能力和应用资源。

8. *软件定义无线网络*

软件定义无线网络保留了 SDN 的核心思想，即将控制平面从分布式网络设备中解耦，实现逻辑上的网络集中控制，数据转发规则由集中控制器统一下发。在软件定义无线网络中，控制平面可以获取、更新、预测全网信息，例如用户属性、动态网络需求以及实时网络状态。因此，控制平面能够很好地优化和调整资源分配、转发策略、流表管理等，简化了网络管理，加快了业务创新的步伐。

9. *情境感知技术*

随着海量设备的增长，未来的 5G 网络不仅承载人与人之间的通信，而且还要承载人与物之间以及物与物之间的通信，既可支撑大量终端，又使个性化、定制化的应用成为常态。情境感知技术能够让未来 5G 网络主动、智能、及时地向用户推送所需的信息。

1.2 云计算数据中心的内部架构

1.2.1 案例引入

2011 年 3 月，中国移动研究院承担的中国移动集团级重点联合研发项目“C－RAN 新型网络架构研究及试验”正式立项。目前，C－RAN 在湖南、广东等省份进行了运行测试，已经完成了商业模式的建立、基础建设、网络运行、运维等的相关测试。

为更好地实现 5G 的商业目标，中国移动投资，在某地进行了数据中心建设，构成的资源池，使各种应用系统能够根据需要获取计算力、存储空间和各种软件服务，并把这强大的计算能力分布到终端用户手中，为中国移动用户提供无限资源的商业服务，各种应用服务按需定制、易于扩展。

1.2.2 案例分析

一、云计算基本架构

中国移动的大云建设包括两个方向：一是基础架构建设；二是平台及服务的建设。基于这两方面之上，中国移动将推出“软件即服务”，以便中小企业减少 IT 投入成本和 IT 运营复杂性，同时提供办公自动化解决方案。

构成云计算至关重要组成节点的是数据中心，它托管了云计算中所有的计算资源，用户使用云服务的时候，背后驱动云计算的正是数据中心机房内的若干台服务器。分布在不同地区的、独立运行的数据中心，通过 Internet/Intranet 进行互联，并通过统一的调度与部署，为用户提供不间断的信息服务，构成了云计算。

二、数据中心与网络架构

数据中心是一种支持对共享可配置计算资源池进行便利的、随需而变的网络访问的计算资源，这些计算资源以最小管理代价，由服务提供商向用户提供按需的交互服务。

云计算的网络以数据中心接入点为界，分为数据中心内部网络和外部网络。云计算业务对网络的要求在数据中心内外是截然不同的，内部的网络承载的是云计算的资源，好似连接大脑细胞的神经；而外部网络则将计算行为的结果分发到不同的外部世界，覆盖了更加广泛的区域。如果将云计算比作一个智者，云计算的内部网络就是其思想内涵的一部分，而外部网络则是其深邃思想的无限延伸。

1.2.3　技术解析

一、云计算部署模式

云计算部署模式按应用层面和运营者分为私有云计算、公有云计算、混合云计算。其特点如下：

（1）私有云计算　一般由一个组织来使用的云计算，同时由这个组织来运营，云的使用者均为该组织的内部成员，类似于计算机局域网的概念。中国移动数据中心是运营者，也是它的使用者，也就是说使用者和运营者是一体，这就是私有云。

特点：归某个组织所有，为该组织服务，使用者必须为该组织的注册用户，类似于局域网，如网上银行，用户须到柜台开户，方可使用。

（2）公有云计算　一般由一个或几个组织运营的云计算，云的使用者用户可能是普通的大众，就如公用电话网一样，电信运营商去运营这个网络，也就是说使用者和运营者是分开的实体，这就是公有云，类似于广域网的概念，例如阿里云、亚马逊云、腾讯云等。

特点：归某个组织所有，为公众服务，使用者必须为该组织的授权用户，类似于广域网，如电子邮箱，用户随便在网上注册，无须到柜台开户，即可使用。

（3）混合云计算　它强调基础设施是由两种或更多的云来组成的，但对外呈现的是一个完整的实体。企业正常运营时，把重要数据保存在自己的私有云，把不重要的信息放到公有云，两种云组合形成一个整体，就是混合云。

特点：这种部署模式强调的是内部服务和外部服务相分离，内部具有审核机制等重要权限，外部服务需要提交相关信息，如阿里云，对外接受用户注册，但需要审核实名制或者相关的认证信息等进行身份绑定，对内需要相关的审核机制，可以统一调度这些资源，这样就构成了一个混合云。

公有云、私有云、混合云三者之间的关系如图 1-3 所示。

图 1-3 公有云、私有云、混合云三者之间的关系

二、云计算的服务模式

云计算的商业模式不断进化，但业内普遍接受将云计算按照服务的提供方式分为以下三大类。

1. 基础设施即服务（Infrastructure as a Service，IaaS）

IaaS 指的是把基础设施以服务形式提供给最终用户使用，即把厂商的由多台服务器组成的“云端”基础设施，作为计量服务提供给客户。它将内存、I/O 设备、存储系统和计算能力整合成一个虚拟的资源池为整个业界提供所需要的存储资源和虚拟化服务器等服务。IaaS 的优点是用户只需低成本硬件，按需租用相应计算能力和存储能力，大大降低了用户在硬件上的开销。

IaaS 是一种托管型硬件方式，用户付费使用厂商的硬件设施，包括服务器、存储系统、网络和其他的计算资源，用户能够部署和运行任意软件，包括操作系统和应用程序，很多云计算服务提供商均提供该项服务，市场份额占有率高，例如 IDC 托管、虚拟机出租等。

2. 平台即服务（Platform as a Service，PaaS）

PaaS 指的是把二次开发的平台以服务形式提供给最终用户使用，客户不需要管理或控制底层的云计算基础设施，但能控制部署的应用程序开发平台，把开发环境作为一种服务来提供。这是一种分布式平台服务，厂商提供开发环境、服务器平台、硬件资源等服务给客户，客户在其平台基础上定制开发自己的应用程序并通过其服务器和互联网传递给其他客户。

PaaS 能够给企业或个人提供研发的中间件平台，提供应用程序开发、数据库、应用服务器、试验、托管及应用服务，例如微软的 Visual Studio 开发平台。

3. 软件即服务（Software as a Service，SaaS）

SaaS 提供给消费者的服务是运行在云计算基础设施上的应用程序，SaaS 服务提供商将应用软件统一部署在自己的服务器上，用户根据需求通过互联网向厂商订购应用软件服务，服务提供商根据客户所定软件的数量、时间的长短等因素收费，并且通过浏览器向客户提供软件。

这种服务模式的优势是，由服务提供商维护和管理软件、提供软件运行的硬件设施，用户只需拥有能够接入互联网的终端，即可随时随地使用软件。客户不再像传统模式那样花费大量资金在硬件、软件、维护人员，只需要支出一定的租赁服务费用，通过互联网就可以享受到相应的硬件、软件和维护服务。对于小型企业来说，SaaS 是采用先进技术的最好途径，例如企业办公系统、客户关系管理（Customer Relationship Management，CRM）。

IaaS、PaaS、SaaS 三者之间的关系如图 1-4 所示。

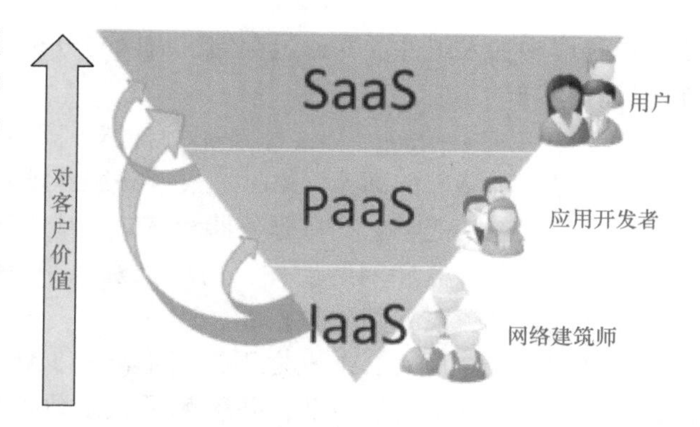

图 1-4 IaaS、PaaS、SaaS 三者之间的关系

三、云计算的关键技术

从技术视角来看，云计算包含两部分：云设备和云服务。云设备包含用于数据计算处理的服务器、用于数据保存的存储设备和用于数据通信的交换机设备；云服务包含用于物理资源虚拟化调度管理的云平台软件和用于向用户提供服务的应用平台软件。

云计算的设计思想是以最低成本构建出整体的性能最优，与传统电信设备和 IT 设备（服务器、大型机、企业存储设备等）追求设备可靠性和性能的思路完全不同。云计算将物理设备（服务器、存储设备和网络设备）、虚拟化软件平台、分布式计算和存储资源调度、一体化自动化管控软件、虚拟化数据中心的安全和 E2E 的集成交付能力，都作为构建高效绿色云数据中心的关键技术。

通过对多项核心技术进行归类汇总，云计算系统有 3 大主题：计算架构、虚拟化和传输网络，其中计算架构相当于人的脑细胞与脑组织，传输网络为神经元，虚拟化为人的思想延伸，各自的功能如下。

1. 计算架构

计算架构要求系统具有高可用性、可靠性、稳定性、安全性、快速处理能力以及大容量存储，集群系统是实现计算架构的重要手段之一，其主要优势如下：

1）提供高性能的计算资源，简化设计了大内存、高网络和存储 IOPS（Input/Output Operations Per Sencond，每秒进行读写操作次数），为云数据中心提供强大的计算能力。

2）高 IOPS，支持链接克隆、精简置备、快照等功能的存储设备，为数据中心提供强大的存储能力。

3）低成本、数据安全的存储设备为用户提供数据存储空间。

集群（Cluster）技术定义如下：一组相互独立的服务器在网络中表现为单一的系统，并以单一系统的模式加以管理，此单一系统为客户工作站提供高可靠性的服务。一个集群包含多台（至少两台）拥有共享数据存储空间的服务器，任何一台服务器运行一个应用时，应用数据被存储在共享的数据空间内。

集群中的每台服务器的操作系统和应用程序文件存储在其各自的本地储存空间上，集群内各节点服务器通过一内部局域网相互通信。当一台节点服务器发生故障或一个应用服务发生故障时，这台服务器上所运行的应用程序将在另一节点服务器上被自动接管，优势是强化了服务器的高可用性，降低服务中断的风险。

大多数模式下，集群中所有的计算机拥有一个共同的名称，集群内任一系统上运行的服务可被所有的网络客户所使用，集群必须可以协调管理各分离的组件的错误和失败，并可透明地向集群中加入组件，并通过存储区域网与分布式存储系统相连接，以构成更大规模的高性能计算集群。

存储区域网（Stroage Area Network，SAN）是一个专有的、集中管理的、安全的信息基础结构，是一种特殊的高速网络，通过网络服务器和存储设备，如大磁盘阵列或备份磁带库等设备，连接在一起，它支持服务器和存储系统之间的任意连接，包含了存储系统、存储管理软件、应用服务器和网络硬件，简单来说，SAN 是从主机应用平台分离出来的，作为一个整体来管理的一系列硬件和软件。

SAN 置于局域网（LAN）之下，而不涉及 LAN。利用 SAN，不仅可以提供大容量的数据存储，而且地域上可以分散，并缓解了大量数据传输对于局域网的影响。SAN 的结构允许任何服务器连接到任何存储阵列，不管数据置放在哪里，服务器都可直接存取所需的数据。

分布式存储系统使用磁盘阵列或磁带库等设备，构建存储资源池，既降低了服务器的成本，也降低了存储成本，构建最低成本的计算和存储。通过分布式存储和多副本备份来解决海量信息的存储和系统可靠性，数据存储可以配置多份副本，保证数据的安全性。

基于 SAN 架构的集群系统与存储系统的拓扑结构如图 1-5 所示。

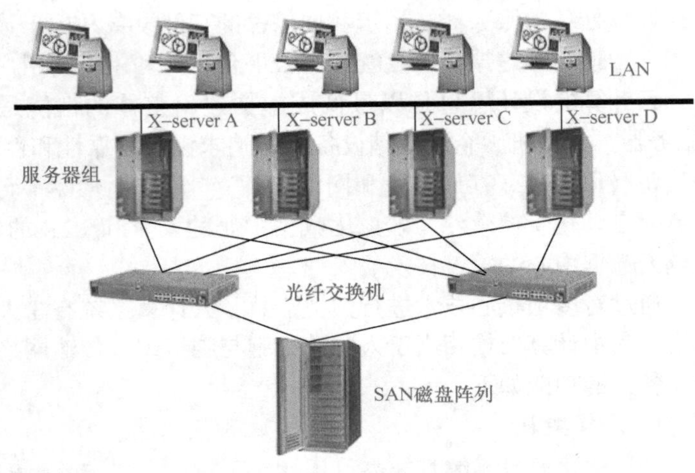

图 1-5　SAN 拓扑结构图

2. 虚拟化

企业实施虚拟化战略的核心目的就是提高 IT 部门作为业务支持部门的工作效率，达到节约成本与提高效率并重的目的。

虚拟化的主攻方向集中在减少实体服务器的使用数量，并将实体机器上的操作系统及应用程序，无缝转移至虚拟机器上，以便集中管理这些不同平台的虚拟环境。虚拟化软件可以抽象物理资源为资源池，给云用户配置不同规格虚拟机以提供底层支撑，灵活、高效的分布式计算或存储框架为云计算的资源调度和调整提供支撑。虚拟化包括如下技术：

1）用于大数据的并行分析计算技术。

2）整合存储资源提供动态可伸缩资源池的分布式存储技术。

3）用于数据管理的分布式文件管理。

4）计算、存储等资源池化的虚拟化技术。

5）简化运维人员工作，方便高效智能运维的系统管理技术。

虚拟化按照功能大致分为计算虚拟化、存储虚拟化、网络虚拟化等。

1）计算虚拟化：支持分布式的集群管理，可以针对业务模型，为物理服务器创建不同的业务集群，并在集群内实现资源调度和负载均衡，在业务负载均衡的基础上实现资源的动态调度和弹性调整。

2）存储虚拟化：虚拟化平台需要支持各种不同的存储设备，包括本地存储、SAN 存储、NAS 存储和分布式本地存储，保证业务的广适配性；同时提供链接克隆、资源复用、精简置备和快照功能，降低企业成本并提供高效率、高可靠性的资源池，如图 1-6 所示。

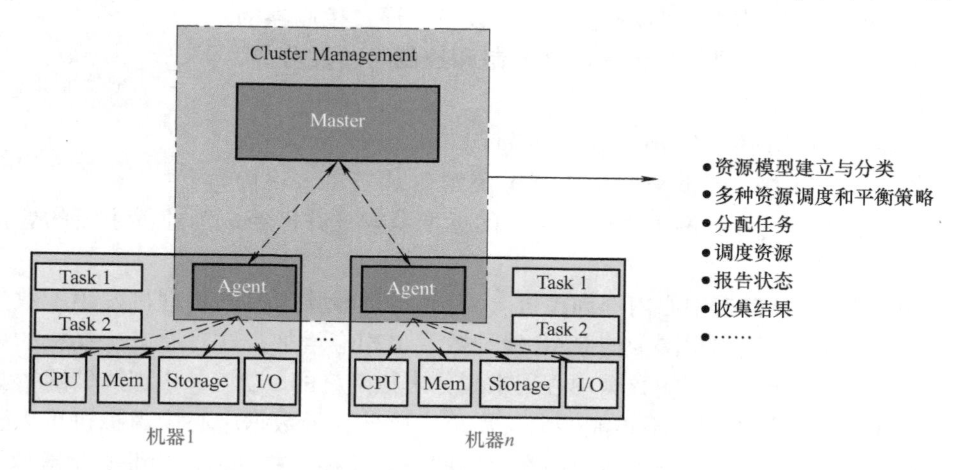

图 1-6　云计算虚拟化平台

3）网络虚拟化：利用虚拟化技术，将局域网、城域网、广域网等有机地联系在一起，构建“大二层”网络平台，大带宽，低时延，降低网络投资成本。

3. 传输网络

云计算中的传输网络以数据中心接入点为分界，将传输网络分为数据中心内部网络和数据中心外部网络，数据中心内部网络是连接云计算各个系统的关键网络技术平台。

随着虚拟化技术的出现，传输网络逐渐发生改变，现在的数据中心需要“一个大二层”的网络，满足多租户内网与虚拟机的迁移，同时只有灵活的二层网络才能实现即插即用的特殊协议的应用需求。

生成树协议（Spaning Tree Protocl，STP）构建的网络与现在数据中心所需要的网络，在网络切换时间上存在一定的差距，即使是快速生成树协议的 20s 组网速度也不能满足现在传输网络所需，同时 STP 带来最大的问题就是带宽的浪费与网络中断的问题。如何利用现有网络开展增值业务，达到充分利用资源的目的，也是需要关注的。

随着数据中心技术的发展，越来越多业务承载在数据中心的虚拟机上，对传输网络提出了很大挑战。数据中心内部虚拟机的迁移促进了大二层网络虚拟交换技术的发展，数据中心内部网络支持大容量数据的通信和超高的端口密度，可以连接更多的服务器，服务器群组可提升数据中心的处理能力。数据中心内部网络技术包括：

1）软件定义网络（Software Defind Networking，SDN）是一种新型的网络架构，通过对软件的接口开发，使得网络设备控制面与数据面分离，从而实现了网络流量的灵活控制，为核心网络及应用的创新提供了良好的平台。SDN 是一种理念，是由云计算的发展而带来的数据中心网络架构的升级，而不是一个具体的技术，其最大的特点就是让软件应用参与到网络控制中并起到主导作用，而不是让各种固定模式的协议来控制网络，使得网络自动化管理与控制能力获得了空前的提升，能够有效地解决当前网络系统所面临的资源规模扩展受限、网络与业务难以进行紧密结合的需求等问题。

控制和转发分离的优势，可以使网络不受硬件设备的限制（摆脱厂商的技术垄断），可以灵活地增加、更改网络的功能，硬件设备只负责转发，复杂的路由策略、业务配置、性能监测管理等功能放在控制器上实现。控制器连接业务侧和网络设备，通过控制器的开放式编程接口开发，实现集中化的网络控制和控制与转发分离，SDN 关系图如图 1-7 所示。

图 1-7　SDN 关系图

2）虚拟扩展本地网络（Virtual eXtensible Local Area Network，VXLAN）是一种进行大二层虚拟网络扩展的隧道封装技术，目前这个技术已经是 IETF（互联网工程任务组）的标准草案，并已经成为业界主流的虚拟网络技术之一。

服务器虚拟化后，数据中心内部虚拟机（VM）的数量比原有的物理机发生了数量级的变化，与之对应的虚拟机虚拟网卡的 MAC 地址数量也相应增加，这对原有交换机的地址容量能力产生了很大冲击，原有的数据中心用来划分虚拟网络的 VLAN（虚拟局域网）技术只有 4094 个虚拟网络标识可用，不再能够满足需求。此外，云数据中心中虚拟机可以进行一定范围的迁移，在 VLAN 下，虚拟机只能在二层网络下迁移，并且为了能够支持虚拟机的迁移，需要在二层网络中进行 VLAN 的预配置，因而造成 VLAN 配置的滥用，影响 VLAN 广播域的隔离，降低了网络的效率。

VXLAN 主要的技术原理就是引入一个 UDP（用户数据报协议）格式的外层隧道，作为数据的链路层，而原有数据报文内容作为隧道净荷来传输。由于外层采用了 UDP 作为传输手段，就可以让净荷数据轻而易举地在二、三层网络中传送，为了能够支持原有 VLAN 广播域寻址能力，VXLAN 还引入了三层 IP 组播来代替以太网的广播，让 BUM（Broadcast、Unknown Unicast、Multicast，广播、未知单播、组播）报文通过广播方式在虚拟网络中传送。

VXLAN 实际上定义了一个 VTEP（VXLAN Tunnel End Point，虚拟扩展本地网络隧道终极节点）的实体，VTEP 与物理网络相连，分配有物理网络的 IP 地址，该地址与虚拟网络无关，利用隧道、新型的数据封装、组播等技术，将虚拟化产生的流量由原有的 VLAN 封装模式完全变为三层封装模式，将产生的数据包转变为 UDP 的包头从内部发出。

3）Fabric - Path（结构化路径）技术是 Cisco 公司专有的一种二层交换技术与三层路由技术的融合体，它既拥有二层交换技术的易于配置、即插即用和快速部署的优势，还拥有路由技术所独有的多链路负载均衡、快速收敛和高扩展性的特点，是一种真正意义上二、三层技术融合的产物。整个 Fabric - Path 交换网络的组成可以看作是一个大的交换机，也就是一个整体的二层交换域，但是其控制平面采用了三层路由协议 IS - IS（中间路由协议），每台 Fabric - Path 交换机通过 SwitchID（像以太网中的 IP 地址一样）来进行组网，是所有 Fabric - Path 交换机的唯一标识，实现了二层网络在链路状态路由协议上的转发，免去了原有二层网络设计的树状方式的不便捷性，同时实现了二层 FULL - MESH 架构。

4）TRILL（Transparent Interconnection of Lots of Links，多链接透明互联）是一种改变传统数据中心网络构建方式的新的技术创新，它把三层路由的稳定、可扩展、高性能的优点，引入了适应性强但性能受限、组网范围受限的二层交换网络，建立了一个灵活、可扩展、可升级的高性能的新二层架构。用户可使用 TRILL 作为大二层的控制协议，通过扩展 IS - IS 路由协议，把二层配置的灵活性与三层的大规模性有效结合在一起，部署方便。

TRILL 网络把三层路由机制引入二层网络后，既提供了二层网络的简单性和灵活性，又具有了三层网络的稳定性和可扩展性，构建出具有高性能、灵活支持动态迁移的大型可扩展现代数据中心网络。

1.2.4 能力拓展

DC（Data Center，数据中心）用来在互联网基础设施上传递、加速、展示、计算、存储数据信息，是云计算中至关重要组成部分，托管了云计算中的所有计算资源，数据中心通常是指在一个物理空间内实现信息的集中处理、存储、传输、交换、管理，而计算机设备、服务器设备、网络设备、存储设备等通常认为是网络核心机房的关键设备。

一、计算架构技术

计算架构主要通过分布式的集群技术实现。集群技术随着服务器硬件系统与网络操作系统的发展将会在可用性、高可靠性、系统冗余等方面逐步提高，未来的集群可以依靠集群文件系统实现对系统中的所有文件、设备和网络资源的全局访问，并且生成一个完整的系统映像。这样，无论应用程序在集群中的哪台服务器上，集群文件系统允许任何用户（远程或本地）都可以对这个应用程序进行访问。任何应用程序都可以访问这个集群的任何文件，甚至在应用程序从一个节点转移到另一个节点的情况下，无须任何改动，应用程序就可以访问系统上的文件。

集群服务在企业组织部署关键业务、电子商务与商务流程应用方面起到了日益重要的作用。集群技术的核心技术如下。

1. SMP 技术

集群技术发展离不开 SMP（Symmetrical Multi - Processing，对称多处理器）技术，SMP 技术是相对非对称多处理技术而言的，在非对称多处理器系统中，任务和资源由不同的微处理器进行管理。例如，一个处理器处理 I/O，而另一个处理器处理操作系统提交的任务，非对称多处理器系统不能进行负载平衡。在对称多处理器系统中，系统资源被系统中的所有处理器共享，工作负载被均匀地分配到所有的可用处理器上。在目前的大多数 SMP 系统中，中央处理器是通过共享总线来存取数据的，例如 Intel 的至强、Pentium Pro、CORE 等处理器都基于 Intel 的 P6 总线仲裁算法，用 2bit 标示顺序号来识别各个处理器。因此，除非装上用于总线仲裁的独立逻辑单元，否则，一条处理器总线上只能连接 4 个处理器。SMP 的扩展是比较有限的，为了能够使 SMP 技术支持更多的中央处理器，需要投入大量的资金和时间对处理器、处理器的总线和主板进行设计。

2. RAID 技术

RAID（Redundant Arrays of Independent Disk，独立磁盘冗余阵列）技术允许将一系列磁盘分组，以实现提高可用性的目的，并提供为实现数据保护而必需的数据冗余，有时还有改善性能的作用。

RAID 技术拥有七个级别，分别为 0、1、3、5、10、30 和 50 等，最前面的 4 个级别（0、1、3、5）已被定为工业标准，10、30 和 50 级则反映了磁盘阵列可以提供的功能。RAID 级别的设置可以通过软件或硬件实现，许多网络操作系统支持的 RAID 级别至少要达到 5 级，10、

30和50级在磁盘阵列控制器作用下才能实现。基于软件的RAID需要使用主机CPU主频和系统内存，从而增加了系统开销，直接影响系统的性能。磁盘阵列控制器把RAID的计算和操纵工作由软件移到了专门的硬件上，一般比软件实现RAID的系统性能要好。

二、虚拟化技术

虚拟化（Virtualization）是资源的逻辑表示，其不受物理限制的约束。虚拟化技术的实现是在系统中加入一个虚拟化层，将下层的资源抽象成另一种形式的资源，提供给上层应用。

虚拟化技术与多任务以及超线程技术是完全不同的。多任务是指在一个操作系统中多个程序同时运行，而在虚拟化技术中，则可以同时运行多个操作系统，而且每一个操作系统中都有多个程序运行，每一个操作系统都运行在一个虚拟的CPU或者是虚拟主机上；而超线程技术只是单CPU模拟双CPU来平衡程序运行性能，这两个模拟出来的CPU是不能分离的，只能协同工作。虚拟化技术也与同样能达到虚拟效果的VMware Workstation等软件不同，它是一个巨大的技术进步，具体表现在减少软件虚拟机相关开销和支持更广泛的操作系统方面。

纯软件虚拟化解决方案存在很多限制，“客户”操作系统很多情况下是通过VMM（Virtual Machine Monitor，虚拟机监视器）来与硬件进行通信的，由VMM来决定其对系统上所有虚拟机的访问权限。在纯软件虚拟化解决方案中，VMM在软件套件中的位置是传统意义上操作系统所处的位置，而操作系统的位置是传统意义上应用程序所处的位置。

虚拟化技术是一套解决方案，需要CPU、主板芯片组、BIOS和软件的支持，即使只是CPU支持虚拟化技术，在配合VMM软件的情况下，也会比完全不支持虚拟化技术的系统有更好的性能。

虚拟化技术的优势如下：

1）利用虚拟化技术，实现资源的弹性伸缩，每台服务器虚拟出多台虚拟机，避免原来的服务器只能给某个业务独占的问题。

2）可通过灵活调整虚拟机的规格（CPU、内存等），增加/减少虚拟机，快速满足业务对计算资源需求量的变化。

3）利用虚拟化计算，将一定量的物理内存资源虚拟出更多的虚拟内存资源，可以创建更多的虚拟机。开局初期，业务规模较小，可部署较少服务器。后续需要扩容时十分简单，只需要通过PXE或者ISO新装几个计算节点，然后通过操作维护将节点添加到系统即可。

4）基于云的业务系统采用虚拟机批量部署，可短时间实现大规模资源部署，快速响应业务需求，省时高效，根据业务需求可以弹性扩展/收缩资源，满足业务需要，人工操作较少，以自动化部署为主，用户不再因为业务部署太慢而失去市场机会。

三、新型网络技术

1. VXLAN数据帧结构

虚拟机本身的信息对外已经不可见，对外看到的只是一个传统的IP数据包，VXLAN通过新的网络标识（VNI）来对每一个租户的网络进行隔离，VNI取代了原有的VLANTAG标识，VNI是一个24 bit的二进制标识，可标识16万7千个VXLAN网络段，从而解决VLAN

不足、VLANTAG 的转换问题，同时解决了多站点间同属于一个 VLANdomain 的困境。VX-LAN 数据帧结构如图 1-8 所示。

外层MAC目的地址	外层MAC源地址	外层802.1Q标签	外层IP目的地址	外层IP源地址	外层UDP包头	VXLAN标签	原始MAC目的地址	目的MAC源地址	原始802.1Q标签	原始数据负载	校验码
新添加的VXLAN包头							原始数据包				

图 1-8　VXLAN 数据帧结构

其中：

1）外层 UDP 包头：目的端口使用 4798，但是可以根据需要进行修改。UDP 的校验和必须设置成全 0。

2）外层 IP 包头（外层 IP 目的地址和外层 IP 源地址）：外层 IP 包头的 IP 地址不再是原有的虚拟机通信双方的地址，而是隧道两端的 VTEP（VXLAN Tunnel End Point）网络地址，如从虚拟化层面来说也就是软件服务器网卡的 IP 地址，VTEP 设备可以是服务器，也可以是交换机。

3）外层二层帧头（外层 MAC 目的地址和外层 MAC 源地址）：不再是原有的真实 MAC 地址，而是 VTEP 隧道的接口 MAC 地址，这样完全就建立了一个新的二层头部，而内层真实的头部在到达隧道终点时将会自动进行解封装，重新封装原有数据包，实现了跨越三层传递二层信息的技术。

4）VXLAN 标签：VTEP 为虚拟机的数据包加上了层包头，这些新的报头只有在数据到达目的 VTEP 后才会被去掉。中间路径的网络设备只会根据外层包头内的目的地址进行数据转发，对于转发路径上的网络来说，一个 VXLAN 数据包跟一个普通 IP 包相比，除了数据帧长度大之外没有区别。

由于 VXLAN 的数据包在整个转发过程中保持了内部数据的完整，因此 VXLAN 的数据平面是一个基于隧道的数据平面。

2. TRILL

基于 TRILL 技术的网络拓扑结构如图 1-9 所示。

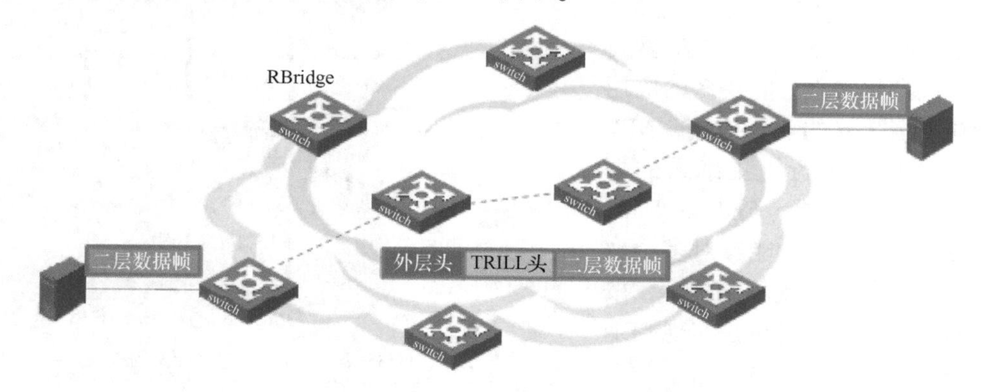

图 1-9　基于 TRILL 技术的网络拓扑结构

TRILL 所涉及的概念如下：

1）RB。运行 TRILL 协议的设备称为 RB（Routing Bridge，路由桥），也写作 RBridge。RB 包含传统交换机的所有功能，同时又具有传统路由器的路由功能。根据 RB 在 TRILL 网络中的位置，又可将其分为 Ingress RB、Transit RB 和 Egress RB 三种，分别表示报文进入 TRILL 网络的入节点、在 TRILL 网络中经过的中间节点以及离开 TRILL 网络的出节点。

2）TRILL 网络。由 RB 构成的二层网络称为 TRILL 网络。

3）System ID。它是 RB 在 TRILL 网络中的唯一标志，长度固定为 6 个字节。

4）Nickname。它是 RB 在 TRILL 网络中的地址，长度固定为 2 个字节。

5）DRB（Designated Routing Bridge，指定路由桥）。DRB 与 IS - IS 中的 DIS（Designated IS，指定中间系统）相类似，在广播网络中也存在一个 DRB。除了可以简化网络拓扑，DRB 还负责为广播网络中各 RB 上的 VLAN 分配 AVF 和指定端口等。

6）AVF（Appointed VLAN - x Forwarder，指定 VLAN 转发者）和指定端口。为了防止环路，广播网络上一个 VLAN 中的所有本地流量必须从同一 RB 上的同一端口出、入 TRILL 网络，该 RB 称为该 VLAN 的 AVF，相应的端口称为指定端口。

7）LSPDU（Link State Protocol Data Unit，链路状态协议数据单元）。LSPDU 简称 LSP，用于描述链路状态并在邻居设备间进行扩散。

3. SDN/NFV

SDN（Software Defind Networking，软件定义网络）是一种由云计算的发展而带来的数据中心网络架构的升级，最大的特点就是其具有松耦合的控制平面与数据平面，支持集中化的网络状态控制，实现了底层网络对于上层应用的透明，具有灵活的网络编程能力，使得网络自动化管理与控制能力获得了空前的提升，能够有效地解决当前网络系统所面临的资源规模扩展受限，网络与业务难以进行紧密结合的需求等问题。

SDN 架构的核心特点是开放性、灵活性和可编程性，将网络设备的控制平面从设备中分离出来，放到具有网络控制功能的控制器上进行集中控制。控制器掌握所有必需的信息，并通过开放的 API 被上层应用程序调用，这样可以消除大量手动配置的过程，简化管理员对全网的管理，提高业务部署的效率，让整个基础设施简化，降低运营成本，提升效率。

NFV 的目标是基于软件实现网络功能并使之运行在种类广泛的业界标准设备上。NFV 目前的重点是对网络功能进行虚拟化实现，它更多的应用是在 OSI 4 至 7 层的业务应用，NFV 架构将控制层面进行了更细致的划分，提出了端到端（End to End，E2E）的网络控制层，能够对多个数据中心或者运营商实现不同技术，按需供给网络模型，同时也是实现 SDN 理念的一项专门技术方案。基于 SDN 的网络架构如图 1-10 所示。

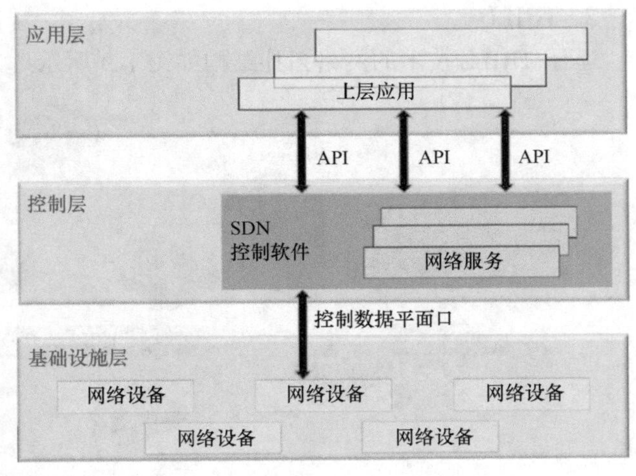

图 1-10　基于 SDN 的网络架构

SDN 实现了集中控制、开放接口、网络功能虚拟化三大特性：

1）集中控制：逻辑上的集中控制是指网络资源的全局信息可以根据业务需要进行统一的资源池化和调配，例如全局负载均衡、全局的流量工程等。同时集中控制使得整个网络可以看成一个整体，无需向传统网络一样逐一地对单独的设备进行 CLI 的按步骤调试，减少了原有的配置复杂性难题。

2）开放接口：同步开放的南北向接口，可以实现网络和应用的无缝联系，使得应用在需要时直接可以自定义属于私有的逻辑网络，现有的网络可以承载成百上千的逻辑网络。网络可以实现按需获取，按需分配的机制。

3）网络功能虚拟化：通过南向接口，屏蔽底层物理硬件设备，实现上层对于底层完全无感知，并且在需要的时候可以通过中央控制器获得网络相应的服务功能，包括虚拟防火墙、虚拟路由器和虚拟负载均衡器等传统硬件设备所实现的功能，同时不再受具体设备的物理位置的限制，逻辑网络支持多租户共享，支持多租户的定制等需求。

SDN 同其他网络技术不同，它并不是针对某个项目的具体技术的革新，而是去颠覆现有组网的方式与设计理念，我们可以去畅想 SDN 模式下的网络架构，可能会类似今天的手机，硬件厂商只提供了一个基础平台，如果需要任何服务功能，都可以去相应的商店下载，而不会受制于手机本身平台的限制。SDN 的真正使命其实是搭建一个完全开放、自主可控、按需所取的高灵活性、高可靠性的网络平台。

1.3　云计算数据中心的外部架构

1.3.1　案例引入

中国移动蓝海战略的一个重要部分是云计算数据中心建设，于 2007 年由移动研究院组织力量，联合中科院计算所，着手起步了一个称为“大云”的项目，大云 1.0 版于 2010 年正式发布。

为更好地实现“大云”的商业目标，中国移动投资，将全国各地的数据中心通过专网进行互联，解决信息孤岛，构成更大资源池，使各地的应用系统能够根据需要实现系统的互备、动态迁移，为中国移动用户提供无限资源的商业服务，各种应用服务按需定制、易于扩展，实现备份与灾备。

1.3.2　案例分析

一、云计算的实质

DC 是数据大集中而形成的集成 ICT 应用环境，是数据计算、网络传输、存储的中心，已成为支撑企业业务运营的最关键基础设施。随着传输技术的发展，数据中心通过外部的传输网络，实现数据中心联网，摆脱了信息孤岛，构成了云计算。因此，云计算实质是建立在计算机技术、通信技术、虚拟化技术、存储技术、集群技术基础上的一个综合性的服务系统。

数据中心互联带来巨大优势的同时，也带来了风险大集中，如何应对和有效化解数据集中带来的风险；如何保证业务连续性、保证数据与业务的安全、维护自身声誉、提高用户满意度等都是 IT 建设必须要面对与亟待解决的问题。为用户提供分层互联、多级灾备的数据中心互联和灾备解决方案，打造“高可用互联，业务永续”的数据中心是 ICT 企业追求的目标。

二、云计算容灾体系架构

云计算的高可用性、弹性扩展等优势，就决定了数据中心之间需要良好的调度，而数据中心之间的高速互联、多业务接入、信息安全成为重中之重。

出于高可用、数据容灾等目的，ICT 企业一般都会建设多个数据中心，主数据中心承担用户的核心业务，其他的数据中心主要承担一些非关键业务并同时备份主数据中心的数据、配置、业务等。正常情况下，主数据中心和备数据中心各司其职，发生灾难时，主数据中心宕机，备份数据中心可以快速恢复数据和应用，从而减轻因灾难给用户带来的损失。数据中心间互联网络作为 DC 间业务的重要连接载体，通常有三种连接方式，分别是 L1 层光传输互联、L2 层互联和 L3 层 IP 互联，不同的业务存在不同的互联需求，拓扑结构如图 1-11 所示。

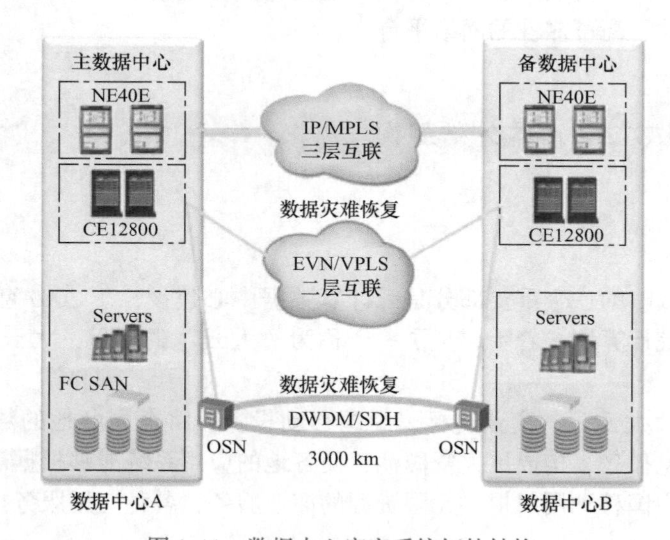

图 1-11　数据中心容灾系统拓扑结构

采用这种架构的优势如下：

1）可将原有的容灾网络升级为 OTN 网络。

2）可将原有的接入网络升级为 PTN 网络。

3）利用光纤通信中的大带宽，实现多用户的 VPN 接入，实现数据安全。

1.3.3　技术解析

随着云计算的发展，越来越多业务承载在数据中心的虚拟机上，业务数据的流动从南北向转变为东西向，对数据中心网络提出了很大的挑战。南北向的传输网络促进了数据中心内部虚拟机的迁移，同时也促进了大二层网络虚拟交换技术的发展，支持大容量数据的通信和超高的端口密度，可以连接更多的服务器，提升数据中心的处理能力；而东西向的外部网络承载着各数据中心之间的同步计算、协同调度、冗余、数据迁移、数据库同步、备份、灾备等功能，从而解决了数据中心信息孤岛的问题。云计算业务传输网络如图 1-12 所示。

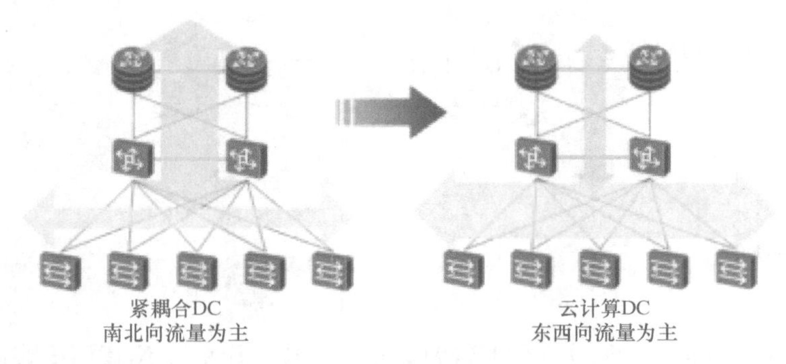

图 1-12　云计算业务传输网络

一、外部网络关键技术

数据中心的东西向数据的传输网络所涉及的关键技术如下：

1. OTN

OTN（Optical Transport Network，光传输网）以波分复用技术为基础，是新一代传输网的骨干传输网。由于 OTN 节点之间，不需要依赖时钟同步信号，而是从本站点的时钟提取信号，也没有固定的帧频，属于异步通信的技术体系。

2. PTN

PTN（Packet Transport Network，多业务分组传输网）是传输网与数据网融合的产物。基于 MPLS－TP（MPLS Transport Profile，多协议标签交换传输应用协议）实现的分组传输网，包含 IPRAN（无线接入网 IP 化，针对 IP 化基站回传应用场景进行优化定制的路由器/交换机整体解决方案）在内的所有分组化解决方案的集合。其中，Packet：分组内核，多业务处理，层次化 QoS 能力；Transport：综合提供了接入能力、传输能力、完整的时钟同步等解决方案，并采用了类似于 SDH 的保护机制和 OAM 维护手段，提供了从业务接入到网络侧以及设备级的完整保护方案；Network：业务端到端，管理端到端的网络。

PTN 与 OTN 组网架构，如图 1-13 所示。PTN 的传送带宽较 OTN 要小，一般 PTN 最大群路带宽为 10Gbit/s；OTN 单波带宽为 10Gbit/s ，群路带宽可达 400～1600Gbit/s，最新光传输带宽可达 560Tbit/s，是传输网的骨干。

3. VPN

VPN（Virtual Private Network，虚拟专用网络）是维护信息安全而采用的技术，为我们提供了一种通过公用网络安全地对企业内部专用网络进行远程访问的连接方式。VPN 由三部分组成：客户机、传输介质和服务器，VPN 连接使用隧道作为传输通道，这个隧道是建立在公共网络或专用网络基础之上的，如 Internet 或 Intranet。VPN 使用以下三种协议：

1）点对点隧道协议（PPTP），PPTP 协议允许对 IP、IPX 或 NetBEUI 数据流进行加密，然后封装在 IP 包头中通过企业 IP 网络或公共互联网络发送。

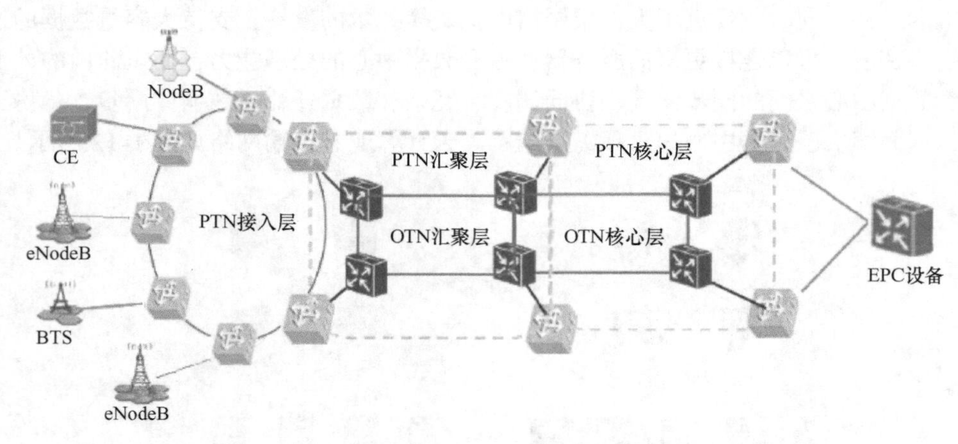

图 1-13　PTN 与 OTN 组网架构

2）第 2 层隧道协议（L2TP），L2TP 协议允许对 IP、IPX 或 NetBEUI 数据流进行加密，然后通过支持点对点数据报传递的任意网络发送，如 IP、X. 25、桢中继或 ATM。

3）安全 IP 隧道模式（IPSec），IPSec 隧道模式允许对 IP 负载数据进行加密，然后封装在 IP 包头中通过企业 IP 网络或公共 IP 互联网络发送。

4. Overlay

Overlay 的本质理念就是叠加，在原有的传统网络上虚拟出或者叠加出一个逻辑网络来，传统网络不需要做任何改变，就可以将新的网络通信协议在其上展开，其主要技术路线就是对数据中心网络的建设模式进行完全颠覆，原有的接入层、汇聚层、核心层的三层设计架构逐渐演变为二层汇聚与三层网关的叶脊架构。

Overlay 是未来数据中心网络发展的一个重要组成部分，其主要意义就是叠加，通过其定义的逻辑网络，实现业务所需要的逻辑网络，从而解决数据中心云化的网络问题，极大地节省了传统的 IT 投资成本。Overlay 也是一种将（业务的）二层网络构架在（传统网络的）三层/四层报文中进行传递的网络技术，这样的技术实际上就是一种隧道封装技术。最关键的业务模型就是要实现一种无状态的网络模型，即使跨越运营商资源，也可以实现多个数据中心互访，甚至虚拟机迁移都可以无感知地在这张逻辑网络上运行，同时对上层应用提供无感知的网络服务。

5. OTV

OTV（Overlay Transport Virtualization，上层传输虚拟化）是 Cisco 公司 2010 年在其数据中心旗舰级交换机 Nexus 7000 上发布的一项私有的传输协议。OTV 实际是一种 VPN 隧道技术，简化了数据平面机制，不用再像 VPLS（Virtual Private LAN Service，虚拟专用局域网业务）一样维护众多伪线（PW），是一种以 IS - IS 作为控制层面的对 MAC 地址进行寻址的 VPN 协议，可以作为 TRILL 或者 Fabric - Path 的城域网版本的协议。在控制平面的构建上，OTV 引入了“MAC 路由”的概念，所有的 OTV 节点在建立邻居关系之后便会交换各自的 MAC 地址表。基于这些信息，每个 OTV 节点会计算出一张路由表，使得 MAC 寻址更像路由协议，每个 OTV 节点的路由信息在第一个数据包发送出去后就已经进行了信息同步。OTV 同 Fabric - Path 和 TRILL 一样，是一种类似链路状态路由协议，本质是在广域网链路架构了一个 Overlay 的叠加网络。

OTV控制平面依据Hello报文进行链路信息同步，同时支持两种控制平面传输模式，一种为组播模式，一种为单播模式。区别在于当运营商网络支持组播，每个OTV节点发送一个Hello报文就可以将整个OTV网络信息进行同步，每个OTV节点都会帧听到相同的组播地址所发布的Hello消息。单播模式情况下，需要OTV节点一对一地进行Hello报文的传递，直至所有节点都发送完毕，才能建立一张整体OTV逻辑网络。同时OTV可以基于VLAN进行广域网流量负载均衡，比如基于奇数VLAN与偶数VLAN分别进行负载均衡。

6. EVI

EVI（Ethernet Virtual Internet，以太网虚拟化互联）是一种基于IP核心网的二层VPN技术，利用现有的网络为分散的站点提供二层互联功能。但是对于跨越运营商的网络，尤其是运作大型数据的中心网络，想要建立一张完整的跨地域大二层网络，仅仅依靠VXLAN技术是不足的，EVI技术可以说是基于MPLS的一个整体二层逻辑网络，可以跨不同运营商网络，不用依靠MPLS就可以建立远端邻居，将统一流量接入相同EVI就可以实现跨地域甚至跨越全球的私有网络建设。

二、云计算的发展方向

由于OTN、PTN等光通信的普及，云计算由传统的裸光纤通信（专用光纤线路通信）转为彩光通信（OTN通信），使得建设成本降低，云计算进入快速发展的时代，尤其是运营商和企业，其数据中心越来越多地开始向云化网络架构发展。众多国内外运营商预计将会在2020年到来之际完成网络转型，企业数据中心与运营商的网络模型将会有75%是由软件控制和管理的，越来越多的控制单元将会通过SDN和NFV放入到云或者最终用户手中，网络工程师的工作模式也会逐步转变为云计算工程师。

通过虚拟化、分解与重组，使数据中心与运营商的系统更加灵活、可靠、安全和高效，通过逐渐接受开源平台，使得IDC与运营商可以灵活配置和开发软件定义服务，而不用再去雇佣大量运维人员去维护这一切，底层将会完全透明、无感知地运行，加速整个云的生态系统成长。

随着大数据的广泛应用，数据脱敏、数据过滤、数据挖掘、数据呈现等工作均需要高性能计算集群的支撑，而云计算的高可用性、高性能计算的能力等优势，使得大数据与云计算紧密结合，从而有力地支撑了人工智能的发展。目前，业内逐步达成共识，即物联网、云计算、大数据等3种技术相结合，未来的发展方向是人工智能（AI）。

1.3.4 能力拓展

一、云计算的技术起源

云计算是分布式计算（Distributed Computing）、并行计算（Parallel Computing）和网格计算（Grid Computing）的发展，或者说是这些计算机科学概念的商业实现。

（1）分布式计算　分布式计算是一门计算机科学，它研究如何把一个需要非常巨大的计算能力才能解决的问题分成许多小的部分，然后把这些部分分配给许多计算机进行处理，最后把这些计算结果综合起来得到最终的结果，整个处理流程是集中管理的。

（2）并行计算　并行计算是同时使用多种计算资源解决计算问题的过程，是提高计算系统的计算速度和处理能力的一种有效手段。

（3）网格计算　网格计算实际上是利用互联网将分散于不同地域的计算机组织起来，成为一个虚拟的“超级计算机”。每台参与的计算机就是一个节点，成千上万的节点组合起来，成为一张“网格”。网格的资源都是异构的，不强调有什么统一的安排。另外网格的使用通常是让分布的用户构成虚拟组织（VO），在这样统一的网格基础平台上用虚拟组织形态从不同的自治域访问资源。

二、云计算的演变

云计算主要经历了四个阶段才发展到现在这样比较成熟的水平，这四个阶段依次是电厂模式、效用计算、网格计算和云计算，各阶段的特点如下：

1）电厂模式阶段：电厂模式就好比是利用电厂的规模效应，来降低电力的价格，并让用户使用起来更方便，且无须维护和购买任何发电设备。

2）效用计算阶段：在1960年左右，当时计算设备的价格是非常高昂的，远非普通企业、学校和机构所能承受，所以很多人产生了共享计算资源的想法。1961年，人工智能之父麦肯锡在一次会议上提出了“效用计算”这个概念，其核心借鉴了电厂模式，具体目标是整合分散在各地的服务器、存储系统以及应用程序来共享给多个用户，让用户能够像把灯泡插入灯座一样来使用计算机资源，并且根据其所使用的量来付费。但由于当时整个IT产业还处于发展初期，很多强大的技术还未诞生，比如互联网等，所以虽然这个想法一直为人称道，但是总体而言“叫好不叫座”。

3）网格计算阶段：网格计算研究如何把一个需要非常巨大的计算能力才能解决的问题分成许多小的部分，然后把这些部分分配给许多低性能的计算机来处理，最后把这些计算结果综合起来攻克大问题。可惜的是，由于网格计算在商业模式、技术和安全性方面的不足，使得其并没有在工程界和商业界取得预期的成功。

4）云计算阶段：云计算的核心与效用计算和网格计算非常类似，也是希望IT技术能像使用电力那样方便，并且成本低廉。但与效用计算和网格计算不同的是，2014年在需求方面已经有了一定的规模，同时在技术方面也已经基本成熟了。

三、云计算的发展趋势

2010年之后，云计算作为一个新的技术趋势已经得到了快速的发展，彻底改变了人们生活和工作的方式。云计算现阶段发展最受关注的几大方面如下。

（1）云计算扩展投资价值　云计算简化了软件、业务流程和访问服务，帮助企业操作和优化投资规模。这不仅可以降低成本，改变商业模式，还可以具有更大的扩张灵活性。在相同的条件下，企业具有更多的创新能力与IT运维能力，这将会给企业带来更多的商业机会。

（2）混合云计算的出现　企业使用云计算（包括私有云和公有云）来补充它们的内部基础设施和应用程序，优化业务流程。云计算服务是一个新开发的业务功能。混合云计算能够综合私有云计算和公共云计算的优势，并实现两者之间的良好协调，为企业用户带来了融合两者的最佳应用体验。

（3）以云为中心　越来越多的组织将云计算作为其信息化建设的必要组成部分，这就意味着云计算与信息化建设密不可分。未来云计算将作为 IT 基础设施，扩展到不同的行业。

（4）移动云服务 智能移动设备在移动办公中发挥了更多的作用，随着其数量的显著上升，许多智能移动设备被用来规划业务流程、实现掌上办公等功能，更多的云计算平台和 APP 将为这些设备提供移动云服务。

（5）云安全 随着云计算的普及，云安全将会受到越来越多的重视，许多新的加密技术、安全协议等在未来会不断地呈现出来。

四、云计算的产业构成

云计算产业链中有云计算设备商、互联网服务提供商和云计算服务供应商，其中：

1）云计算设备商指的是提供搭建云计算环境所需的软硬件的设备厂商，包括硬件厂商（提供服务器、存储设备、交换机等）和软件厂商（提供云虚拟化平台、云管理平台、云桌面接入、云存储软件等）。

2）互联网服务提供商是云计算的先行者、先进技术及创新商业模式领导者，主要基于云计算提供低成本的海量信息处理服务。电信运营商（中国电信、中国联通、中国移动等）正转变为互联网服务提供商，利用云计算解决现实问题，提升电信业务网的能力（海量的计算和存储），降低成本。

3）云计算服务供应商是利用传统的网络、服务器和海量软件优势纷纷进入云计算领域的企业（IBM、Microsoft、华为等），为终端用户提供云计算服务。

技术融合驱动通信厂家进入传统的 IT 领域，特别是数据通信技术成为云计算的关键技术之一。云计算设备制造商与互联网服务提供商边界模糊：商业模式的变化驱动部分大制造商（IBM、微软等）进入服务领域，而大型的互联网服务商（Google、Amazon 等）自己开发设备提供服务。

ICP（Internet Content Provider，互联网内容提供商）负责提供网站的内容和与之相关的服务的转型与融合。具体如下：

1）“水平融合”，主要贯彻了 IT 基础设施的横向融合的发展趋势，通过横向融合，充分整合不同类型的 IT 组件与产品，实现对 IT 基础设施的统一运营与管理。

2）“垂直融合”，主要贯彻了垂直整合的思想，通过垂直融合从底层各类硬件到顶层各种应用进行端到端整合，使得 IT 系统性价比不断优化，从而实现最优性价比的解决方案。

3）“接入融合”，主要贯彻了协同效率提升思想，该战略源自企业在保障安全、体验前提下，对员工办公效率不断提升的需求。

4）“数据融合”，主要通过大数据分析解决方案，为客户提供更多的价值增长空间。

习题 1

一、选择题

1. C－RAN 的本质是将（　　）、无线接入、高速传输、多业务接入等技术相融合，实现资源共享和动态调度。

A. 云计算、虚拟化　　B. 互联网　　C. 局域网　　D. 光宽带网

2. 按需自助服务：消费者可以按需部署处理能力，如（　　），而不需要与每个服务供应商进行人工交互。

A. 服务器　　B. 网络设备

C. 服务器和网络存储设备　　D. 移动终端

3. 2020 年，5G（　　）将在中国实现商业化，基于移动终端的三网融合已成为可能。

A. 传输带宽　　B. 第五代移动通信

C. 传输速度　　D. 第五代交换技术

4. 云计算的商业模式不断进化，但业内普遍接受将云计算按照服务的提供方式分为（　　）。

A. LAN、MAN、WAN　　B. PHY、Datalink Network

C. bit、frame、packet　　D. IAAS、PAAS、SAAS

二、填空题

1. 云计算部署模式按应用层面和运营者分为________、________、________。

2. Overlay 的本质理念就是________，在原有的传统网络上虚拟出或者叠加出一个逻辑网络来，传统网络不需要做任何改变。

3. 点对点隧道协议（PPTP）允许对________、________或 NetBEUI 数据流进行加密，然后封装在 IP 包头中通过企业 IP 网络或公共互联网络发送。

4. OTN 以________技术为基础，是新一代传输网的骨干传输网。

三、简答题

1. 简述 PTN 的特点及优势。

2. 简述云计算的特点及优势。

3. 简述 VXLAN 的特点及优势。

4. 简述集群系统的特点及优势。

5. 简述虚拟化技术的特点及优势。

第2章

云计算架构的设计

2.1 分布式计算架构设计

2.1.1 案例引入

为更好地实现5G的商业目标，某移动通信公司投资在某地建设数据中心，构成资源池，为用户提供分布式计算、云服务，以及各种易于扩展的按需定制的应用服务。

运营商通过数据中心的建设，实现数据仓库建设、数据挖掘等大数据分析的工作，数据中心的建设需求如下：

1）可承载运营商内部各业务支撑系统，侧重于云部署和海量数据的处理，满足数据挖掘及业务融合和高可靠性保障等要求。

2）可为客户提供云服务，除了虚拟机、云存储等云服务外，还应包括定点投放资费套餐、高性能计算、云数据库、大数据、云桌面等云服务项目。

3）云的运营平台可通过南向开放接口与存储平台、第三方灾备平台以及运营商自有系统对接，实现更广泛的云服务管理、异地灾备等。

2.1.2 案例分析

一、分布式计算基础简介

为满足运营商的数据仓库建设、数据挖掘、内部各业务支撑系统等需求，数据中心资源整合是云计算路上需要迈出的第一步。完成了数据中心的基础资源整合，构成一个统一调度、大规模的计算平台，才能在整合资源的基础上实现资源的重复使用。

数据中心数据/存储的整合一般是指整合业务支撑的关键数据，通常也是最重要的结构化数据，数据/存储整合为应用系统的整合和数据容灾备份提供了可能性。由于结构化数据对I/O的要求很高，且通常以裸设备的方式来放置，一般会采用容量大、性能好的存储设备（FC/FCoE）来整合；对于系统中更多的对I/O要求相对较低，但数据量巨大的非结构化数据，需采用基于X86架构的高性能计算平台与存储平台，实现数据的高速输入、数据挖掘、高速输出。

二、服务模式整合

为满足运营商为客户提供云服务业务以及各种接口对接的需求，数据中心服务模式的整合关系到数据中心整合的方方面面。从前端来看关系到客户端和服务器端的服务模式整合，从后端来看关系到服务器端和存储端运营模式的整合，即如何建设 SAN 架构的模式。

在云计算模式下还需要关注服务器和服务器之间的数据交互，这种流量模型与传统的客户机到服务器的流量模型有很大的不同。在传统的模型下，当网络上的流量并不是很大时，应用的时延是被重点关注的因素。而在一个应用系统中，对时延影响最大的是后端磁盘的响应时间和应用软件的优化程度，应建设高性能计算集群，减小应用的时延，以便开展数据挖掘工作。

在基于云计算模型下，数据容灾将成为重中之重，为实现更广泛的云服务管理、异地灾备（两地三中心）等工作，应将南向开放接口与存储平台、第三方灾备平台以及运营商自有系统有效地对接；另外服务器和服务器之间交互的带宽需求非常大，也就意味着不仅需要关注服务的时延，同时需要关注服务的收敛时间，如何构建一个无时延的服务模式，就成为了必须面对的问题，另外前后端双网（LAN 和 SAN）的融合也是必须要解决的。

2.1.3 技术解析

当前，通信运营商正处于关键的转型发展期，IT 设施作为各项业务的基本载体，会随着业务规模的增长在数量和规模上快速膨胀。相比云计算模式，传统的“烟囱式”“孤岛式”会带来高昂的 TCO（Total Cost of Ownership，总拥有成本），且不具备可持续发展的能力，无法适应通信运营商中长期业务发展的内在需求。

采用云计算模式实现 IT 业务系统和服务的交付是通信运营商的一致选择，可选择建设 IT 支撑云、公有云、政企云、业务云等满足企业内部运营、对外业务服务等需求。现阶段建设全业务的云数据中心是最具性价比的选择，但考虑到远期的发展需要，整体方案规划上必须具备多数据中心分布式协同的扩展性。因此，全业务、分布式是通信运营商现阶段云数据中心建设的关键点。

一、服务器系统设计

在信息技术应用的早期，计算机成本非常昂贵，数量受限，信息系统应用模式只能采用一台计算主机带数十台甚至数百台终端的用户模式，这台计算主机成为为网络提供资源和服务的服务器。随着技术的发展，服务器先后经历了文件服务器、数据库服务器、通用服务器和专用服务器等几种角色的演变。

1. 服务器的分类

（1）按照芯片组的形式分

1）基于 CISC（Complex Instruction Set Computing，复杂指令集运算）处理器的服务器。这种服务器采用 CISC 芯片组，其特点是采用复杂指令集，指令数目多且复杂，每条指令字长并不相等，偏重于多媒体文件的处理，这种芯片组的作用可以简单地理解为计算处理 + 多媒体处理。

2）基于 RISC（Reduced Instruction Set Computing，精简指令集运算）处理器的服务器。这种服务器采用 RISC 芯片组，其特点是采用精简指令集，指令数目少，每条指令都采用标准字长，执行时间短，偏重于浮点计算，大大地提高了指令的执行速度，这种芯片组的作用可以简单地理解为计算处理。

（2）按照网络应用规模分

1）入门级服务器，通常只有 1 个 CPU，采用 IDE 或 SAS 接口硬盘，小范围内完成数据处理。

2）工作组级服务器，通常 1～2 个 CPU，采用 SCSI 或 SAS 接口硬盘，具有高可用性，可满足 30～50 个网络用户的数据处理。

3）部门级服务器：通常支持 2～4 个 CPU，具有较高的可靠性、可用性、可扩展性和可管理性，通常配有热插拔硬盘、电源和 RAID，具有较强的数据处理能力，是面向大中型网络的产品。

4）企业级（电信级）服务器：通常支持 4～8 个 CPU，内置部件基本上为热冗余，具有强大的数据处理能力，良好的伸缩性，极大地保护用户投资。

（3）按外形分

1）机架式服务器。机架式服务器的外形看来不像计算机，而像交换机，有 1U（1U≈1.75in≈4.445cm）、2U、4U 等规格。机架式服务器安装在标准的 19in 机柜里面，这种结构的服务器多为功能型服务器。

2）刀片服务器（也称为高密度服务器）。该服务器指在标准高度的机架式机箱内可插装多个卡式的服务器单元，实现高可用和高密度。每一块“刀片”实际上就是一块系统主板，它们可以通过“板载”硬盘启动自己的操作系统，如 Windows 2008 Server、Linux 等，类似于一个个独立的服务器。在这种模式下，每一块母板运行自己的系统，服务于指定的不同用户群，相互之间没有关联，因此相对于机架式服务器和机柜式服务器，单片母板的性能较低。不过，管理员可以使用系统软件将这些母板集合成一个服务器集群。在集群模式下，所有的母板可以连接起来提供高速的网络环境，并同时共享资源，为相同的用户群服务。在集群中插入新的“刀片”，就可以提高整体性能。而由于每块“刀片”都是热插拔的，所以，系统可以轻松地进行替换，并且将维护时间减少到最小。

3）塔式服务器。该服务器应该是大家见得最多，也最容易理解的一种服务器结构类型，因为它的外形以及结构都跟我们平时使用的立式计算机差不多。由于服务器的主板扩展性较强，插槽也多，所以比普通主板大一些，因此塔式服务器的主机机箱也比标准的计算机机箱要大，一般都会预留足够的内部空间以便日后进行硬盘和电源的冗余扩展。

由于塔式服务器的机箱比较大，服务器的配置可以很高，冗余扩展可以更齐备，所以它的应用范围非常广，应该说使用率最高的一种服务器就是塔式服务器。我们平时常说的通用服务器一般都是塔式服务器，它可以集多种常见的服务应用于一身，不管是速度应用还是存储应用都可以使用塔式服务器来解决。

4）机柜式服务器。一些企业的高档服务器内部结构复杂，设备较多，有的还具有许多不同的设备单元或将几个服务器都放在一个机柜中，这种服务器就是机柜式服务器。机柜式通常由机架式、刀片式服务器再加上其他设备组合而成，如华为公司的 E9000，它是面向弹性计算、电信计算的高性能企业级高端服务器，在一个通用的业务处理平台上，将计算、存储和网络融合到一个高度为 12U 的机箱内，支撑运营商、企业的高端核心应用。

2. 服务器的选型

服务器可以从以下几个方面来衡量其是否达到了设计目的：R——Reliability，可靠性；A——Availability，可用性；S——Scalability，可扩展性；U——Usability，易用性；M——Manageability，可管理性。这就是通常说的服务器的 RASUM 衡量标准。

1）可靠性。这是指在一定时间内、在一定条件下，元件、产品、系统无故障地执行指定功能的能力或可能性。可通过可靠度、失效率、平均无故障间隔等来评价产品的可靠性。

2）可用性。对于一台服务器而言，一个非常重要的方面就是它的“可用性”，即所选服务器能满足长期稳定工作的要求，不能经常出问题。在大中型企业中，通常要求服务器是永不中断的。在一些特殊应用领域，即使没有用户使用，有些服务器也得不间断地工作，一般来说专门的服务器都要 7×24h 不间断地工作。为了确保服务器具有高“可用性”，除了要求各配件质量过关外，还可采取必要的技术和配置措施，如在线诊断、硬件冗余等。

3）可扩展性。服务器必须具有一定的“可扩展性”，这是因为企业网络不可能长久不变，特别是在当今信息时代。如果服务器没有一定的可扩展性，若用户一增多就不能满足要求的话，一台价值几万元，甚至几十万元的服务器在短时间内就要遭到淘汰，这是任何企业都难以承受的。为了保持可扩展性，通常需要服务器具备一定的可扩展空间和冗余件（如磁盘阵列架位、PCI 和内存条插槽位等）。

可扩展性具体体现在硬盘是否可扩充，CPU 是否可升级或扩展，系统是否支持多种可选主流操作系统等方面，只有这样才能保持前期投资为后期充分利用。

4）易用性。服务器的功能相对于计算机来说复杂许多，不仅指其硬件配置，更多的是指其软件系统配置。服务器的易用性主要体现在服务器是不是容易操作，用户导航系统是不是完善，机箱设计是不是人性化，有没有关键恢复功能，是否有操作系统备份，以及有没有足够的培训支持等方面。

5）可管理性。服务器的可管理性体现在服务器是否具有智能管理系统、自动报警功能、独立的管理系统、液晶监视器等方面。

二、存储系统设计

随着数据大集中的趋势日益明显，用户的存储需求也时刻发生变化。一方面，用户需要一个高容量的存储库，满足海量的存储需求；另一方面，用户还需要更快速的数据备份及恢复。在随需应变的时代，新的商机、新的利润来源、新的客户将不断涌现。当然，想要真正地把握商机，不但需要及时掌握各种珍贵信息，而且还要实时满足来自各方的数据调用需求，这就对数据存储、复制以及灾难恢复提出了更高的要求。

1. 存储产品

（1）磁带存储　如今，各种各样的企业都依赖于数据，将其作为重要的公司资产。无论是在使用高性能网络服务器还是单个工作站，企业都必须能够快速可靠地访问数据，对大型数据库进行归档并在需要时进行检索，同时能够经济节省地完成这些任务。

外置式磁带机是一系列可扩展的、灵活的磁带解决方案的一个构件。通过利用先进的 Linear Tape - Open（LTO）技术，磁带机可满足各种小系统的备份、保存、复原和归档数据存储需求。LTO 是一种开放式磁带体系结构，它是由世界一流的三大存储设备生产商共同开发的，开放式意味着可由多个不同的供应商提供。磁带存储结构如图 2-1 所示。

磁带机与服务器的连接只需通过 SCSI 卡，用 SCSI 线缆连接磁带机即可，安装简单，备份时通过磁带机自带的备份软件进行操作。

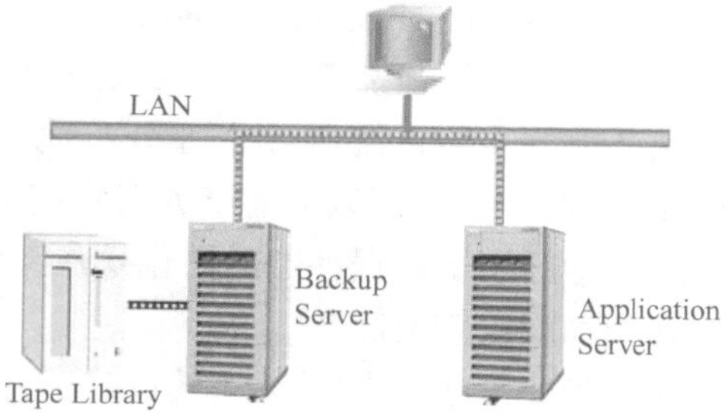

（2）磁盘阵列　磁盘阵列（Redundant Arrays of Independent Disks，RAID），有“独立磁盘构成的具有冗余能力的阵列”之意。磁盘阵列是由很多价格较便宜的磁盘，组合成一个容量巨大的磁盘组，目前是云计算中用途最广的产品。

图 2-1　磁带存储结构

利用 RAID 技术，将数据切割成许多区段，分别存放在各个硬盘上。磁盘阵列还能利用同位检查（Parity Check）的观念，在数组中任意一个硬盘故障时，仍可读出数据，在数据重构时，将数据经计算后重新置入新硬盘中。

磁盘阵列有三种形式，一是外接式磁盘阵列柜，二是内接式磁盘阵列卡，三是利用软件来仿真，其中：

1）外接式磁盘阵列柜常被使用在大型服务器上，具有可热交换（Hot Swap）的特性，不过这类产品的价格都很贵。

2）内接式磁盘阵列卡价格便宜，但需要较高的安装技术，适合技术人员使用。硬件阵列能够提供在线扩容、动态修改阵列级别、自动数据恢复、驱动器漫游、超高速缓冲等功能。阵列卡用专用的处理单元来进行操作，能提供性能和数据保护的可靠性、可用性和可管理性的解决方案。

3）利用软件仿真的形式是指通过网络操作系统自身提供的磁盘管理功能将连接在普通 SCSI 卡上的多块硬盘配置成逻辑盘，组成阵列。软件阵列可以提供数据冗余功能，但是磁盘子系统的性能会有所降低，有的降低幅度还比较大，达 30% 左右，因此会拖累机器的速度，不适合大数据流量的服务器。

2. 存储系统架构

（1）DAS　DAS（Direct Attached Storage，直接连接存储）是指将外置存储设备通过连接电缆，直接连接到一台计算机上。采用 DAS 方案的服务器结构如图 2-2 所示。

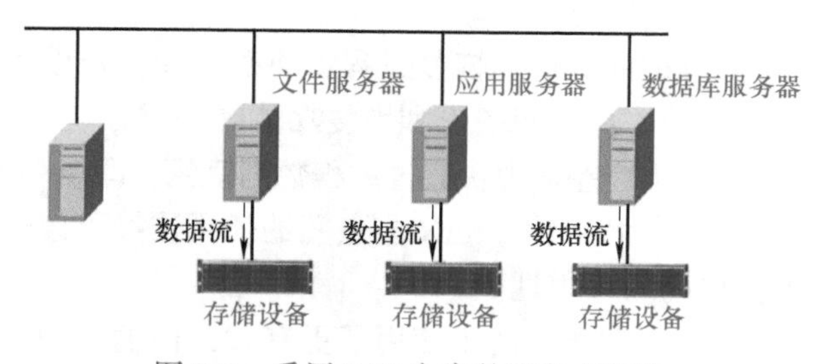

图 2-2　采用 DAS 方案的服务器结构

外部数据存储设备采用 SCSI 技术，或者 FC（Fibre Channel）技术，直接挂接在内部总线上，数据存储是整个服务器结构的一部分，在这种情况下往往是数据和操作系统都未分离。DAS 这种直连方式，能够满足单台服务器的存储空间扩展、高性能传输需求，还可以构成基于磁盘阵列的双机高可用系统，满足数据存储高可用性的要求。从趋势上看，DAS 仍然会作为一种存储模式，继续得到应用。

DAS 解决方案：服务器通过 SCSI 卡或者光纤卡，用 SCSI 线或者光纤，连接磁盘阵列柜，形成 DAS。操作系统把磁盘阵列视为一个逻辑硬盘，备份时可以用备份软件完成，也可以用操作系统中的备份程序完成。

（2）NAS NAS（Network Attached Storage，网络附加存储）即将存储设备连接到现有的网络上，提供数据和文件服务，类似于存储服务器。NAS 服务器一般由存储硬件、操作系统以及其上的文件系统等几个部分组成。NAS 将存储设备通过标准的网络拓扑结构连接，采用 TCP/IP 协议，可以无需服务器直接上网，不依赖通用的操作系统，而是采用一个面向用户的、专门用于数据存储的简化操作系统，内置了与网络连接所需的协议，因此使整个系统的管理和设置较为简单。

其次 NAS 是真正即插即用的产品，并且物理位置灵活，可放置在工作组内，也可放在其他地点与网络连接。因此，用户选择 NAS 解决方案，原因在于 NAS 价格合理、便于管理、灵活且能实现文件共享，NAS 拓扑结构如图 2-3 所示。

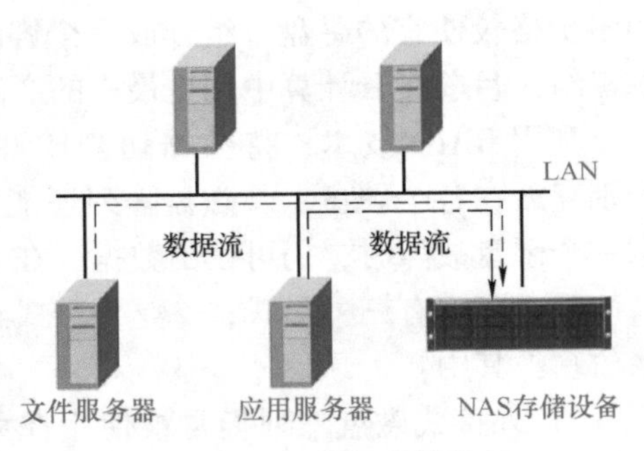

图 2-3　NAS 拓扑结构

NAS 以网络为中心，支持开放的标准协议，提供跨平台的文件和数据共享服务；部署简单快捷，具有多方位的高扩展性和独立优化的存储操作系统；采用集中的存储模式，可在线扩容和增加设备；支持多种协议的管理软件、日志文件系统、快照和镜像等功能，即插即用。

（3）SAN　SAN（Storage Area Network，存储区域网）包含了存储企业商务信息的多个供应商的存储系统、存储管理软件、应用服务器和网络硬件，是目前数据中心的主流技术。

数据中心使用 SAN，提供了以下功能：

1）存储整合：大多数存储设备与服务器相连，难以移动。存储整合能够将存储设备同时与多个服务器相连，使投资得到更好的利用。

2）存储共享：一旦存储设备与多个服务器相连，可以对其进行划分或在服务器间共享。

3）数据共享：如果存储设备被共享，而且拥有能够提供必要锁定功能和同步功能的软件，则数据可以被共享。

4）改进的备份和恢复过程：将磁盘和磁带设备连入同一 SAN 就可以实现设备之间数据的快速移动，从而使备份和恢复功能得到增强。

5）灾难容差能力：通过远程数据镜像，即使一个地方发生灾难，系统仍可不中断地运行。

6）更高可用性：SAN 多点间的任意连接可以通过镜像映射和路径预备等方式实现，从而提供更高的可用性。

7）增强性能：由于使用了更有效的传输机制，如光纤通道，而使性能得到提高。

8）集中式管理：从一个控制台上就可以对整个 SAN 架构上的所有设备进行完全的管理。

三、集群系统设计

本项目数据中心建设，采用集群系统进行，集群系统的优势如下：

（1）提高处理性能　一些计算密集型应用，需要计算机有很强的运算处理能力，现有的技术，即使普通的大型机器计算也很难胜任。这时，一般都使用计算机集群技术，集中几十台甚至上百台计算机的运算能力来满足要求。提高处理性能一直是集群技术研究的一个重要目标之一。

(2) 降低成本　通常一套较好的集群配置与价值上百万美元的专用超级计算机相比，价格便宜，在达到同样性能的条件下，采用计算机集群比采用同等运算能力的大型计算机具有更高的性价比。

(3) 提高可扩展性　用户若想扩展系统能力，不得不购买更高性能的服务器，才能获得额外所需的 CPU 和存储器。如果采用集群技术，则只需要将新的服务器加入集群中即可，对于客户来看，服务无论从连续性还是计算性能上都几乎没有变化，好像系统在不知不觉中完成了升级。

(4) 增强可靠性　集群技术使系统在故障发生时仍可以继续工作，将系统停运时间减到最小。集群系统在提高系统的可靠性的同时，也大大减小了故障损失。根据典型的集群体系结构，集群中涉及的关键技术可以归属于四个层次：

1）网络层：网络拓扑结构、通信协议、信号技术等。

2）节点机及操作系统层：高性能客户机、层次结构或基于微内核的操作系统等。

3）集群系统管理层：资源管理、资源调度、负载平衡、并行计算能力、安全等。

4）应用层：并行程序开发环境、串行应用、并行应用等。

集群技术是以上四个层次的有机结合，所有的相关技术虽然解决的问题不同，但都有其不可或缺的重要性。

集群系统管理层是集群系统所特有的功能与技术的体现。在未来按需（On Demand）计算的时代，每个集群都应成为业务网格中的一个节点，所以自治性（自我保护、自我配置、自我优化、自我治疗）也将成为集群的一个重要特征。自治性的实现、各种应用的开发与运行大部分直接依赖于集群的系统管理层。此外，系统管理层的完善程度，决定着集群系统的易用性、稳定性、可扩展性等诸多关键参数。数据中心拓扑结构如图 2-4 所示。

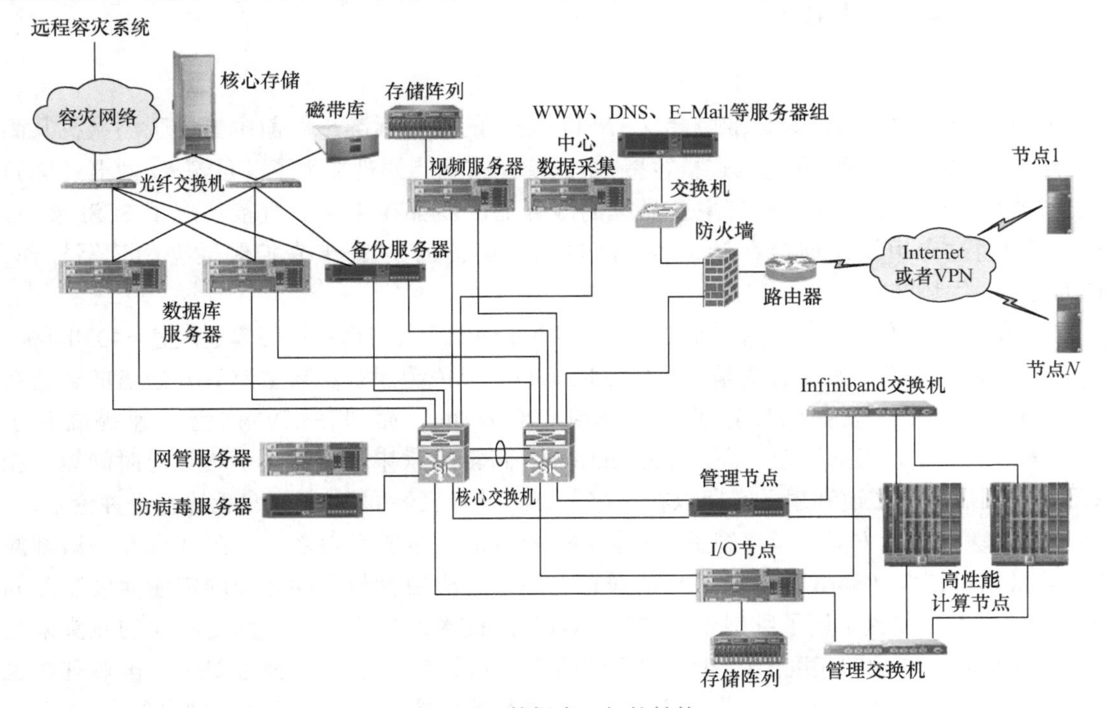

图 2-4　数据中心拓扑结构

2.1.4 能力拓展

服务器作为硬件来说，通常是指那些具有较高计算能力，能够供多个用户使用的计算机。服务器与普通计算机有很多不同之处，例如普通计算机在一个时刻通常只为一个用户服务，而服务器是通过网络被客户端用户使用的。和普通计算机相比，服务器需要连续工作7×24h，这就意味着服务器需要更多的稳定性技术。

根据不同的计算能力，服务器又分为工作组级服务器、部门级服务器和企业级服务器。服务器操作系统是指运行在服务器硬件上的操作系统。服务器操作系统需要管理和充分利用服务器硬件的计算能力并提供给服务器硬件上的软件使用。

服务器系统的硬件构成与我们平常所接触的计算机有众多的相似之处，主要的硬件构成仍然包含如下几个主要部分：中央处理器、内存、芯片组、I/O总线、I/O设备、电源、机箱和相关软件。

整个服务器系统就像一个人，处理器就是服务器的大脑，而各种总线就像是分布于全身肌肉中的神经，芯片组就像是骨架，而I/O设备就像是通过神经系统支配的人的手、眼睛、耳朵和嘴，而电源系统就像是血液循环系统，它将能量输送到身体的所有地方。

在信息系统中，服务器主要应用于数据库和Web服务，而计算机主要应用于桌面计算和网络终端，设计根本出发点的差异决定了服务器应该具备比计算机更可靠的持续运行能力、更强大的存储能力和网络通信能力、更快捷的故障恢复功能和更广阔的扩展空间，同时，对数据相当敏感的应用还要求服务器提供数据备份功能。而计算机在设计上则更加重视人机接口的易用性、图像和3D处理能力及其他多媒体性能。

一、服务器的相关技术

1. 小型机系统接口（SCSI）技术

SCSI标准是由美国国家标准协会（ANSI）公布的接口标准，以前主要用于小型机及高级工作站。SCSI接口拥有稳定、连接容易、向下兼容等特点。现在为了满足输入/输出（I/O）带宽日益增加的需求，几乎所有主要品牌的服务器厂商都在主板上直接集成了SCSI接口。SCSI接口通过专用线缆连接存储设备，通过独立高速的SCSI卡来控制数据的读写操作。SCSI技术的优势如下：

1）在接口速度方面，目前最新的标准是Ultra 640最大同步数据传输速度达640Mbit/s。

2）在转速方面，硬盘转速是决定传输性能的一个关键因素。当主流IDE硬盘的转速在5400r/min时，SCSI硬盘的转速就已经达到7200r/min，而现在IDE硬盘转速提高到了7200r/min，SCSI硬盘的转速已高达15000r/min。高转速意味着硬盘的平均寻道时间短，能够迅速找到需要的磁道和扇区，所以在转速上IDE硬盘已经同SCSI硬盘无法相提并论了。

3）在缓存容量方面，缓存容量也是影响硬盘性能的重要因素之一。SCSI硬盘一般都配置了容量相对较大（8MB甚至更多）的缓存，用来解决硬盘与内存之间的传输速度瓶颈问题。同时，SCSI硬盘采用了巨型磁阻磁头（GMR）技术，其读、写分别由不同的磁头来完成，大大提高了硬盘的速度。而IDE硬盘的缓存容量则比较小，一般为2MB，虽然现在也出现了8MB缓存的IDE硬盘，提高了一些IDE硬盘的性能，但是由于IDE硬盘的先天不足，所以其性能没有得到显著的提升。

4）在CPU占用率方面，比较SCSI硬盘和IDE硬盘的CPU占用率，可以发现SCSI硬盘具有相当的优势。SCSI硬盘可通过独立的、高速的SCSI卡来控制数据的读写操作，大大提高了系统的整体性能。而IDE硬盘没有专用的数据处理芯片来担当数据处理重任，所以对CPU的占用比较多，比如当保存一个比较大的Word文件时，就会发现计算机停顿一下，这是CPU处理数据的结果。

5）在扩展性方面，SCSI的扩展性要比IDE好得多。一般每个IDE系统可有两个IDE通道，总共连4个IDE设备，使用比较特殊技术的主板也只能最大支持8个设备。而SCSI接口可连接7~15个设备，比IDE要多很多。现在IDE只有硬盘和光驱两类设备，SCSI则多得多，比如扫描仪、打印机等。IDE的电缆长度大约为45cm，SCSI则可以达到1.5~12m，甚至更长，安装的自由度高了很多。由于SCSI设备的中断共享，即只由SCSI卡占用一个中断，连接在其上的设备由SCSI卡提供ID地址，因此使中断得到了扩展，解决了出现中断冲突的问题。

6）在热插拔特性方面，SCSI硬盘支持热插拔的硬盘安装方式，可以在服务器不停机的情况下拔出或插入硬盘，操作系统可自动识别硬盘的改动，这种技术对于24h不间断运行的服务器来说是非常必要的。当然并不是所有的SCSI硬盘都支持热插拔，只有符合热插拔标准的SCSI硬盘才可以实现热插拔。

2. 热插拔技术

热插拔技术指在不关闭系统和不停止服务的前提下更换系统中出现故障的部件，达到提高服务器系统可用性的目的。目前的热插拔技术已经可以支持硬盘、电源、扩展板卡的热插拔，而系统中更为关键的CPU和内存的热插拔技术也已日渐成熟。未来热插拔技术的发展将会促使服务器系统的结构朝着模块化的方向发展，大量的部件都是可以通过热插拔的方式进行在线更换的。

3. 内存保护ECC校验技术

ECC（Error Checking and Correcting，错误检查和纠正）技术并非像常见的PC133和DDR400那样是内存的传输标准，ECC是通过在原来的数据位上额外增加数据位来实现的，如原来的数据位是8位，则需要增加5位用于进行ECC错误检查和纠正，数据位每增加一倍，ECC只增加一位检验位。在内存中ECC能够容许错误，并可以将错误更正，使系统得以持续正常的操作，不致因错误而中断，且ECC具有自动更正的能力，可以检查出奇偶校验无法检查出来的错误，并将错误修正。

二、RAID技术

RAID是利用若干台小型硬磁盘驱动器加上控制器按一定的组合条件，组成的一个大容量、快速响应、高可靠的存储子系统。由于其可有多台驱动器并行工作，大大提高了存储容量和数据传输率，而且由于采用了纠错技术，提高了可靠性。RAID通常是由在硬盘阵列塔中的RAID控制器或计算机中的RAID卡来实现的。

1. RAID0

RAID0使用一种名为“条带（striping）”的技术把数据分布到各个磁盘上，在那里每个“条带”被分散到连续“块”上。条带允许从多个磁盘上同时存取信息，可以平衡磁盘间的输入/输出负载，从而达到最大的数据容量、最快的存取速度。

RAID0 是唯一没有冗余的一级 RAID，没有冗余使 RAID0 除了速度快外，还有低成本的优点，但这也意味着如果阵列中某个磁盘失败，该阵列上的所有数据都将丢失。在 RAID0 中，若要从磁盘故障中恢复，则必须更换出错的磁盘，并从备份中恢复所有驱动器上的数据。对于可以承受因从磁盘故障中恢复而造成的时间损失的网络来说，RAID0 提供了一个高性能选择，它既可以通过软件实现，也可以通过硬件实现。RAID0 的特点如下：

1）数据容量大、成本低、读取速度快。

2）没有冗余。

其硬盘容量计算公式为

$$N = nm$$

式中，N 为总容量；n 为单块硬盘容量；m 为硬盘数量。

2. RAID1

RAID1 也被称为镜像，是将一个磁盘上的数据完全复制到另一个磁盘上。如果一个磁盘失效，另一个还可以用，那么由磁盘故障而造成的数据损失和系统中断将被避免。RAID1 的缺点是复制每个磁盘或驱动器的费用较高，在大型服务器上，这可能是一项很大的花销。RAID1 可以由软件或硬件方式实现。RAID1 的特点如下：

1）冗余最大、恢复快速。

2）需要至少两个以上为偶数的磁盘驱动器。

其硬盘容量计算公式为

$$N = nm/2$$

式中，N 为总容量；n 为单块硬盘容量；m 为硬盘数量，$m=2，4，6，8\cdots$。

3. RAID5

RAID5 也被称为带分布式奇偶位的条带，每个条带片上都有相当于一个“块”那么大的地方被用来存放奇偶位。与 RAID3 不同的是，RAID5 像分布条带片上的数据那样把奇偶位信息也分布在所有的磁盘上。尽管有一些容量上的损失，但 RAID5 能提供最佳的整体性能，因而也是被广泛应用的一种数据保护方案。它适合于输入/输出密集、高读/写比率的应用程序，如事务处理等。为了具有 RAID5 级的冗余度，需要最少由三个磁盘组成的磁盘阵列（不包括一个热备用）。RAID5 可以通过磁盘阵列控制器硬件实现，也可以通过某些网络操作系统软件实现。RAID5 的特点如下：

1）在可用性、费用和性能三者间寻求平衡。

2）因需要进行奇偶计算而使速度下降，需要 3 个或更多的磁盘驱动器。

其硬盘容量的计算公式为

$$N = n(m-1)$$

式中，N 为总容量；n 为单块硬盘容量；m 为硬盘数量，$m \geqslant 3$。

三、FCoE 技术

数据中心网络接入层是将服务器连接到网络的第一层基础设施，这里最常见的网络类型是用于局域网（LAN）连接的以太网，以及用于存储网络（SAN）连接的 FC 网络。为支持不同类型网络，服务器需要为每种网络配置单独的接口卡，即以太网卡（NIC）和光纤通道主机总线适配器（FC HBA）。多种类型的接口卡和网络设备削弱了业务灵活性，增加了数据中心网络管理复杂性、设备成本、电力等方面的开销。

FCoE 技术是将原来适用于 FC 光纤传输的存储数据封装到以太网帧中传输，将 LAN 和 SAN 的流量集中到一套网络上传输。然而，传统以太网 LAN 和传统 FC SAN 具有不同的技术要求，在拓扑结构、高可用性、传输保障机制、流量模型等方面存在较大差别。FCoE 部署有以下两种模式：

1）FCoE 只部署在服务器网络接入层，目的是实现服务器 I/O 整合，简化服务器网络接入层的线缆设施。服务器安装支持 FCoE 的 10GE CNA（Converged Network Adapter，融合网卡），并连接到接入层 FCoE 交换机，接入层交换机再分别通过 10GE 链路和 FC 链路连接到现有的 LAN 和 SAN。

2）整网端到端（接入—汇聚—核心）的 FCoE 部署。FCoE 技术的应用范围扩大到整网，除接入层交换机和服务器外，汇聚核心层交换机和存储设备也支持 FCoE 接口。由此实现了 LAN 与 SAN 的融合，简化了整网基础设施。

FCoE 整网部署是数据中心网络未来发展趋势，但在目前，业界还没有出现较为成熟的支持全网端到端 FCoE 部署的方案和产品，因此 FCoE 的网络接入层部署是当前的主要应用模式。此外，从保护用户现有投资（已建设的 FC SAN）角度出发，也建议现阶段只在网络接入层通过 FCoE 实现服务器 I/O 整合，简化接入层线缆部署，而保留原有 LAN 骨干网与原有 FC SAN 骨干网的独立性。

FCoE 的网络服务分 LAN 和 SAN 两类：

1）LAN 网络服务包括防火墙、服务器负载分担、网流分析等，这些服务通常由 LAN 汇聚层设备提供。

2）SAN 网络服务包括 DNS（分布式域名系统）、RSCN（注册状态变化通知）、FSPFI（光纤通道最短路径优先）等，这些服务通常由 FC SAN 核心交换机提供。

在 FCoE 网络中，SAN 业务流量主要为南北向的业务流量（从服务器到存储设备）。因此在设计 FCoE 网络时，可根据服务器数量和带宽需求，明确定义 FCoE 接入交换机上行 SAN 端口收敛比，以此提高 SAN 网络的传输性能。

2.2 内部网络设计

2.2.1 案例引入

数据中心是云计算中至关重要的组成部分，内部网络是将这强大的计算能力产生的信息传送至终端用户。

数据中心的内部网络建设需求如下：

1）采用“大二层”的设计理念进行网络建设，网络满足多租户内网与虚拟机的迁移，实现即插即用的特殊协议的应用需求。

2）采用虚拟化技术，实现交换机虚拟化。

3）采用 SDN 的理念，进行网络建设。

2.2.2 案例分析

一、网络虚拟化简介

云数据中心中，一台物理服务器虚拟化成多台虚拟机（VM），每个 VM 都可以独立运行，拥有自己独立的 MAC 地址和 IP 地址，它们通过服务器内部的虚拟交换机（vSwitch）与外部实体网络连接。除了服务器规模变大了以后相应设备表项受影响、运维管理的范围下移到服务器内部、拓扑需要包含虚拟网络部分以外，服务器虚拟化之后，还衍生出了一项技术，那就是虚拟机动态迁移。

网络设备虚拟化技术通过将多个设备虚拟成一台逻辑设备，再配合链路聚合技术，就可以把原来的多节点、多链路的结构变成逻辑上单节点、单链路的结构，常用来构造无环路的二层网络。通过这种方式所构建的二层网络的规模受限于 CSS/iStack 系统的性能，并不能实现无限制扩展。同时由于采用这种方案，二层子网数量仍然不能突破 4000 的限制。并且当前 CSS/iStack 协议往往都是厂家私有的，因此只能使用同一厂家的设备来组网。

二、大二层网络简介

云数据中心时代，用户对数据中心的诉求不仅仅满足于高速的转发、高可靠的业务保障，还追求计算、存储、网络资源效率的最大化利用，能够随业务而动态调整。网络虚拟化则是实现大二层以及网络敏捷发放的重要技术，使得数据中心资源在动态调整时，业务不受影响的情况下，构建大二层网络，可以使虚拟机摆脱只能在同一个二层域中进行动态迁移，而不能跨二层域迁移的局面。

虚拟机动态迁移就是在保证虚拟机上服务正常运行的同时，将一个虚拟机系统从一个物理服务器移动到另一个物理服务器的过程。而要实现虚拟机迁移业务不中断，则需要保证虚拟机迁移前后 IP 地址保持不变，而且虚拟机的运行状态也必须保持原状（例如 TCP 会话状态）。

大二层的需求也不仅仅只是为了满足云数据中心虚拟机迁移的场景，还有很多场景，同样需要数据中心满足大二层组网：一些应用的功能组件间通信需满足在同一个二层域，例如 OpenStack 云平台控制节点、计算节点之间通过相应的管理 VLAN 实现二层互通；运营商在提供机架、服务器托管等业务时，存在需要将不同物理机房机架上的剩余资源作为一个整体出租给用户，需要实现跨物理机房的二层互通；某些关键业务出于可靠性的考虑，需要承载业务的服务器/虚拟机的 HA 方案跨越物理机架甚至物理机房，也需要一个大二层网络环境。

数据中心出于对可靠性的强烈需求，通常会采用冗余设备、冗余链路来保障业务不会因为单点、单链路故障而中断，而二层网络的核心问题就是冗余设备与链路带来的环路问题和环路产生的广播风暴，传统数据中心用来规避二层环路的最主要的技术就是 VLAN（Virtual Local Area Network，虚拟局域网）和 xSTP（STP 和 RSTP 的统称）。

VLAN 技术通过将一个大的物理二层域划分成许多小的逻辑二层域，同一个 VLAN 内可以进行二层通信，不同 VLAN 之间是二层隔离的，但是 VLAN 技术不能解决广播风暴问题，而 xSTP 是通过阻塞掉冗余的设备端口和链路来防止环路的。

xSTP 原理上永远有部分端口与链路被闲置，这样的资源利用效率显然是无法接受的，并且这种阻断端口与链路的方式，只适应在小规模组网场景下，当网络规模到一定程度，网络出现故障时，整网的收敛速度会呈指数级下降，显然无法满足云数据中心所需的大二层网络。

2.2.3　技术解析

一、网络结构化设计

大多数传统网络都是纵向（North－South）的传输模式，即主机与网络中的其他非相同网段的主机通信都是设备–交换机–路由到达目的地。同时，在同一个网段的主机通常连接到同一个交换机，可以直接相互通信，拓扑结构如图 2-5 所示。

对于管理大型的数据中心来说，二层交换可以提供灵活的适应性，但相比于稳定、可扩展、高性能的三层路由解决方案来说，这阻止了数据中心灵活地适应虚拟化技术的要求。

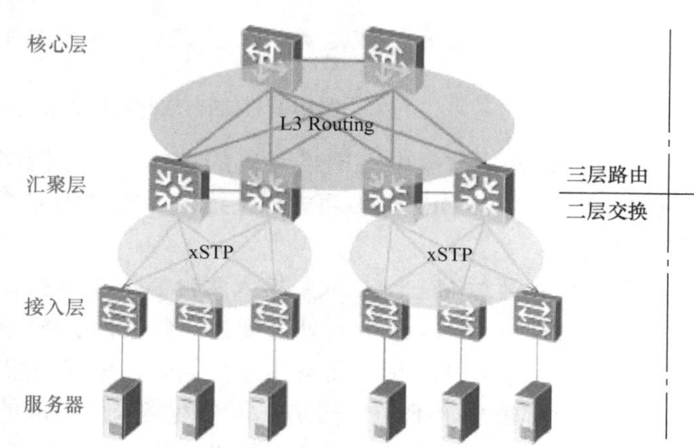

图 2-5　传统的网络拓扑结构图

随着云计算的发展，横向传输模式在数据中心中占据主导地位，涵盖几乎所有的云计算、虚拟化以及大数据。横向网络在纵向设计的网络拓扑中传输数据会带有传输的瓶颈，因为数据经过了许多不必要的节点（如路由和交换机等设备）。主机互访需要通过层层的上行口，带来明显的性能衰减，而三层网络的原始设计更会加剧这种性能衰减，这也就是为什么当前主流的三层网络拓扑结构越来越不能满足数据中心网络需求的原因。

1. Fabric 扁平化网络

Fabric 扁平化网络是在一个二层网络范围内，通过设备虚拟化技术以及跨设备链路聚合技术 M－LAG 来解决二层网络环路以及多路径转发问题，通常采用 Spine－Leaf 扁平结构。Spine 骨干节点作为 Fabric 网络核心节点，提供高速 IP 转发功能，通过高速接口连接各个功能 Leaf 节点。Leaf 叶子节点作为 Fabric 网络功能接入节点，提供各种网络设备接入功能，Fabric 网络构成数据中心网络互连的主体，是网络流量和业务的主要承载组件，因此 Fabric 的可靠性尤为重要。整个 Fabric 由 IP 网络组成，网络的可靠性靠设备冗余和路由收敛保证，拓扑结构如图 2-6 所示。

为了便于数据中心的资源池化操作，可将一个数据中心划分为一个或多个物理分区，每个物理分区就称为一个 POD（Point of Delivery，传送站点）。因此，POD 是一个物理概念，是数据中心的基本部署单元，一台物理设备只能属于一个 POD。一个 Fabric 可以部署在一个 POD 内，也可以跨多个 POD。一般情况下，单 POD 的 Fabric 适用于规模较小且网络规模比较固定的网络，而跨多个 POD 可以建立一个规模较大的 Fabric，方便以后的升级和扩容。

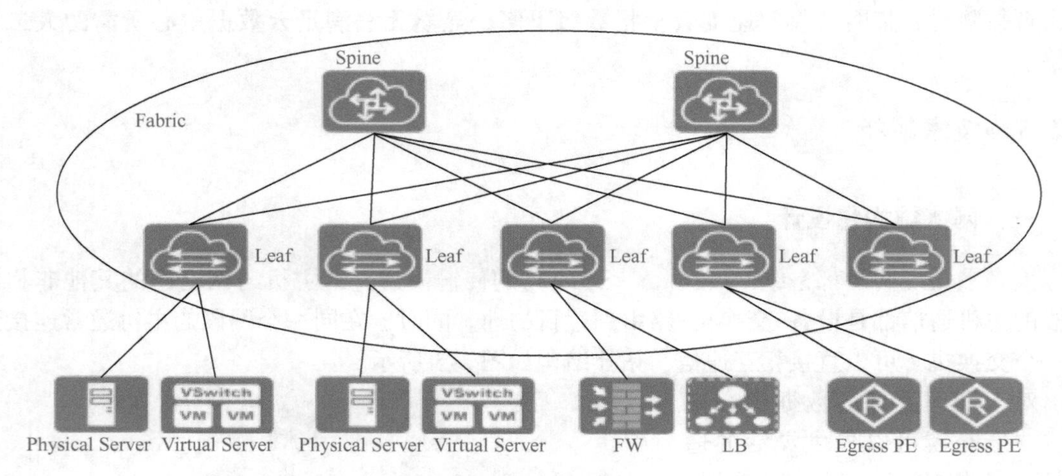

图 2-6　Fabric 扁平化网络拓扑结构

Fabric 网络构成数据中心网络互连的主体，依靠网络设备虚拟化的技术实现，主要指 CSS 和 iStack、SVF、DFS 等多项虚拟化技术，通过将多个设备虚拟成一台逻辑设备，保证通信畅通无阻。

服务器推荐通过 M－LAG 双归接入两台 Leaf 交换机，服务器双网卡运行在主备/分担模式，设备通过建立 DFS Group 对外表现为一台逻辑设备，但又各自有独立的控制面，升级维护简单，运行可靠性高。因设备有独立控制面，故部署配置相对复杂。如果单个数据中心规模较大，可以部署多个 Fabric 网络，每个网络采用标准的 Spine－Leaf 架构，由各自骨干节点交换机、叶子节点交换机、虚拟交换机及防火墙和负载均衡器等组成。所有 Fabric 网络有统一的策略管理和统一的控制管理，Fabric 间网络路由可达。

由于传统技术解决云数据中心大二层网络需求有各种各样的问题，应对这些问题比较理想的方案是在传统单层网络基础上叠加（Overlay）逻辑网络，演变为 Overlay Fabric 网络拓扑。

2. Overlay Fabric 网络

作为云计算核心技术之一的“服务器虚拟化”已经被数据中心普遍应用，随着企业业务的发展，虚拟机数量的快速增长和虚拟机迁移已成为一个常态性业务。由此也给传统网络带来了以下一些问题：

1）虚拟机规模受网络规格限制。在传统二层网络环境下，数据报文是通过查询 MAC 地址表进行二层转发的，而网络设备 MAC 地址表的容量限制了虚拟机的数量。

2）网络隔离能力限制。当前主流的网络隔离技术是 VLAN，VLANTag 域仅能表示 4096 个 VLAN，无法满足大二层网络中标志大量租户或租户群的需求。

3）虚拟机迁移范围受网络架构限制。传统的 STP、设备虚拟化等技术只适用于中小规模的网络。

针对上述问题，为了满足云计算虚拟化的网络能力需求，逐步演化出了 Overlay 网络技术，其优势如下：

1）针对虚拟机规模受网络规格限制，虚拟机发出的数据包封装在 IP 数据包中，对网络只表现为封装后的网络参数，因此，极大降低了大二层网络对 MAC 地址规格的需求。

2）针对网络隔离能力限制，Overlay 技术中扩展了隔离标志的位数，可以支持高达 16×10^6 个用户，极大扩展了隔离数量。

3）针对虚拟机迁移范围受网络架构限制，Overlay 将以太报文封装在 IP 报文之上，通过路由在网络中传输，虚拟机迁移不受网络架构限制，而且路由网络具备良好的扩展能力、故障自愈能力、负载均衡能力。

Overlay Fabric 网络包括物理基础层（Underlay）和逻辑叠加层（Overlay）两个层次，物理基础层可以使用传统组网技术部署，只要企业数据中心网络上任意两点路由可达即可；逻辑叠加层则需满足大二层及动态化要求。实现 Overlay Fabric 网络的技术多种多样，当前 VXLAN 协议在数据中心网络的应用程度最广，Overlay Fabric 网络拓扑结构如图 2-7 所示。

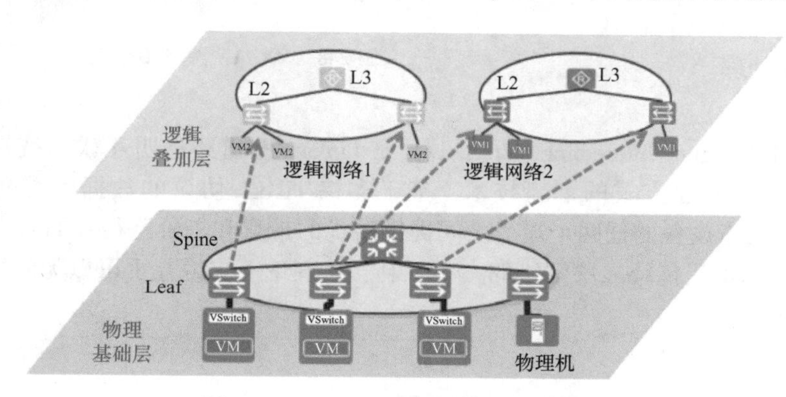

图 2-7 Overlay Fabric 网络拓扑结构图

二、网络协议选择

1. VXLAN

VXLAN（Virtual eXtensible Local Area Network，虚拟扩展局域网），是由 IETF 定义的 NVo3（Network Virtualization over Layer 3）标准技术之一，是一种基于 IP－IP 的隧道封装技术，VXLAN 头部是标准的 TCP/IP 封装，因此与传统 IP 技术的操作、管理与维护工具、运维理念、设备兼容性等方面均有非常好的融合。如果将 VXLAN 网络边缘延伸到服务器内部的虚拟交换机 vSwitch，那么数据中心已有的大部分网络设备都可以重复利用，降低数据中心的部署成本，因此 VXLAN 技术逐渐成为 Overlay Fabric 网络的主流技术，得到众多厂商的支持，受到用户的认可。

VXLAN 技术中的关键节点是 NVE（Network Virtual Edge，网络边缘设备），在 NVE 设备上配置隧道端点 IP 地址后，NVE 设备可作为 VTEP（Virtual Tunnel End Point，虚拟隧道端点），通过 IP 网络，在 NVE 设备间建立端到端隧道，VXLAN 网络拓扑结构如图 2-8 所示。

图 2-8 中，VTEP 是 VXLAN 网络的边缘设备，是 VXLAN 隧道的起点和终点，处理 VXLAN 报文的封装、解封装等。VTEP 既可以部署在网络设备（网络接入交换机）上，也可以部署在 vSwitch（服务器上的虚拟交换机）上。

VNI（VXLAN Network Identifier，VXLAN 网络标志符）是一种类似于 VLANID 的网络标志，用来标志 VXLAN 二层网络。一个 VNI 代表一个 VXLAN 段，不同 VXLAN 段的虚拟机不能直接二层通信。VNI 有 24bit，可以支持多达 1.6×10^7 个 VXLAN 段。

VXLAN 隧道是两个 VTEP 之间建立的逻辑隧道，用于传输 VXLAN 报文，业务报文在进入 VXLAN 隧道时进行 VXLAN、UDP、IP 头封装，然后通过三层转发透明地将报文转发给远端 VTEP，远端 VTEP 对报文进行解封装处理。

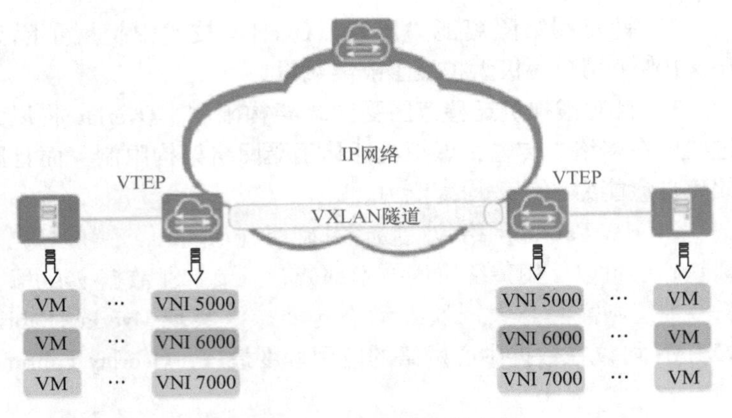

图 2-8 VXLAN 网络拓扑结构

2. TRILL

TRILL（TRansparent Interconnection of Lots of Links，多链路透明互联）技术是一种改变传统数据中心网络构建方式的创新技术，基于支持 TRILL 协议的数据中心交换机构建的 TRILL 网络能在任意设备的任两个端口之间提供最优的带宽和等价路径；而且，基于最新技术构建的网络架构不受传统二层网络的大小限制，从理论上来说几乎可以无限扩展，其拓扑结构如图 2-9 所示。

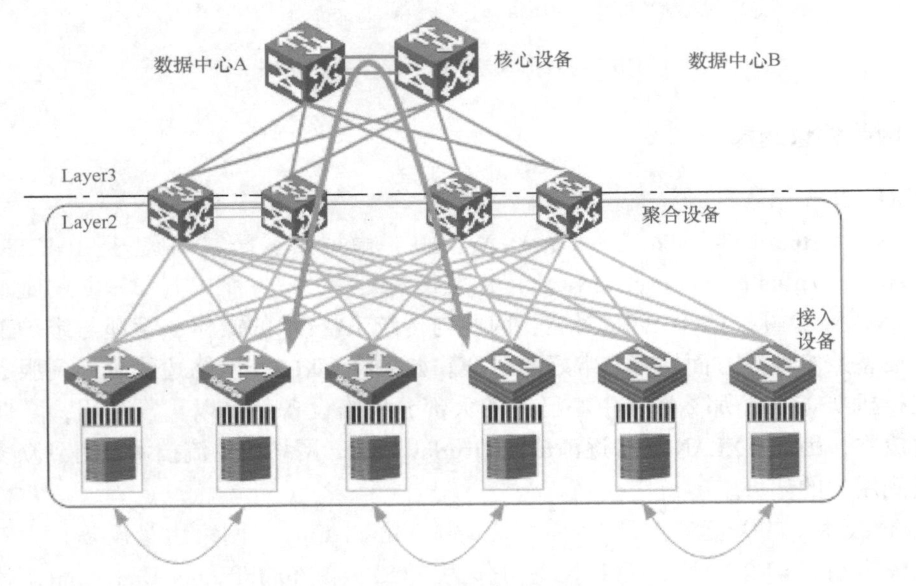

图 2-9 TRILL 拓扑结构

图 2-9 所示 TRILL 架构的优点如下：

1）配置简单：在数据中心 A 中，每台交换机处于不同的角色，需要不同的 IRF、STP、IP 地址和路由配置。在数据中心 B 中，依赖于 TRILL 技术，每台交换机不再要求如此复杂的配置。

2）动态移动：在数据中心 A 中，接入交换机被分成多个区域，彼此只能通过三层进行通信，为了方便管理，服务器通常被静态分配到某个区域中，不允许在区域间被来回地转移。在数据中心 B 中，接入交换机彼此二层可达，这使管理简化和虚拟机移动非常容易和快速，服务器不再必须从物理上驻留于某个区域中，允许在区域间被来回地转移。

3）高带宽：在数据中心 A 中，每台接入交换机使用 40Gbit/s 的带宽连接到相同区域中的对端实体。但访问其他区域中的实体时，所有接入交换机共享一个受限的上行带宽。在数据中心 B 中，每台接入交换机可以使用自己的 40Gbit/s 带宽，尽可能地利用最短路径和等价路由，去和网络中的任何实体进行通信。

4）高可靠性：在数据中心 A 中，一台汇聚层交换机的宕机减少了被影响的接入交换机的 50% 可用带宽。在数据中心 B 中，一台汇聚层交换机的宕机只减少了被影响的接入交换机的 25% 可用带宽。

TRILL 协议被设计用于把三层路由的稳定性、可扩展性和高性能引入二层网络。传统以太网报文进入 TRILL 网络被转发时，在原有报文前添加了一个 TRILL 头和外层以太头，在 TRILL 网络中转发时使用 TRILL 的路由信息进行转发。报文到达目的路由器后被解封装，最终通过原始的以太网报文头进行普通的交换处理。根据使用的转发表项不同，TRILL 网络中的数据报文分为已知单播报文和组播报文。

在数据中心虚拟化多租户环境中部署和配置网络设施是一项复杂的工作，不同租户的网络需求存在差异，且网络租户是虚拟化存在的，和物理计算资源位置无固定对应关系。通过传统手段部署物理网络设备为虚拟租户提供网络服务，一方面可能限制租户虚拟计算资源的灵活部署，另一方面需要网络管理员执行远超传统网络复杂度的网络规划和繁重的网络管理操作。

三、SDN

随着业务的增加，数据中心需要处理海量的数据，需要将数据平面和控制平面分开处理，提高响应时间。数据平面和控制平面是网络设计中的两个基本元素，控制平面决定一个数据包的路由走向，可以是一个网络协议，如 BGP、IS－IS、OSPF 等路由协议，也可以是网络协议中的一部分，如 VLAN、VXLAN 等协议；数据平面则是执行控制平面做出的决定。控制平面决定了网络的智能化、可扩展性、收敛速度，数据平面决定了网络的运行效率、转发效率等。

SDN 技术中通过 SDN 控制器控制 Overlay 网络，从而将虚拟网络承载在数据中心传统物理网络之上，并向用户提供虚拟网络的按需分配，允许用户像定义传统 L2/L3 网络那样定义自己的虚拟网络。一旦虚拟网络完成定义，SDN 控制器会将此逻辑虚拟网络通过 Overlay 技术映射到物理网络并自动分配网络资源。SDN 控制器的虚拟网络抽象不但隐藏了底层物理网络复杂的部署，而且能够更好地管理网络资源，最大程度地减少网络部署的耗时和配置错误。SDN 系统一方面要理解业务对网络的要求，通过业务编排将编排信息映射到抽象网络模型；另一方面需要将映射后的抽象网络模型分解为各网元可以理解的转发策略，分发到企业数据中心网络设备。因此，我们建议使用一种分层解耦的 SDN 架构模型，每层设备各司其职，层次间通过标准化接口互联，满足 SDN 开放性、扩展性、生态融合的要求。

在 SDN 网络 Fabric 部署方案中，硬件集中式 Overlay 组网转发性能强劲、运维界面清晰、设备稳定可靠，并有多种技术提高系统整体可用性，而且对各类虚拟化计算平台兼容性最好。这种组网方案应用广泛，在金融、运营商和互联网大企业中均有成功部署案例，是最符合传统组网思路的一种方案。

SDN 拓扑结构如图 2-10 所示。

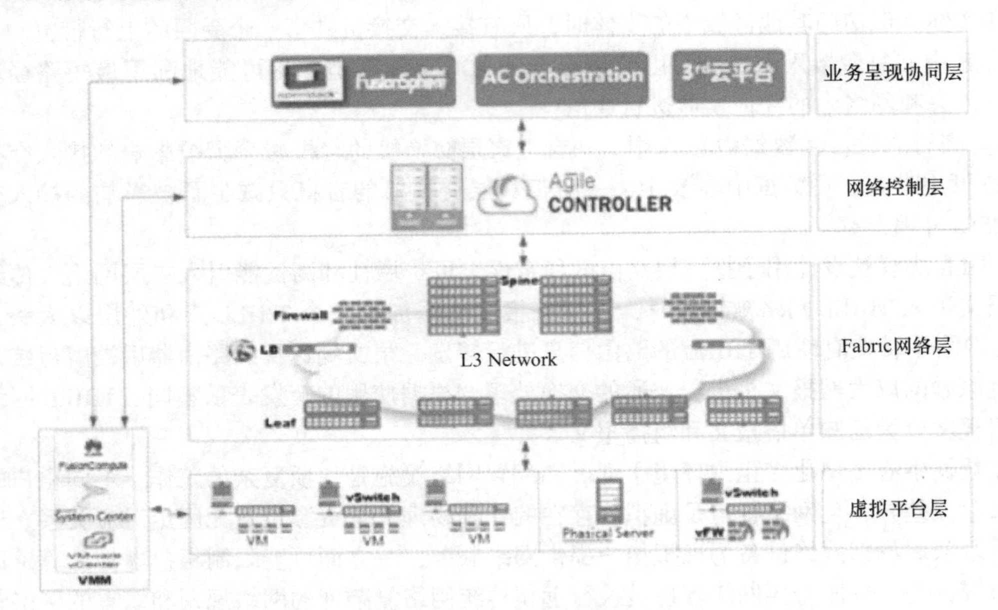

图 2-10　SDN 拓扑结构

SDN 目前支持的主流功能也是基于 Overlay 技术设计的。该设计思想主要是解耦、独立、控制三个方面。

解耦：是指将网络的控制从物理网络当中脱离出来，可以以 plug-in 等方式融入虚拟化层面，通过虚拟化层面的统一调度，控制底层硬件设备，传统的底层硬件设备处于完全的数据平面，只需转发相应的流量即可，满足用户对网络资源的按需交付的需求。

独立：是指该类方案承载在 IP 网络之上，只要 IP 可达，便可对相应的虚拟化网络进行部署，而无需对原有的物理网络架构进行任何改变，可便捷地在现有网络上部署和实施。

控制：逻辑网络（例如 VXLAN 网络）通过软件编程的方式进行统一控制，网络资源、计算资源、存储资源等资源会被统一调度与控制，并能根据上层需要进行按需交付，也可以实现虚拟化网络与物理网络设备协同工作，从而实现网络的完全自动化机制，通过在节点间按需搭建虚拟网络，实现网络资源的虚拟化。

2.2.4　能力拓展

一、网络设备虚拟化术语

1. CSS

CSS（Cluster Switch System，集群交换机系统）是指将两台支持集群特性的交换机设备组合在一起，从逻辑上组合成一台交换设备，其拓扑结构如图 2-11 所示。

集群交换机技术的发展有两个阶段：

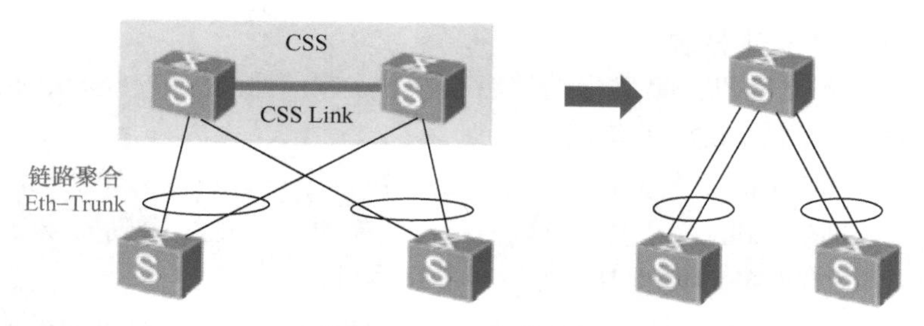

图 2-11　CSS 拓扑结构

1）传统的集群交换机系统（传统的 CSS）：专指主控板插集群卡集群和业务口集群两种方式。

2）第二代集群交换机系统（Cluster Switch System Generation 2，CSS2）：专指交换网板插集群卡方式建立的交换网硬件集群，并且在原有集群技术的基础上，增加了集群主控 1 + N 备份等技术。

与传统的 CSS 相比，CSS2 的主要优势在于：

1）CSS2 采用交换网硬件集群，相对于传统业务口集群而言，集群系统的控制报文和数据报文不需要经由业务板转发，而是直接通过交换网一次转发，这样不仅减少了软件故障可能带来的干扰，降低了单板故障带来的风险，在时延上也大大缩减；相对于传统主控板插集群卡集群而言，组建集群时的连线更为简单，在启动阶段，交换网板与主控板并行启动，启动性能更强。

2）CSS 支持主控 1 + N 备份，集群系统中只要保证任意一个插槽的一个主控板运行正常，两插槽业务即可稳定运行。相对于传统业务口集群而言，主控 1 + N 备份保证至少有一块主控板运行正常，而主控 1 + N 备份的 CSS2 进一步提高了集群系统的可靠性；相对于传统主控板插集群卡集群而言，CSS2 不需要每个插槽必须配有两块主控板，在部署上显得更加灵活。

集群连接方式有三种，分别为主控板插集群卡方式、业务口集群方式和交换网板插集群卡方式，各自特性如下：

1）主控板插集群卡方式：集群成员交换机之间通过主控板上专用的集群卡及专用的集群线缆连接。

2）业务口集群方式：集群成员交换机之间通过业务板上的普通业务口连接，不需要专用的集群卡，业务口集群拓扑结构如图 2-12 所示。

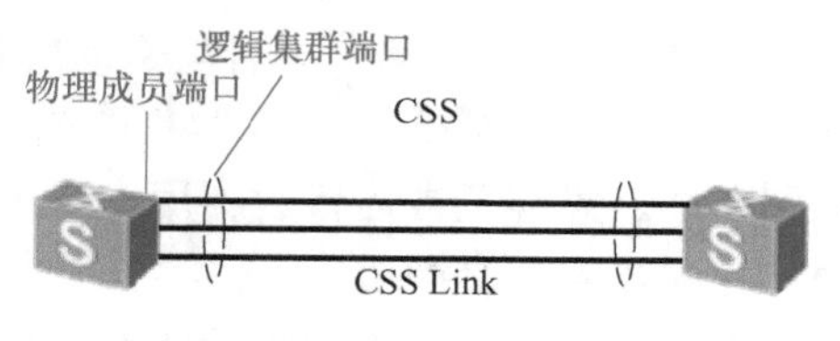

图 2-12　业务口集群拓扑结构

业务口集群涉及两种端口的概念，具体如下：

① 物理成员端口：成员交换机之间用于集群连接的普通业务口。物理成员端口用于转发需要跨成员交换机的业务报文或成员交换机之间的集群协议报文。

② 逻辑集群端口：专用于集群的逻辑端口，需要和物理成员端口绑定。集群的每台成员交换机上支持两个逻辑集群端口。

3）交换网板插集群卡方式：集群成员交换机之间通过交换网板上专用的集群卡及专用的集群线缆连接。集群系统的两个成员交换机之间必须直连，即集群物理链路（CSS Link）上不能存在其他网络设备。

在集群中，有如下基本概念：

1）主交换机、备交换机，集群中的单台交换机称为集群成员交换机，按照功能不同，可以分为主交换机、备交换机两种角色。

① 主交换机，即 Master，负责管理整个集群。集群中只有一台主交换机。

② 备交换机，即 Standby，是主交换机的备份交换机。当主交换机故障时，备交换机会接替原主交换机的所有业务。集群中只有一台备交换机。

2）集群 ID：即 CSS ID，用来标志和管理成员交换机，集群中成员交换机的集群 ID 是唯一的。

3）集群优先级：即 Priority，是成员交换机的一个属性，主要用于角色选举过程中确定成员交换机的角色，优先级值越大表示优先级越高，优先级越高当选为主交换机的可能性越大。

两台交换机使用集群线缆连接好，分别开启集群设置，然后重启服务器，集群系统会自动建立。集群建立时，成员交换机间相互发送集群竞争报文，通过竞争，一台成为主交换机，负责管理整个集群系统，另一台则成为备交换机。交换机集群的工作过程如下：

1）角色选举，选举规则如下：

① 最先完成启动，并进入单框集群运行状态的交换机成为主交换机。

② 当两台交换机同时启动时，集群优先级高的交换机成为主交换机。

③ 当两台交换机同时启动，且集群优先级又相同时，MAC 地址小的交换机成为主交换机；当两台交换机同时启动，且集群优先级和 MAC 地址都相同时，集群 ID 小的交换机成为主交换机。

集群系统建立后，在控制平面上，主交换机的主用主控板成为集群系统主用主控板，作为整个系统的管理主角色。备交换机的主用主控板成为集群系统备用主控板，作为系统的管理备角色，主交换机和备交换机的备用主控板作为集群系统候选备用主控板。

2）版本同步。集群具有自动加载系统软件的功能，待组成集群的成员交换机不需要具有相同的软件版本，只需要版本间兼容即可。当主交换机选举结束后，如果备交换机与主交换机的软件版本号不一致时，备交换机会自动从主交换机下载系统软件，然后使用新的系统软件重启，并重新加入集群。

3）配置同步。集群具有严格的配置文件同步机制，来保证集群中的多台交换机能够像一台设备一样在网络中工作。集群中的备交换机在启动时，会将主交换机的当前配置文件同步到本地。集群正常运行后，用户所进行的任何配置，都会记录到主交换机的当前配置文件中，并同步到备交换机。

通过即时同步，集群中的所有交换机均保存相同的配置，即使主交换机出现故障，备交换机仍能够按照相同的配置执行各项功能。

4）配置备份。交换机从非集群状态进入集群状态后，会自动将原有的非集群状态下的配置文件加上 . bak 的扩展名进行备份，以便去使能集群功能后，恢复原有配置。例如，原配置文件扩展名为 . cfg，则备份配置文件扩展名为 . cfg. bak。

关闭交换机集群功能时，用户如果希望恢复交换机的原有配置，可以更改备份配置文件名并指定其为下一次启动的配置文件，然后重新启动交换机，恢复原有配置。

2. iStack

堆叠（Intelligent Stack，iStack），是指将多台支持堆叠特性的交换机设备组合在一起，从逻辑上组合成一台交换设备，交换机堆叠拓扑结构如图 2-13 所示。SwitchA 与 SwitchB 通过堆叠线缆连接后组成 iStack，对于上游和下游设备来说，它们就相当于一台交换机。

通过交换机堆叠，可以实现网络高可靠性和网络大数据量转发，同时简化网络管理。

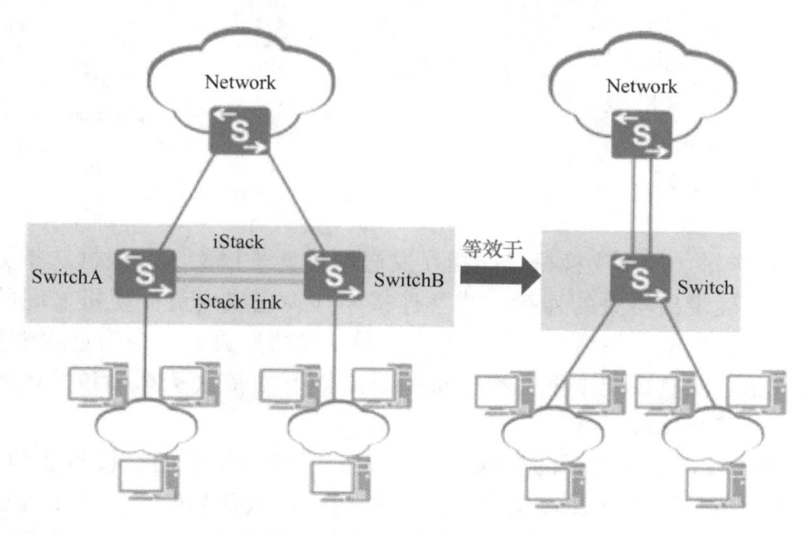

图 2-13　交换机堆叠拓扑结构

堆叠的优势如下：

1）高可靠性。堆叠系统多台成员交换机之间冗余备份；堆叠支持跨设备的链路聚合功能，实现跨设备的链路冗余备份。

2）强大的网络扩展能力。通过增加成员交换机，可以轻松地扩展堆叠系统的端口数、带宽和处理能力；同时支持成员交换机热插拔，新加入的成员交换机自动同步主交换机的配置文件和系统软件版本。

3）简化配置和管理。一方面，用户可以通过任何一台成员交换机登录堆叠系统，对堆叠系统所有成员交换机进行统一配置和管理；另一方面，堆叠形成后，不需要配置复杂的二层破环协议和三层保护倒换协议，简化了网络配置。

堆叠涉及以下几个基本概念：

1）角色：堆叠中所有的单台交换机都称为成员交换机，按照功能不同，可以分为三种角色：

① 主交换机（Master）：负责管理整个堆叠。堆叠中只有一台主交换机。

② 备交换机（Standby）：主交换机的备份交换机。当主交换机故障时，备交换机会接替原主交换机的所有业务。堆叠中只有一台备交换机。

③ 从交换机（Slave）：主要用于业务转发，从交换机数量越多，堆叠系统的转发能力越强，除主交换机和备交换机外，堆叠中其他所有的成员交换机都是从交换机。

2）堆叠 ID：即成员交换机的槽位号（Slot ID），用来标志和管理成员交换机，堆叠中所有成员交换机的堆叠 ID 都是唯一的。

3）堆叠优先级：是成员交换机的一个属性，主要用于角色选举过程中确定成员交换机的角色，优先级值越大表示优先级越高，优先级越高当选为主交换机的可能性越大。

堆叠建立的过程包括以下四个阶段：

1）物理连接：根据网络需求，选择适当的连接方式和连接拓扑，组建堆叠网络。根据连接介质的不同，堆叠可分为堆叠卡堆叠和业务口堆叠，每种连接方式都可组成链形和环形两种连接拓扑，如图2-14所示。

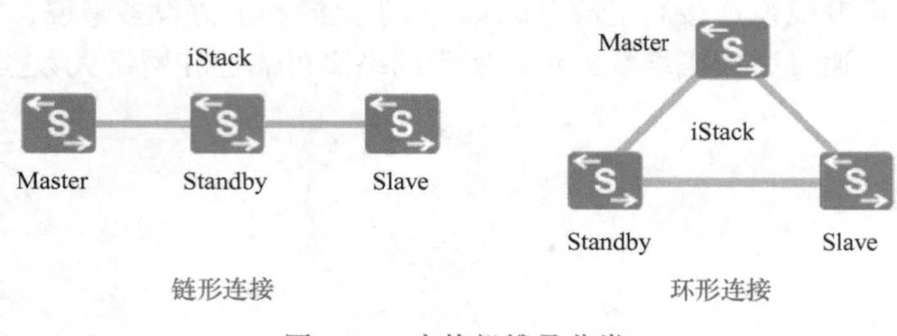

图2-14　交换机堆叠分类

2）主交换机选举：成员交换机之间相互发送堆叠竞争报文，并根据选举原则，选出堆叠系统主交换机。确定出堆叠的连接方式和连接拓扑，完成成员交换机之间的物理连接之后，所有成员交换机上电。在堆叠系统中每台成员交换机都具有一个确定的角色，其中，主交换机负责管理整个堆叠系统。主交换机选举规则如下（依次从第一条开始判断，直至找到最优的交换机才停止比较）：

① 运行状态比较。已经运行的交换机和优先处于启动状态的交换机竞争为主交换机，堆叠主交换机选举超时时间为20s，堆叠成员交换机上电或重启时，由于不同成员交换机所需的启动时间可能差异比较大，因此不是所有成员交换机都有机会参与主交换机的选举。

启动时间与启动最快的成员交换机的启动时间相比，相差超过20s的成员交换机没有机会参与主交换机的选举，只能被动加入堆叠成为非主交换机。因此，如果希望指定某一成员交换机成为主交换机，则可以先为其上电，待其启动完成后再给其他成员交换机上电。

② 堆叠优先级高的交换机优先竞争为主交换机。

③ 堆叠优先级相同时，MAC地址小的交换机优先竞争为主交换机。

3）拓扑收集和备交换机选举：主交换机选举完成后，主交换机会收集所有成员交换机的拓扑信息，根据拓扑信息计算出堆叠转发表项和破环点信息下发给堆叠中的所有成员交换机，并向所有成员交换机分配堆叠ID。之后选举出备交换机，作为主交换机的备份交换机。除主交换机外最先完成设备启动的交换机优先被选为备份交换机。当除主交换机外其他交换机同时完成启动时，备交换机的选举规则如下（依次从第一条开始判断，直至找到最优的交换机才停止比较）：

① 堆叠优先级最高的设备成为备交换机。

② 堆叠优先级相同时，MAC地址最小的成为备交换机。

③ 除主交换机和备交换机之外，剩下的其他成员交换机作为从交换机加入堆叠。

4）稳定运行：角色选举、拓扑收集完成之后，所有成员交换机会自动同步主交换机的系统软件和配置文件。堆叠具有自动加载系统软件的功能，待组成堆叠的成员交换机不需要具有相同软件版本，只需要版本间兼容即可。当备交换机或从交换机与主交换机的软件版本不一致时，备交换机或从交换机会自动从主交换机下载系统软件，然后使用新系统软件重启，并重新加入堆叠。

堆叠具有配置文件同步机制，备交换机或从交换机会将主交换机的配置文件同步到本设备并执行，以保证堆叠中的多台设备能够像一台设备一样在网络中工作，并且在主交换机出现故障之后，其余交换机仍能够正常执行各项功能。

3. SVF

SVF（Super Virtual Fabric，超级虚拟交换网技术）可以有效地简化接入层设备的管理与配置。SVF技术将汇聚层与接入层设备虚拟成一台设备，由汇聚层设备统一管理和配置接入层设备，从而达到简化管理与配置的目的。相对于传统接入层组网，SVF技术具有以下的优势：

1）统一设备管理。汇聚层和接入层设备虚拟成一台设备，由汇聚层设备统一进行管理。

2）统一配置。通过模板化配置实现对接入层设备的批量配置，不再需要逐一配置每一台接入层设备。

3）统一用户管理。有线接入和无线接入的用户进行统一管理。

SVF可以实现有线和无线的融合，其拓扑结构如图2-15所示，其中：

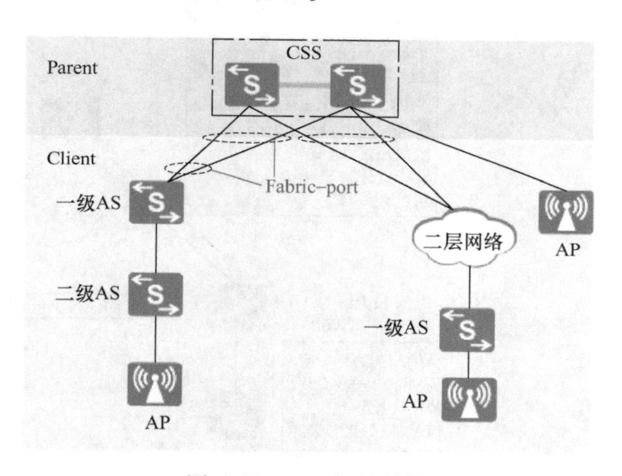

图2-15 SVF拓扑结构

1）Parent（根节点），可以是单台设备，也可以是两台设备组建成的集群CSS。Parent组建集群可以实现SVF控制平面的冗余备份，为了保证SVF的高可靠性，建议Parent组建集群。

2）AS（Access Switch，接入交换机），可以是单台设备，也可以是由多台设备组成的堆叠（iStack）。每个AS节点最多可以由5台设备组成堆叠，组成堆叠时所有的成员可以是相同端口数量的同款型设备，也可以是端口数量不同的同款型设备。

3）AS直连Parent，SVF支持两级AS，即一级AS直连Parent，二级AS直连一级AS。一级AS与Parent之间、二级AS与一级AS之间不可以有其他中间设备。

4）AS跨二层网络连接Parent，支持AS跨二层网络接入SVF。该情况下，仅支持一级AS，AS下可连接AP。AP可以连接至Parent，也可以连接至AS。

SVF系统建立主要经过以下几个过程：

① 邻居发现：Parent通过邻居发现过程将管理VLAN等信息发送给AS。

② 设备管理：AS通过DHCP获取IP地址，与Parent之间建立CAPWAP（Control and Provisioning of Wireless Access Points）链路，并向Parent注册。

③ 版本管理：AS比较自身软件版本与Parent是否一致，如果不一致则进行版本同步，尝试从Parent下载系统软件进行升级。

④ 拓扑管理：Parent搜集所有AS的LLDP（Link Layer Discovery Protocol，链路层发现协议）邻居信息并计算出整个SVF的拓扑。

⑤ 模板配置：Parent通过CAPWAP链路将模板中配置的业务下发至AS。

二、VXLAN 原理

VXLAN 可以基于已有的 IP 网络，通过三层网络构建出一个大二层网络。部署 VXLAN 功能的是物理交换机或虚拟交换机（vSwitch），物理交换机作为 VTEP 的优势在于设备处理性能比较高，可以支持非虚拟化的物理服务器之间的互通，但是需要物理交换机支持 VX-LAN 功能；vSwitch 作为 VTEP 的优势在于对网络要求低，不需要网络设备支持 VXLAN 功能，但是 vSwitch 处理性能不如物理交换机。

1. VXLAN 报文转发

以同网段的 VM 间相通为例，简单介绍 VXLAN 网络中的报文转发过程，转发示意图如图 2-16 所示，其转发过程如下：

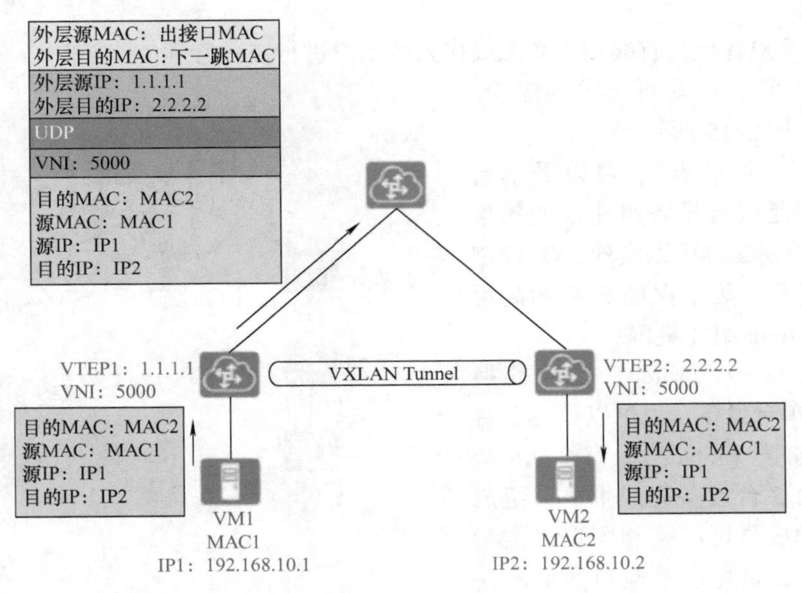

图 2-16　VXLAN 报文转发示意图

1）VM1 发送目的地址为 VM2 的报文。

2）VTEP1 收到该报文后进行 VXLAN 封装，封装的外层目的 IP 为 VTEP2，封装后的报文，根据外层 MAC 和 IP 信息，在 IP 网络中进行传输，直至到达对端 VTEP2。

3）VTEP2 收到报文后，对报文进行解封装，得到 VM1 发送的原始报文，然后将其转发至 VM2。

2. 二层 MAC 学习

在 VXLAN 网络中，相同子网段的虚拟机之间的互通是通过查找 MAC 表实现的，如图 2-17 所示。VM1 给 VM2 发送报文时，经过 VTEP1 转发，VTEP1 上需要学习到 VM2 的 MAC 地址。最初的 VXLAN 标准并没有定义控制平面，VTEP 之间无法传递学习到的主机 MAC 地址。但是 VXLAN 有着与传统以太网非常相似的 MAC 学习机制，当 VTEP 接收到 VXLAN 报文后，会将源 VTEP 的 IP、虚拟机 MAC 和 VNI 记录到本地 MAC 表中，这样当 VTEP 接收到目的 MAC 为此虚拟机的 MAC 时，就可以进行 VXLAN 的封装并转发。

以 VTEP2 学习到 VM1 的 MAC 地址为例，其过程如下：

1）VM1 发送目的地址为 VM2 的报文。

2）VTEP1 接收到报文后，进行 VXLAN 封装，并将其转发至 VTEP2，同时，VTEP1 可以学习到 VM1 的 MAC 地址、VNI 和入接口。

3）VTEP2 接收到报文后，对报文进行解封装，同时，VTEP2 也可以学习到 VM1 的 MAC 地址、VNI 和入接口（为 VTEP1）。

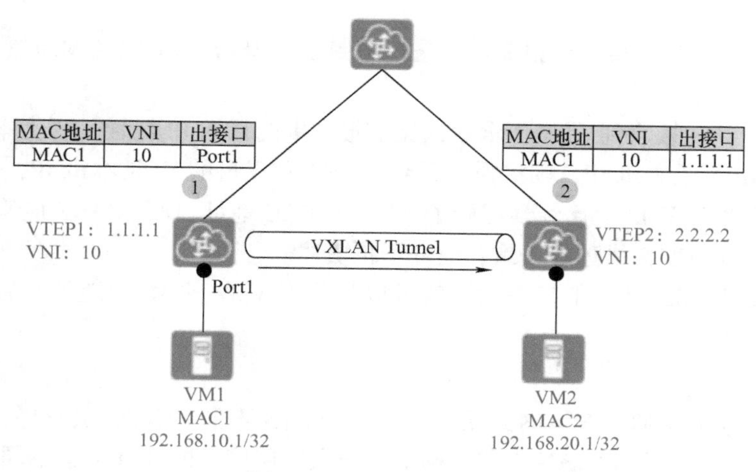

图 2-17 MAC 地址学习

3. BUM 报文转发

报文转发过程都是转发已知单播报文，如果 VTEP 收到一个未知地址的 BUM 报文（广播、组播、未知单播）如何处理呢？与传统以太网 BUM 报文转发类似，VTEP 会通过泛洪的方式转发流量，其转发过程如图 2-18 所示。

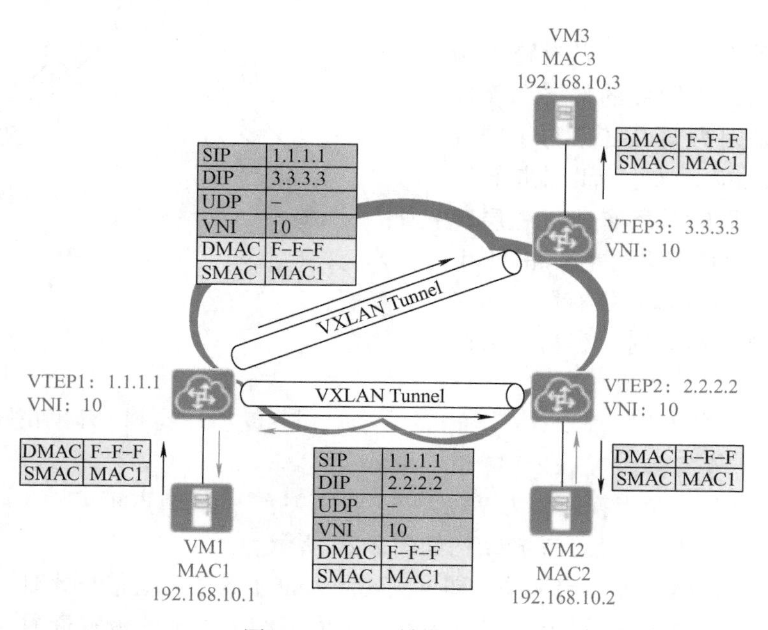

图 2-18 BUM 转发过程图

以 VM1 向 VM2 发送报文为例，因为 VM1 不知道 VM2 的 MAC 地址，所以会发送 ARP 广播报文请求 VM2 的 MAC 地址，其转发过程如下：

1）VM1 发送 ARP 广播请求，请求 VM2 的 MAC 地址。

2）VTEP1 收到 ARP 请求后，因为是广播报文，VTEP1 会在该 VNI 内查找所有的隧道列表，依据获取的隧道列表进行报文封装后，向所有隧道发送报文，从而将报文转发至同子网的 VTEP2 和 VTEP3。

3）VTEP2 和 VTEP3 接收到报文后，进行解封装，得到 VM1 发送的原始 ARP 报文，然后转发至 VM2 和 VM3。

4）VM2 和 VM3 接收到 ARP 请求后，比较报文中的目的 IP 地址是否为本机的 IP 地址。VM3 发现目的 IP 不是本机 IP，则将报文丢弃；VM2 发现目的 IP 是本机 IP，则对 ARP 请求做出应答。由于此时 VM2 上已经学习到了 VM1 的 MAC 地址，所以 ARP 应答报文为已知单播报文，转发流程与前文描述的一致，此处不再赘述。

5）VM1 收到 VM2 的 ARP 应答后，就可以学习到 VM2 的 MAC 地址。后续的转发流程与已知单播转发流程一致。

4. VXLAN 路由

与不同 VLAN 需要通过三层网关互通一样，VXLAN 不同 VNI 的互通也需要有三层网关。在典型的“Spine－Leaf”VXLAN 组网结构下，根据三层网关的部署位置不同，VXLAN 三层网关可以分为集中式网关和分布式网关。

（1）集中式网关部署　指将三层网关集中部署在 Spine 设备上，拓扑结构如图 2-19 所示，所有跨子网的流量都经过三层网关进行转发，实现流量的集中管理。

集中式网关部署方式可以对跨子网流量进行集中管理，网关的部署和管理比较简单，但是因为同 Leaf 下跨子网流量也需要经过 Spine 转发，所以流量转发路径不是最优。同时，所有通过三层转发的终端租户的表项都需要在 Spine 上生成。但是，Spine 的表项规格有限，当终端租户的数量越来越多时，容易成为网络瓶颈。

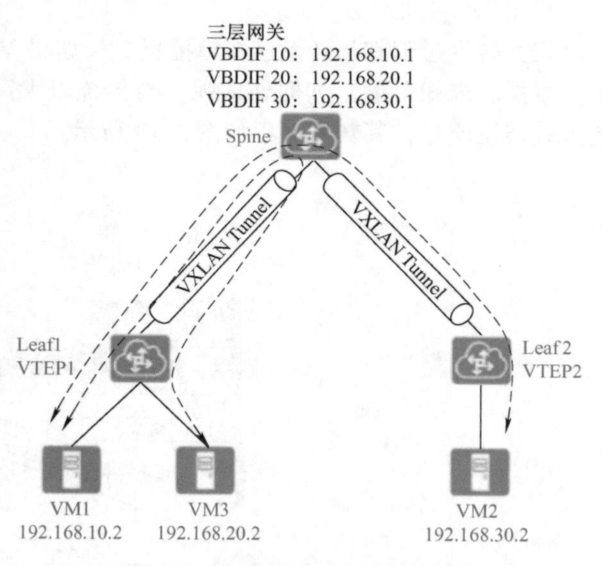

图 2-19　集中式网关部署拓扑结构

（2）分布式网关部署　VXLAN 分布式网关是将 Leaf 节点作为 VXLAN 隧道端点 VTEP，每个 Leaf 节点都可作为 VXLAN 三层网关，Spine 节点不感知 VXLAN 隧道，只作为 VXLAN 报文的转发节点，拓扑结构如图 2-20 所示。

在 Leaf 上部署 VXLAN 三层网关，即可实现同 Leaf 下跨子网通信。此时，流量只需要在 Leaf 节点进行转发，不再需要经过 Spine 节点，从而节约了大量的带宽资源。同时，Leaf 节点只需要学习自身连接虚拟机的 ARP 表项，而不必像集中三层网关一样，需要学习所有虚

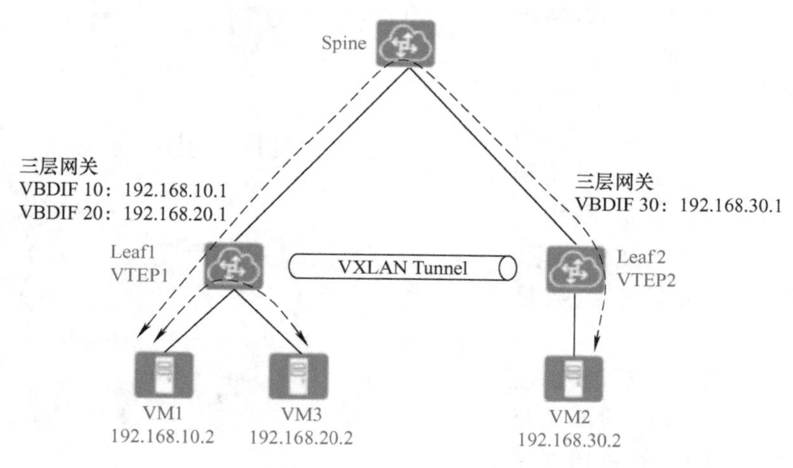

图 2-20　分布式网关部署拓扑结构

拟机的 ARP 表项，解决了集中式三层网关带来的 ARP 表项瓶颈问题，网络规模扩展能力强。

对于分布式网关场景，因为需要在三层网关间传递主机路由才能保证虚拟机间互通，所以需要有控制平面来进行路由的传递。

5. *多活网关*

在传统网络中，为了保证高可靠性，通常部署多个网关进行备份，与传统网络类似，VXLAN 网络也支持 Overlay 层面的多活网关。

在典型的“Spine－Leaf”组网结构下，Leaf 为二层网关，Spine 为三层网关。多个 Spine 配置相同的 VTEP 地址、虚拟 MAC 地址，从而可以将多个 Spine 虚拟成一个 VXLAN 隧道端点。这样使得无论流量发到哪一个 Spine 设备，该设备都可以提供网关服务，将报文正确转发给下一跳设备，拓扑结构如图 2-21 所示。

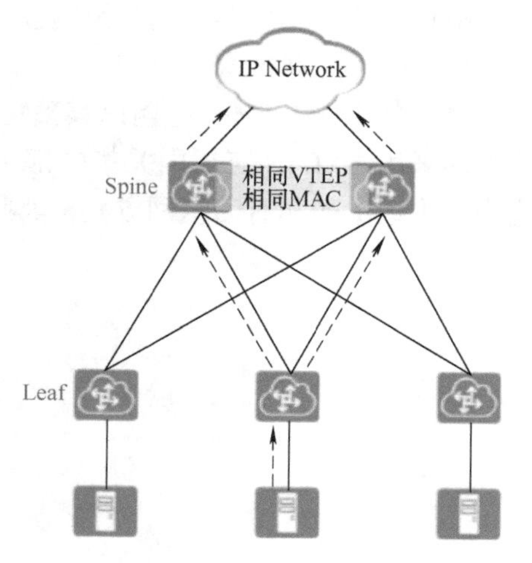

图 2-21　多活网关拓扑结构

三、Overlay Fabric 原理

1. Underlay 路由

IP 网络技术以其成熟、稳定、相对简单的特点被用于构建底层 Fabric 网络，OSPF、ISIS、BGP 协议可以满足不同规模的 IP 网络建设需求，IP 网络的 ECMP（Equal－Cost Multi－Path Routing，等价多路径路由）特性是实现业务流量的负载均衡。使用 ECMP 的优势是当前网络设备不需要做任何改造，就可以覆盖新建数据中心网络、旧数据中心网络改造等各种用户场景，Underlay 路由过程如图 2-22 所示。

在 Fabric 网络中，每台 Leaf 节点同所有 Spine 节点相连构建全连接拓扑，Spine 节点同 Leaf 节点相连的以太网口配置为三层路由接口，实现 Leaf 设备到 Spine 设备的流量分担，ECMP 链路需选择基于 L4 Port 的负载分担算法（VXLAN 报文头部信息中源端口号可变，目的端口号不变)，从而达到无阻塞转发，故障快速收敛的目的。

OSPF 协议以其部署简单、收敛速度快的特点经常作为 Fabric 网络的基础路由协议，多个 Fabric 间使用 OSPF Area0 打通整个 Fabric 网络路由。但 OSPF 协议路由域规模受限，因此适用于网络规模较小的数据中心。

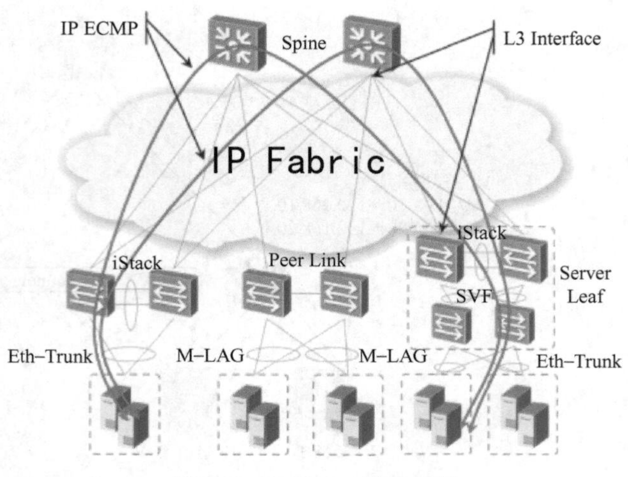

图 2-22　Underlay 路由过程

如果数据中心网络的规模较大，推荐使用 BGP 作为 Fabric 的基础路由协议，可以解决 OSPF 路由域规模受限的问题。Fabric 内 Leaf 节点和 Spine 节点之间建立 BGP 邻居，Fabric 间通过 Border Leaf 交换机建立 BGP 邻居，打通整个 Fabric 网络路由。BGP 协议有丰富的路由控制策略，可实现灵活扩展规模。

2. 基于 VXLAN 的部署模式

基于 VXLAN 技术的 Overlay 网络分为硬件 Overlay、软件 Overlay 和混合 Overlay 三种。硬件 Overlay VXLAN 隧道封装由物理交换机完成；软件 Overlay 即 VXLAN 隧道封装由服务器完成；混合 Overlay 即硬件 Overlay 和软件 Overlay 混合组网。

(1) 硬件 Overlay　这种 Overlay 的优势在于物理网络设备的转发性能比较高，可以支持非虚拟化的物理服务器之间的组网互通。根据网关的位置不同，硬件 Overlay 组网分为集中式网关组网和分布式网关组网。

硬件集中式 Overlay 组网以其独特的优势可实现对各类虚拟化计算平台的兼容。但由于该组网采用 VXLAN 三层网关集中部署，对三层网关设备各种转发、封装表项的要求较高，适合规模适中的私有云组网方案，其拓扑结构如图 2-23 所示。

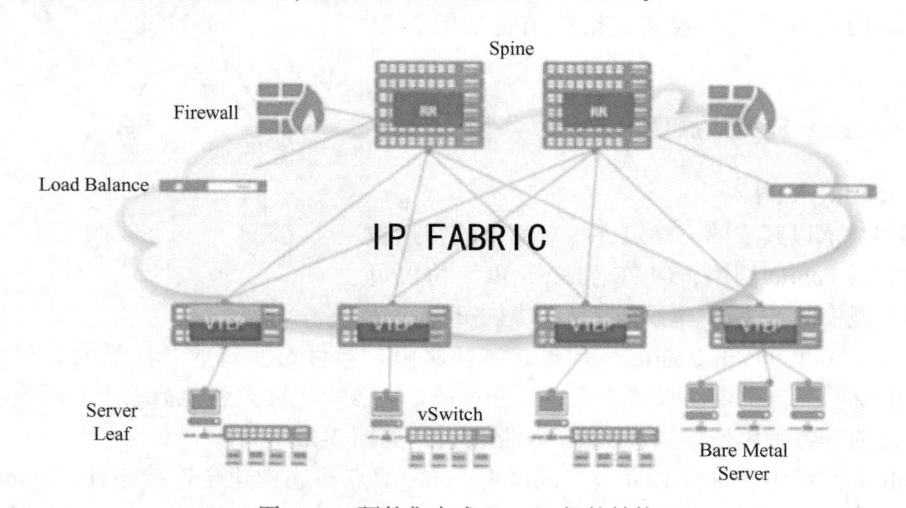

图 2-23　硬件集中式 Overlay 拓扑结构

（2）软件 Overlay　随着 X86 架构持续演进，X86 服务器的性能已经可以满足市场多数业务的计算需求，计算虚拟化为虚拟机和容器提供极佳的解决方案。通过在物理服务器内部部署 Hypervisor 扩展组件，将服务器 CPU 资源多实例化，单台服务器并行部署多个业务。为了将虚拟计算节点接入物理网络，网络边缘设备也开始深入服务器内部，如图 2-23 所示的虚拟交换机 vSwtich。

vSwtich 上部署 VTEP 端点，将虚拟化实例接入 VXLAN 网络，软件 NVE 分布式组网方案适用于网络规模高速扩张和业务部署频繁变化的数据中心网络，尤其适用于对弹性要求较高的公有云场景。另外对于传统数据中心向 SDN 数据中心演进方面也有天然优势，可以充分利用既有网络设备，降低设备投资。软件 Overlay 拓扑结构如图 2-24 所示。

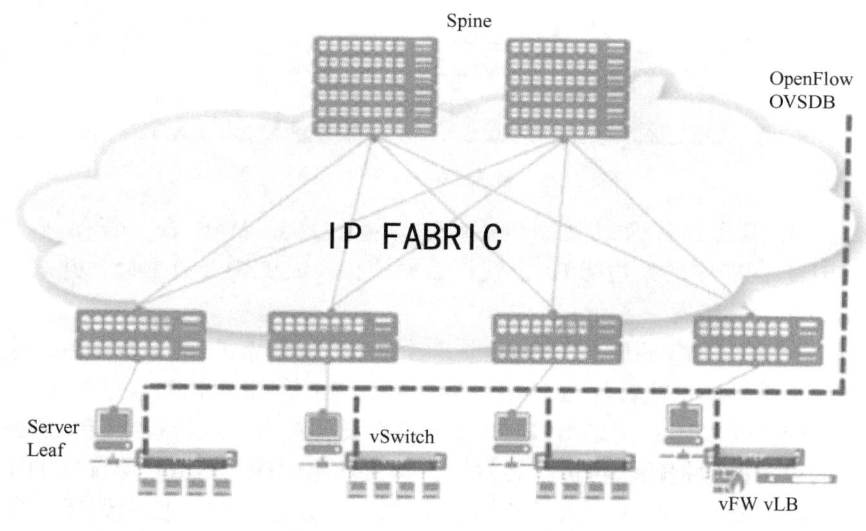

图 2-24　软件 Overlay 拓扑结构

（3）混合 Overlay　为了结合软件 NVE 和硬件 NVE 组网的优势，可以使用混合 NVE 组网，既有 vSwitch 做 NVE 又有硬件设备做 NVE，在只有部分物理机接入时推荐这种组网方案。同时 Spine 设备作为 VTEP 节点部署大容量交换设备，旁挂 FW/LB 等增值设备提供可靠、高效的增值服务。

混合 Overlay 是一种相对均衡的组网，一方面没有规格方面的明显短板，另一方面轻载业务通过 vSwitch 接入，重载业务通过硬件设备做 NVE 接入，并且用户只需购买少量支持 VXLAN 的硬件设备即可完成较大规模部署。这种混合的方案适应面较广，公有云和私有云均可使用，拓扑结构如图 2-25 所示。

四、TRILL 原理

用户可采用 TRILL 技术的二层交换设备，构建具有高性能、可扩展的支持动态迁移的大型现代数据中心网络，如图 2-26 所示，其运行机制如下：

1）RB 通过运行自己的链路状态协议来学习 TRILL 网络的拓扑，同时使用 SPF（Shortest Path First，最短路径优先）算法生成从自身到 TRILL 网络各个 RB 的单播路由转发表项以及组播路由转发表项。

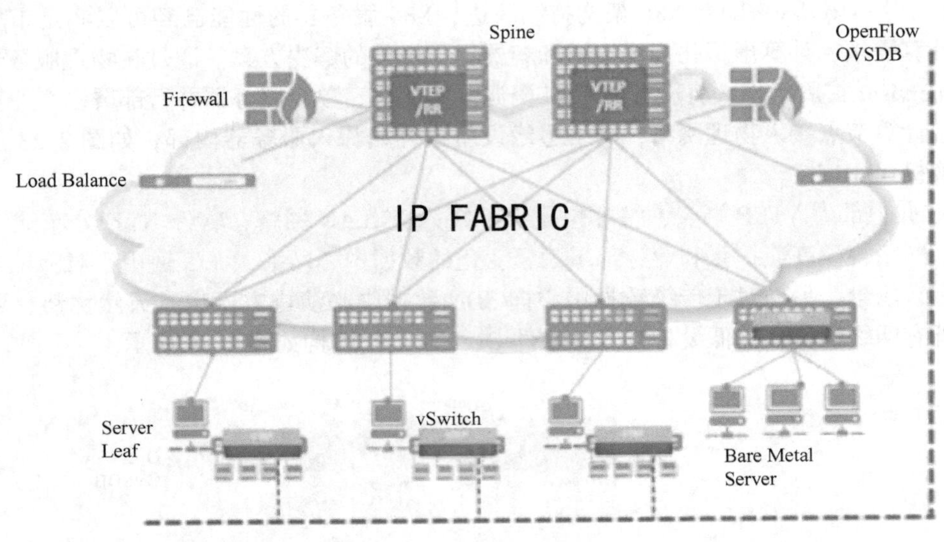

图 2-25 混合 Overlay 拓扑结构

2）当一台 RB 接收到普通以太网数据帧时就查找本地 MAC 表，若存在，同时该源 MAC 发自某 TRILL 网络中的某边缘 RB，就将数据帧转换成 TRILL 数据帧，并按单播路由转发表项在 TRILL 网络里转发。

3）如果 RB 接收到的普通以太网报文的目的 MAC 在其 MAC 表中不存在，或此报文为广播或组播报文，就将数据帧转换成 TRILL 数据帧，并按组播路由转发表项在 TRILL 网络里转发。当报文转发到 TRILL 网络出口时由出口 RB 设备对报文进行解封装，还原成最初进入 TRILL 网络的以太网数据帧，再进行转发。为解决环路问题，TRILL 协议在 TRILL 报文头中增加了 TTL 字段，这样 TRILL 报文在 TRILL 网络中转发过程中即使遇到环路也不会造成严重后果。

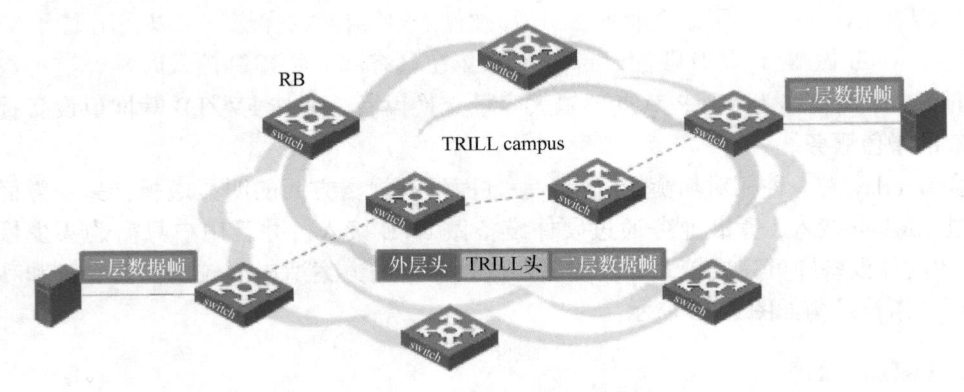

图 2-26 TRILL 运行机制图

TRILL 网络和传统以太网最基本的不同在于：在 TRILL 网络中，报文始终使用目的路由地址在核心网中进行路由转发。和三层 IP 网络需要配置 IP 地址、网关等复杂配置不同，TRILL 网络中设备的路由地址会被自动协商分配，并且最终会根据 TRILL 网络中所有 RB 设备的路由地址计算出一个路由表用于单播和组播报文转发。

TRILL 将路由协议 IS - IS 的设计思路引入到二层技术中，同时对 IS - IS 进行了必要的改造，形成 TRILLIS - IS 协议。在组网方面，TRILL 网络的核心设备为 RB，众多 RB 组成 TRILL 网络。RB 之间通过运行 TRILLIS - IS 协议来感知整个 TRILL 网络的拓扑，每个 RB 使用 SPF 算法生成从自身到 TRILL 网络中其他 RB 的路由转发表项，用以完成数据报文的转发。

2.3　接入网络设计

2.3.1　案例引入

某移动通信公司数据中心的接入网络建设需求如下：

1）建设多业务接入网络，满足多业务接入的应用需求。

2）为提高用户的体验，需要提高网络服务质量。

3）为满足多种业务传输的需要，需要实现多种通信协议的兼容。

4）满足信息安全传输，防止隐私泄露。

2.3.2　案例分析

一、接入网络分类

中国移动采用的通信协议主要有：GSM（2G）、GPRS（2.5G）、TD - SCDMA（3G）、TD - LTE（4G）。业务主要构成有语音业务（本地通话、国内（外）长途、国内（外）漫游）、短信业务、数据业务（省内、全国）、光宽带接入。其他运营商（包括中国联通、中国电信等）的通信协议有：CDMA（2G）、CDMA 1x（2.5G），WCDMA（3G）、CDMA2000（3G）、FD - LTE（4G）等。

未来 5G 网络呈现如下特点：

1）场景和业务多样化：各种业务层出不穷，相应的用户和业务形态差异较大，包括高速移动用户和低速移动用户、大量连接和少量连接、时延敏感和时延容忍、关键任务和不重要任务等，需要新型的服务支撑和稳定的服务，这是数据网络得以承载云计算业务的前提。

2）网络密集化、网络节点多样化：5G 环境包含更多数量、更丰富的网络节点，多业务接入、传输是此次数据中心接入网建设的核心，从而实现新业务的快速部署。

3）为充分保证用户体验，共享资源是提高用户体验与服务的标准，私密信息安全是云计算业务对网络的基本要求。

二、接入网络简介

在 4G 时代，基于分组交换的传输成为运营商的主流技术，未来的 5G 时代，多业务分组交换、云计算成为主流。PTN 可以满足多业务的接入、传输，从而实现新业务的快速部署。PTN 技术在传输网 IP 化发展中解决了带宽高效利用、高网络可靠性、高精度时钟传送等需求。

在5G时代，PTN基于云计算的理念和SDN架构，实现设备及接口的标准化、虚拟化和资源共享；致力于构筑以应用和用户为中心的承载网，定制并快速推出满足企业需要的应用，由单点管理的网络转化为全局统筹的网络。整体架构上支持控制和转发分离，管理员可以在控制平面更便捷地规划和管理网络和业务，实现全网资源统一调度，持续优化网络结构和简化运维，提供标准APP接口，实现根据业务发展快速定制和完善传输网络。

为充分保证用户体验，共享资源是提高用户体验与服务的标准，采用VPN、QoS技术可以满足私密信息安全性以及用户对云计算业务的基本要求。

2.3.3 技术解析

一、PTN

PTN（Packet Transport Network，多业务分组传输网）是传输网与数据网融合的产物。其工作原理图如图2-27所示。

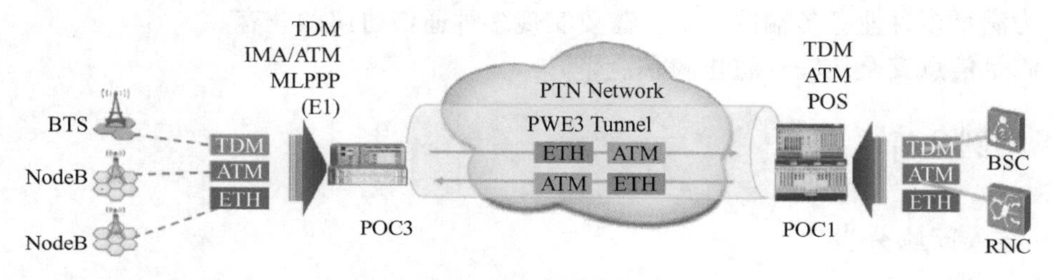

图2-27 PTN工作原理图

PTN是一种基于光传输网络架构的，以分组交换为基础，采用端到端的传输机制，支持多业务的分组传输，建设成本低的网络，在IP业务和底层光传输媒质之间设置了一个层面，它针对分组业务流量的突发性和统计复用传送的要求而设计，以分组业务为核心并支持多业务提供，具有更低的总体拥有成本（TCO），同时秉承光传输的传统优势，包括高可用性、高可靠性、高效的带宽管理机制、便捷的OAM（操作、管理和维护机制）、较高的安全性等。

PTN支持多种基于分组交换业务的双向点对点连接通道，具有适合各种粗细颗粒业务、端到端的组网能力，提供了更加适合于IP业务特性的“柔性”传输管道；具备丰富的保护方式，遇到网络故障时能够实现基于50ms的电信级业务保护倒换，实现传输级别的业务保护和恢复；继承了SDH（同步数字体系）技术的OAM，具有点对点连接的完美OAM体系，保证网络具备保护切换、错误检测和通道监控能力；完成了与IP/MPLS（多协议标签交换）多种方式的互连互通，无缝承载核心IP业务；网管系统可以控制连接信道的建立和设置，实现了业务QoS（服务质量）的区分和保证，可灵活提供SLA（服务等级协议）。

PTN端到端解决方案覆盖了由接入到城域核心的整个城域网络，其优势如下：

1）全IP分组交换：面向未来的分组架构。

2）统一平台服务：TDM/ATM/Ethernet/IP业务使用统一平台和网络进行统一传输、承载服务。

3）多种制式全覆盖：2G/3G/HSPA/LTE/WiMax/WiFi等各种无线网络制式的无缝多模统一承载。

4）通信介质全接入：满足多种通信介质的接入方式，包括光纤、铜线、电缆、DSLAM、微波等，统一承载。

PTN 产品为分组传送而设计，其主要特征体现在如下方面：灵活的组网调度能力、多业务传送能力、全面的电信级安全性、电信级的 OAM 能力、业务感知能力、端到端业务开通管理能力，及传送单位比特成本低，技术原理如图 2-28 所示，拓扑结构如图 2-29 所示。

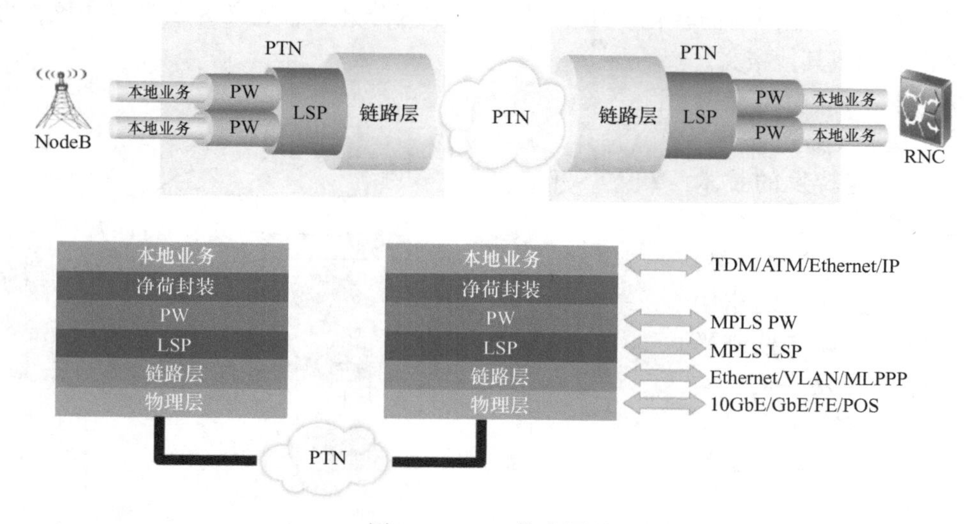

图 2-28　PTN 技术原理

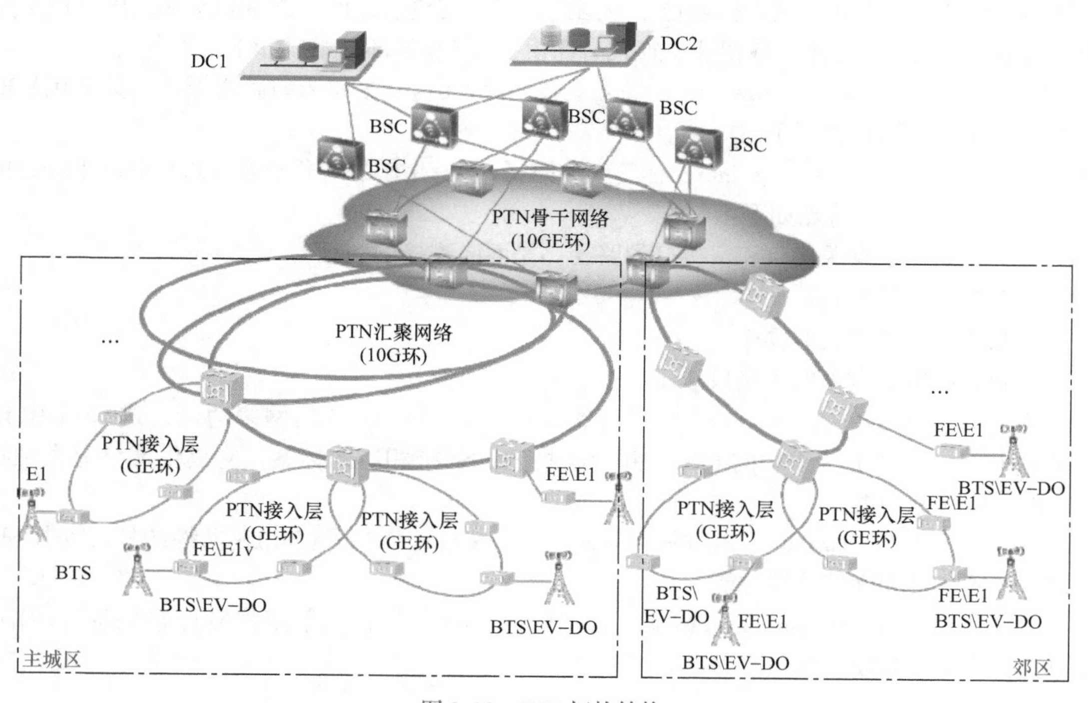

图 2-29　PTN 拓扑结构

二、MPLS

MPLS（Multi - Protocol Label Switch，多协议标签交换）是互联网核心多层交换计算的最新发展，MPLS 将转发部分的标记交换和控制部分的 IP 路由组合在一起，加快了转发速度。而且，MPLS 可以运行在任何链接层技术之上，从而简化了向基于 SONET/WDM 和 IP/WDM 结构的下一代光网络的转化。MPLS 与链路层区分开来，定义为 2.5 层协议，可以在其网络结构上承载其他报文。

MPLS 是一种用标签交换代替路由，利用隧道技术，实现数据包快速转发的技术体系，它的价值在于结合了 SDH 技术与 IP 技术的优势，能够在一个无连接的网络中引入连接模式，具有控制平面和面向连接转发平面，实现一次路由、多次转发（标签交换）的特性，拓扑结构如图 2-30 所示。

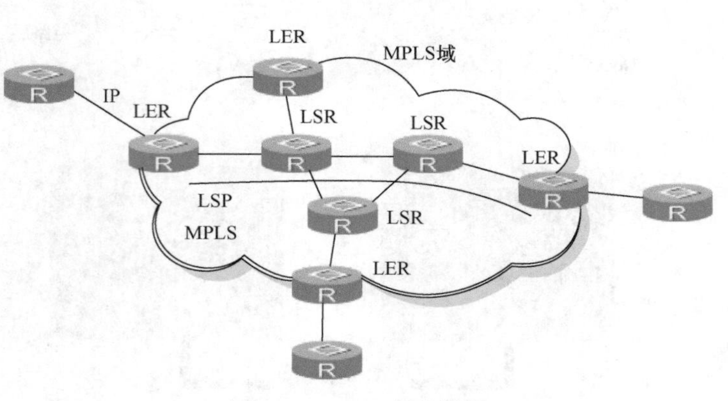

图 2-30　MPLS 拓扑结构

在 MPLS 边界路由器（LER）将 IP 地址映射为简单的固定长度的标签，将标签添加到二层和三层帧格式之间，使数据帧位于数据链路层和网络层之间。在 MPLS 网络内部的标签交换路由器（LSR）使用标签快速交换代替路由，MPLS 各部分组成如下：

1）FEC（Forwarding Equivalence Class，转发等价类）：如果入口路由器收到数据包目的 IP 相同，这些数据包就属于同一类。

2）LSP（Label Switching Path，标签交换路径）：一个转发等价类在 MPLS 网络中经过的路径，也称为隧道，特点如下：

① LSP 是一条有源接口和宿接口的路径，是面向连接的。

② LSP 配置了 Label。

③ LSP 配置了相关的操作。

④ LSP 决定了数据的出接口。

3）LER（Label Edge Router，标签边缘路由器）：在 MPLS 的网络边缘，进入到 MPLS 网络的流量由 LER 分为不同的 FEC，并为这些 FEC 请求相应的标签。它提供流量分类和标签的映射、移除功能。

4）LSR（Label Switching Router，标签交换路由器）：LSR 是 MPLS 网络的核心交换机，它提供标签交换和标签分发功能。

5）LDP（Label Distribution Protocol，标签分发协议）：包括下游按需标签分发（DOD）和下游自主标签分发（DU）。

三、VPN

VPN（Virtual Private Network，虚拟专用网络）通过隧道技术在公众 IP/MPLS 网络上仿真一条点到点的专线，隧道是利用一种协议来传输另外一种协议的技术，隧道保证了 VPN 中分组的封装方式及使用的地址与承载网络的封装方式及使用地址无关，VPN 拓扑结构如图 2-31 所示。

图 2-31　VPN 拓扑结构

VPN 的独特优势使得信息在传输过程中不易被截获，从而保证了信息的安全。随着云计算的快速普及，信息安全越来越受重视。随着技术的发展，VPN 与 MPLS 相结合，衍生出 MPLS - VPN、VPLS、LISP 等技术。

1. MPLS - VPN

MPLS - VPN 是一种基于 MPLS 技术的 VPN，是在路由和交换设备上应用 MPLS 技术实现的虚拟专用网络，可灵活满足多种业务需求。它可以用来解决企业的互连、政府相同/不同部门的互连，也可以用来提供各种新业务，如为 IP 电话业务专门开辟一个 VPN 以解决 IP 网络地址不足和 QoS 的问题，或者用 MPLS - VPN 为 IPv6 提供开展业务的可能。

MPLS - VPN 网络主要为一些数据传输量大或者实时性要求较高的核心业务提供高质量的网络支撑服务。企业在建设广域网时不仅需要考虑如何提高网络的可靠性，同时也要根据实际情况选择不同的接入方式。MPLS - VPN 优点如下：

1）高质量、性能稳定、结构简单。

2）安全性好、方便整合多种增值业务。

3）扩展能力强、维护成本低。

4）环状网络结构有利于核心业务的备份。

缺点是成本较高，但低于专线接入。

基于 MPLS 的 VPN 技术有两种，分别是 MPLS - L2VPN 和 MPLS - L3VPN。

1）传统 VLL（Virtual Leased Line，虚拟租用专线）方式的 MPLS - L2VPN 是在公网中提供一种点到点的 L2VPN 业务，不能直接在服务提供者处进行多点间的交换。

2）MPLS - L3VPN 网络虽可提供多点业务，但 PE（Provider Edge，运营商边界）设备会感知私网路由，造成设备的路由信息过于庞大，对 PE 设备的路由控制性能要求较高。

2. VPLS

VPLS（Virtual Private LAN Service，虚拟专用局域网业务）是公用网络中提供的一种点到多点的 L2VPN（Layer 2 Virtual Private Network）业务，使地域上隔离的用户站点能通过 MAN（Metropolitan Area Network，城域网）/WAN（Wide Area Network，广域网）相连，并且使各个站点间的连接效果像在一个 LAN（Local Area Network，局域网）中一样。它是一种基于 MPLS 网络的二层 VPN 技术，也被称为 TLS（Transparent LAN Service，透明局域网业务）。典型的 VPLS 组网如下：处于不同物理位置的用户通过接入不同的 PE 设备，实现用户之间的互相通信。从用户的角度来看，整个 VPLS 网络就是一个二层交换网，用户之间就像直接通过 LAN 互连在一起一样。

3. LISP

LISP（Locator/Identifier Separation Protocal，位置/身份分离协议）是为了解决由于云计算造成的数据中心资源地理位置不确定性的通信问题的一种尝试手段，从 IP 层协议进行介入，解决传输网络在云计算大规模到来时的网络瓶颈的一种尝试性网络技术，是一种添加了控制平面的 IPsec VPN 服务，并且可以轻松应对传统 VPN 点到点与点到多点的业务需求模型。

LISP 在传统 IP 网络层中添加了两个重要的新网络元素：

1）ITR：Ingress Tunnel Router，入向隧道路由器。

2）ETR：Egress Tunnel Router，出向隧道路由器。

其转发的基本原理为：相较于传统的 IP 地址，LISP 最大的变化之一就是将 IP 地址拆分为表明位置的 RLOCs（Routing Locators，路由标识符）和表明身份的 EIDs（Endpoint Identifiers，节点标识符）。RLOCs 定义了设备如何接入网络，如何能被找到；EIDs 定义了设备身份信息，这两个信息并存在一个地址内，相互独立，打破了原有的位置与身份之间的纽带。内存携带的信息是一个非 LISP 常规站点信息。

在这种地址空间中，站点发出的数据包被打上两层包头，外层为 RLOCs，内层为 EIDs，网络设备依靠 RLOCs 将数据报送到目的地附近，再去除外部包头，将原始数据包送到目的站点，这种模式被称为 Map - and - encap（映射与封装）。

四、QoS

QoS（Quality of Service，服务质量）指一个网络能够利用各种基础技术，为指定的网络通信提供更好的服务能力，是网络的一种安全机制，用来解决网络延迟和阻塞等问题的一种技术。在正常情况下，如果网络只用于特定的无时间限制的应用系统，并不需要 QoS，比如 Web 应用，或 E - mail 设置等，但是对关键应用和多媒体应用就十分必要。当网络过载或拥塞时，QoS 能确保重要业务量不受延迟或丢弃，同时保证网络的高效运行，QoS 的关键指标主要包括可用性、吞吐量、时延、时延变化（包括抖动和漂移）和丢失。

（1）可用性　可用性是当用户需要时网络即能工作的时间百分比，可用性主要是设备可靠性和网络存活性相结合的结果。对它起作用的还有一些其他因素，包括软件稳定性以及网络演进或升级时不中断服务的能力。

（2）吞吐量　吞吐量是在一定时间段内对网上流量（或带宽）的度量，对 IP 网而言可以从帧中继网借用一些概念。根据应用和服务类型，服务水平协议（SLA）可以规定承诺信息速率（CIR）、突发信息速率（BIR）和最大突发信号长度。承诺信息速率是应该予以严格保证的，对突发信息速率可以有所限定，以在容纳预定长度突发信号的同时容纳从话音到视像以及一般数据的各种服务，一般讲，吞吐量越大越好。

（3）时延　时延指一项服务从网络入口到出口的平均经过时间。许多服务，特别是话音和视像等实时服务都是高度不能容忍时延的。当时延超过 200 ~ 250ms 时，交互式会话是非常麻烦的。为了提供高质量话音和会议电视，网络设备必须能保证低的时延。

（4）时延变化　时延变化是指同一业务流中不同分组所呈现的时延不同。高频率的时延变化称作抖动；而低频率的时延变化称作漂移。抖动主要是由于业务流中相继分组的排队等候时间不同引起的，是对服务质量影响最大的一个问题。

漂移是任何同步传输系统都有的一个问题。在SDH系统中是通过严格的全网分级定时来克服漂移的。在异步系统中，漂移一般不是问题。漂移会造成基群失帧，不能满足服务质量的要求。

（5）丢包　不管是比特丢失还是分组丢失，其对分组数据业务的影响比对实时业务的影响都大。在通话期间，丢失一个比特或一个分组的信息往往用户注意不到。

2.3.4 能力拓展

一、PTN

PTN技术本质上是一种基于分组的路由架构，能够提供多业务技术支持。它是一种更加适合IP业务传送的技术，同时继承了光传输的传统优势，包括良好的网络扩展性、丰富的操作维护、快速的保护倒换和时钟传送能力、高可靠性和安全性、整网管理理念、端到端业务配置与精准的告警管理。PTN的这些优势是传统路由器和增强以太网技术无法比拟的，这也正是其区别于两者的重要属性，我们可以从以下4个方面理解PTN的技术理念。

1. 管道化的承载理念

基于管道进行业务配置、网络管理与运维，实现承载层与业务层的分离，以“管道+仿真”的思路满足移动演进中的多业务需求。

在管道化承载中，业务的建立和拆除依赖于管道的建立和拆除，完全面向连接，节点转发依照事先规划好的规定动作完成，无须查表、寻址等动作，在减少意外错误的同时，也能保证整个传送路径具有最小的时延和抖动，从而保证业务质量。管道化承载保证了承载层面向连接的特质，也简化了业务配置、网络运维工作，增强业务的可靠性，保证业务质量。

以“管道+仿真”的思路满足移动网络演进中的多业务需求，从而有效保护投资。众所周知，TDM、ATM、IP等各种通信技术将在演进中长期共存，PTN采用统一的分组管道实现多业务适配、管理与运维，从而满足移动业务长期演进和共存的要求。在PTN的管道化理念中，业务层始终位于承载层之上，两者之间具有清晰的结构和界限，无数的业界经验也证明，管道化承载对于建成一张高质量的承载网络是至关重要的。

2. 变刚性管道为弹性管道，提升网络承载效率，降低投资成本

2G时代的TDM（时分多址复用）移动承载网，采用VC（虚容器）刚性管道，带宽独立分配给每一条业务并由其独占，造成了实际网络运行中大量的空闲可用资源释放不出来，效率低。PTN采用由标签交换生成的弹性分组管道LSP，当满业务的时候，通过精细的QoS划分和调度，保证高质量的业务带宽需求优先得到满足；在业务空闲的时候，带宽可灵活地释放和实现共享，网络效率得到极大提升，从而有效降低了承载网的建设投资成本。

3. 集中式的网络控制，降低运营成本

移动承载网的特点是网络规模大、覆盖面积广、站点数量多，这对于网络运维是极大的挑战，而网络维护的难易属性直接影响着降低运营成本的高低。传统IP网络的动态协议控制平面适合部署规模较小、站点数量有限，同时具有更加灵活调度要求的核心网，而在承载网面前显得力不从心，而且越靠近网络下层，其问题就越突出，因此，以可管理、可运维为前提的IP化创新对大规模的网络部署是非常重要的。

移动承载网的IP化必须继承TDM承载网的运维经验，以网管可视化丰富IP网络的运维手段，降低运维难度，这就是PTN移动IP承载网的管理运维理念。

4. 植入新技术，补齐移动承载IP化过程中在电信级能力上的短板

时钟同步是移动承载的必备能力，而传统的IP网络都是异步的，移动承载网在IP化转型中必须要解决这个短板。所有的移动制式都对频率同步有50×10^{-9}的要求，同时某些移动制式，如TD-SCDMA和CDMA2000，包括LTE，还有对相位同步的要求，目前业界能够通过网络解决相位同步要求的只有IEEE1588V2技术，植入该技术已成为移动承载IP化的必选项。

事实上，PTN的思想理念已在大量实际的网络建设实践中被广泛验证，是基于对移动承载IP化诉求的深刻理解，给移动承载网的IP化指出了一条可行的道路。

二、MPLS

MPLS（Multi-Protocol Label Switching，多协议标签交换），其含义具体为：

（1）Multi-Protocol　支持多种三层协议，如IP、IPv6、IPX等，它通常处于二层和三层之间，俗称2.5层。

（2）Label　是一种短的、等长的、易于处理的、不包含拓扑信息、只具有局部意义的信息内容。

（3）Switching　MPLS报文交换和转发是基于标签进行的。针对IP业务，IP包在进入MPLS网络时，入口的路由器分析IP包的内容并且为这些IP包选择合适的标签，然后所有MPLS网络中节点都是依据这个简短标签来作为转发依据。当该IP包最终离开MPLS网络时，标签被出口的边缘路由器分离。

MPLS网络的基本构成单元是标签交换路由器（LSR），由LSR构成的网络称为MPLS域，其拓扑结构如图2-32所示。

图2-32　MPLS拓扑结构

LSP：标签交换路径，它定义了三种操作：

1）Ingress：数据从用户设备进入了MPLS网络边缘设备，数据报文要进行封装。

2）Egress：数据从MPLS网络核心设备进入了边缘设备，MPLS标签要被剥离。

3）Intermediate（Transit）：数据在MPLS网络核心内从一个设备进入了另一个设备，标签要被交换。

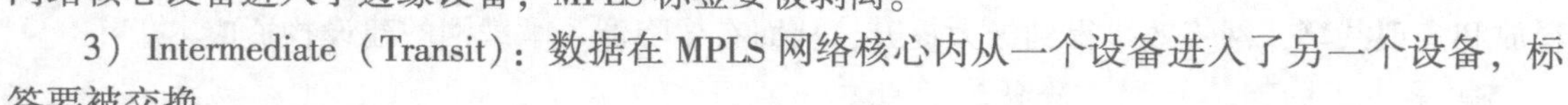

LSP对数据的操作过程如图2-33所示。

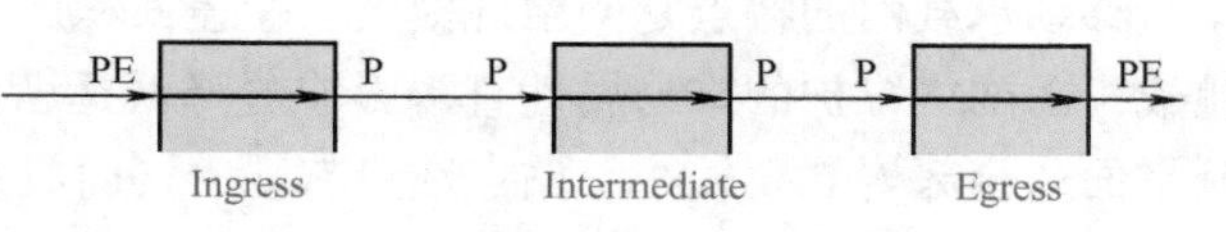

图2-33　LSP对数据的操作过程

其中：

1）P（Provider，运营商）端口：

该端口指接入服务提供商核心网络的端口，在用户的设备上使用 MPLS 封装的报文的输出端口。

2）PE（Provider Edge，运营商边界）端口：该端口为服务提供商的边缘端口，对接的是用户的设备；在这里接入的是普通以太网帧，如果接入的是 MPLS 封装格式的数据报文，但同时不希望对 MPLS 封装进行处理，端口也可以配置成这种属性。

MPLS 在网络入口处指定特定分组的 FEC（Forwarding Equivalence Class，转发等价类），后续路由器只需简单的转发即可，较常规的网络层转发而言要简单得多，从而提高了转发速度，LSP 的转发过程如图 2-34 所示。

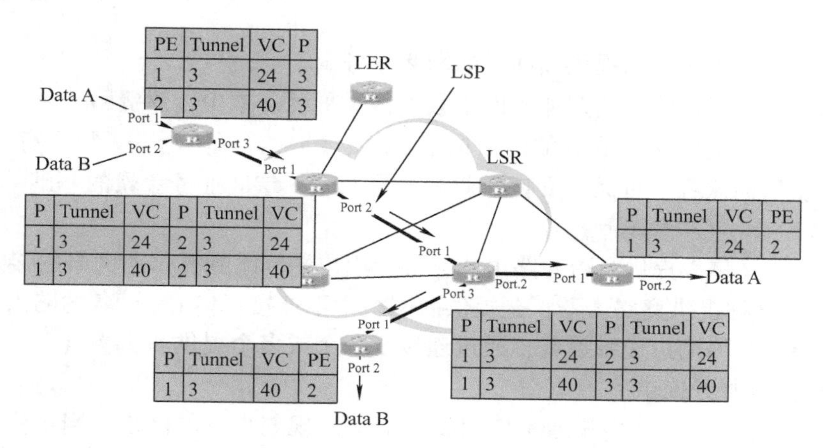

图 2-34　LSP 转发过程

1）进入网络的分组根据其特征划分成 FEC，一般根据 IP 地址前缀或者主机地址来划分 FEC。具有相同 FEC 的分组在 MPLS 区域中将经过相同的路径（即 LSP），LER 为到来的 FEC 分组分配一个短而定长的标签，然后从相应的端口转发出去。

2）在 LSP 沿途的 LSR 上都已建立了输入/输出标签的映射表，对于接收到的标签分组，LSR 只分析标记头，不关注标记头之上的部分，根据 Label 头查找 LSP，并用新的标签来替换原来的标签，然后对标签分组进行转发。LDP（Label Distribution Protocol）是 MPLS 协议中专门用来实现标签分发的协议，利用路由转发表中信息来确定如何进行数据转发，而路由转发表中的信息一般是通过 IGP、BGP 等路由协议收集的。

LDP 并不直接和各种路由协议有关联，只是间接使用路由信息。LDP 并不是唯一的标签分发协议，对 BGP、RSVP 等已有协议进行扩展也可以支持 MPLS 标签的分发。MPLS 的一些应用也需要对某些路由协议进行扩展，例如基于 MPLS 的 VPN 应用就需要对 BGP 协议进行扩展，基于 MPLS 的流量工程需要对 OSPF 或 IS - IS 协议进行扩展。

3）在 MPLS 域的出口，标签被剥离，还原成标准的 IP 报文。

三、MPLS - VPN

VPN 是一种通过对网络数据的封包或加密传输，在公众网络上传输私有数据，并达到私有网络的安全级别，从而利用公众网络构筑企业专网的组网技术。VPN 是一种逻辑上的专用网络，能够向用户提供专用网络所具有的功能，但本身却不是一个独立的物理网络，MPLS 使用 VPN 建立 LSP 进行数据传输而产生 MPLS - VPN 技术，MPLS - VPN 的分类如图 2-35 所示。

其中：

PWE3（Pseudo－wire Emulation Edge to Edge）俗称端到端仿真技术，是指在分组交换网络（Packet Switched Network，PSN）中尽可能真实地模仿 ATM、帧中继、以太网、低速 TDM（Time Division Multiplexed）电路和 SONET/SDH 等业务的基本行为和特征的一种二层业务承载技术。使用 PWE3 的优势如下：

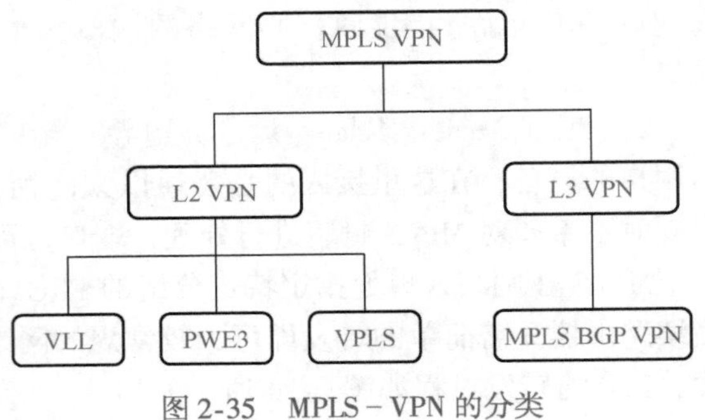

图 2-35　MPLS－VPN 的分类

1）专线仿真：为运营商提供高回报的网络业务。

2）通用标签：提供统一的多业务网络数据传送平台，减少运营费用。

3）保护投资：提供网络业务的前后向兼容性，PSN 需要使用 PW 与现有巨大的非 IP/MPLS 网络设备后向兼容，可灵活支持新业务，是 L2/L3 层间业务会聚的基础单元。

MPLS－VPN 专业术语如下：

PE 路由器：又称作提供商边缘路由器，负责用户端网络到提供商网络的接入。

P 路由器：又称提供商路由器，是提供商网络中不连接任何 CE 设备的路由器。

CE 路由器：又称用户边缘设备，通过连接至一个或多个提供商边缘（PE）路由器的数据链路使用户接入服务提供商。

VPN－IPV4 地址：VPN 用户通常使用私有地址来规划自己的网络。当不同的 VPN 用户使用相同的私有地址规划时就会出现路由查找问题。

路由区分符 RD：指 VPN－Ipv4 地址的前 8 个字节，用来区分不同 VPN 中的相同私网地址。

路由目标 RT：为 MP－BGP 中的扩展共同体属性之一。路由目标属性定义了 PE 路由器发布路由的一组站点的集合。PE 路由器使用这一属性来对输入远端路由到其 VRF 进行约束。

VPN 路由转发表（VRF）：每个 PE 路由器为其直连的站点维持一个 VRF。每个用户链接被映射至一个特定的 VRF。每个 VRF 与 PE 路由器的一个端口相关联。

四、QoS 工作流程

QoS 是用来解决网络延迟和阻塞等问题的一种技术，QoS 的工作流程为流量识别、流量标记和流量处理。

1. 流量识别

设计云计算网络的 QoS 的基础工作是建立不同业务的流量模型，找到不同业务对应的底层协议种类。云计算业务提供方式可以分为 IaaS、PaaS、SaaS 三种，其中：

（1）IaaS 流量模型　IaaS 业务的数据流量比较复杂，需要依据实际业务类型才能判断。

（2）PaaS 流量模型　PaaS 对外提供定制的软件运行环境，因此，在系统开发和调试阶段常常会有大量的源代码通过网络上传到服务器，这些上传行为需要占用一定的网络资源，如果业务软件体量较大，上传时间和占用带宽程度也随之增加。

（3）SaaS 流量模型　SaaS 是按需提供软件服务的云计算类型，90% 的 SaaS 业务是通过

Web 浏览器提供的，因此，典型的 SaaS 业务会产生大量的 HTTP 或 HTTPS 流量，这些流量分布在 80 或 443 端口，通常表现为频繁的轻量级数据连接，如果用户通过浏览器上传或下载文件，也会出现一个长时间的高带宽占用。

流量识别通过查询数据包头中的一个或几个区域的量值，将混合在一起的数据流进行分类，将高优先级业务产生的数据包从所有数据报中提取出来，为后面的进一步处理做好准备。目前流量识别没有统一的公开标准，业内通常的参考方式如下：

1）物理层：物理端口、子接口、PVC（永久虚链路）接口。

2）数据链路层：MAC 地址、CoS（服务等级）值、MPLS EXP（多协议标签交换网络质量位）。

3）网络层：IP 地址、DSCP（区分服务编码标点）值、IP 优先级。

4）传输层：TCP/UDP 端口号。

5）会话层以上：业务数据特定标签，如 URL。

2. 流量标记

流量标记的目的是为数据包打上标签，这些标签将随着数据包在网络内传输，转发路径上的网络设备根据数据包上的不同标签提供不同的服务质量等级，主流的标记方式根据标签位置不同可以分成两种：

（1）二层标记　二层标记采用 CoS（Class of Service，服务等级）方式，是基于 IEEE P802.1P 标准的一种在链路层进行流量优先级标记的方法，在以太帧预留标志位称为 PCP（Priority Code Point，优先级标记位），有 0 ~ 7 共 8 个优先级，7 为优先级最高。

（2）三层标记　在 RFC2747 中定义了使用 IP 报文头的 ToS（Type of Service，服务类型）字段的前三位（即 IP 优先级）来标记报文，可以将报文最多分成 2^3 类；使用 DSCP（Differentiated Services Codepoint，区分服务编码点，ToS 域的前 6 位），则最多可分成 2^6 类。通过预设 DSCP 的值，可以预设四个重要的等级：

1）AF（Assured Forwarding，确保转发），代表大部分需要质量保证的业务数据，在流量不超过某个门限时，传输带宽可以得到保证。

2）EF（Expedited Forwarding，加速转发），比 AF 优先级高，发生网络拥塞时，一般被网管人员赋予最高的服务保障等级，非常适合用于 VoIP、视频点播等。

3）Class Selector（类选择器），用于兼容早期的版本，如 IPToS。

4）Default 是 DSCP 默认的标签。

3. 流量处理

网络中的通信都是由各种应用数据流组成的，这些应用对网络服务和性能的要求各不相同，比如 FTP 下载业务希望能获取尽量多的带宽，而 VoIP 语音业务则希望能保证尽量少的延迟和抖动等。但是所有这些应用的特殊要求又取决于网络所能提供的 QoS 能力，根据网络对应用的控制能力的不同，可以把网络的 QoS 能力分为三种模型。

（1）Best Effort（Best Effort，尽力而为）模型　是最简单的服务模型，应用程序可以在任何时候，发出任意数量的报文，网络尽最大的可能性来发送报文，对带宽、时延、抖动和可靠性等不提供任何保证。Best Effort 是互联网的默认服务模型，通过 FIFO（First In FirstOut，先进先出）队列来实现。

（2）DiffServ（Differentiated Service，区分服务）模型　由 RFC2475 定义，在区分服务

中，根据服务要求对不同业务的数据进行分类，对报文按类进行优先级标记，然后有差别地提供服务。

（3）IntServ（Integrated Service，综合服务）模型　由 RFC1633 定义，在这种模型中，节点在发送报文前，通过信令来向网络申请资源预留，如带宽、时延等，确保网络能够满足数据流的特定服务要求，当节点收到网络的确认信息，即确认网络已经为这个应用程序的报文预留了资源后，才开始发送报文。IntServ 可以提供保证服务和负载控制服务两种服务，保证服务提供保证的延迟和带宽来满足应用程序的要求；负载控制服务保证即使在网络过载的情况下，也能对报文提供与网络未过载时类似的服务。

2.4 传输与容灾网络设计

2.4.1 案例引入

为更好地实现“大云”的商业目标，数据中心之间须实现高速互联、协同工作、数据同步、数据动态迁移、数据备份与灾备，建设需求如下：

1）枢纽节点之间的传输网需要高速接口，大容量业务交叉。

2）传输网可以使业务端到端调度，传输能力大幅度提升。

3）传输网可以实现高精度的时间同步。

4）传输网实现数据中心之间的实时数据灾备。

2.4.2 案例分析

一、传输网特征

信息在云上汇集，数据中心（DC）作为核心，这已经成为 ICT（信息通信技术）行业的主流发展方向，以 DC 为中心的传输网主要特征如下：

1）高带宽：流量主要以 DC 为核心，重新调整南北向、东西向的流量，压缩南北向流量增大东西流量。

2）低时延：云基础设施共享需要 DC 互联网络，保证低时延，满足云业务体验。

3）IT 与 CT 深度融合，实现云网资源的统一规划部署和调度。

4）部分数据需要高及时性，要求承载网络要灵活高效，传输网络减少层级、降低时延。

二、OTN 简介

OTN（Optical Transport Network，光传输网）为客户信号提供在波长/子波长上进行传送、复用、交换、监控和保护恢复的技术；在点对点 WDM（波分复用）线路系统基础上，增强节点汇聚和交叉能力、组网保护和 OAM 管理能力，其吸收了 SDH（同步数字体系）和 WDM 的优点，具备完善的保护和管理能力，将成为大颗粒宽带业务传送的主流技术。

OTN 是通过 G. 872、G. 709、G. 798 等一系列 ITU－T 的建议所规范的新一代数字传送体系和光传送体系，将解决传统 WDM 网络组网能力弱、保护能力弱等问题，处理的基本对象是波长级业务，它将传输网推进到真正的多波长光网络阶段。

OTN 由于结合了光域和电域处理的优势，可以提供巨大的传送容量、完全透明的端到端波长/子波长连接以及电信级的保护，是传送宽带大颗粒业务的最优技术。

光传输网从多种角度和多个方面提供了解决方案，在兼容现有技术的前提下，由于 SDH 设备大量应用，为了解决数据业务的处理和传送，在 SDH 技术的基础上研发了 MSTP（Multi - Service Transfer Platform，多业务传送平台）设备，并已经在网络中大量应用，很好地兼容了现有技术，同时也满足了数据业务的传送功能。

以光传输为基础的 OTN 网络，充分满足“以数据为中心”的网络模式，特别是在网元虚拟化以后，新模式的 OTN 传输网可使用户使用 SDN 技术来实现网络的按需构建，网络软硬件解耦，软件功能云化。

数据大集中的同时也对数据中心业务连续性提出了更高的要求，如何应对单个数据中心所带来的风险，已成为备受关注的重点。通过 OTN 建设，使得各数据中心之间的传输系统建设、运维成本下降。数据中心内部由传统的南北向服务转为东西向服务，数据中心之间通过 OTN 的高速互联互通和各种应用技术，使各数据中心可以协同工作，构成云计算系统与灾备系统。

2.4.3　技术解析

一、OTN 系统结构

1. OTN 原理

OTN（Optical Transport Network，光传输网）是面向 IP 业务，满足 IP 业务传送需求，以波分复用（WDM）技术为基础，在光层组织网络的传输网，是新一代的骨干传输网，跨越了传统的电域（数字传送）和光域（模拟传送），是管理电域和光域的统一标准，系统原理图如图 2-36 所示。

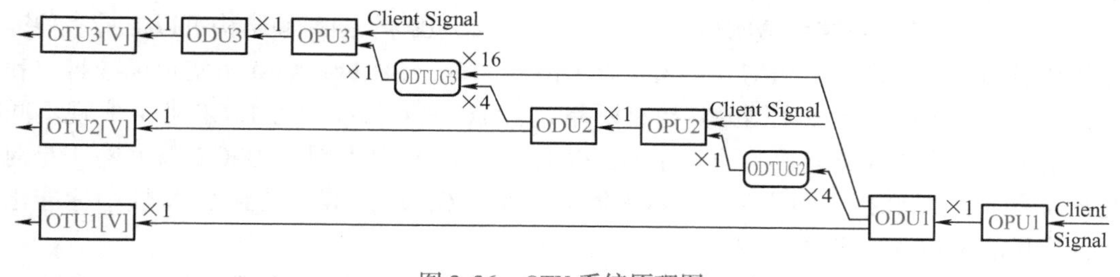

图 2-36　OTN 系统原理图

其中：

OTUk：与 SDH 中的 STM - N 类似，是 OTN 中的一个波道。

ODUk：与 SDH 中的 VC 类似，是 OTN 电交叉的基本单元，数据帧不随 k 的改变而改变，都是 4 ×4080 字节，但不同的 ODUk 等级对应的帧频不同。

OPUk：与 SDH 中的 C 类似，用来封装业务信息。

2. OTN + PTN 混合组网

随着技术的发展，传输网云化成为可能，将 OTN、PTN 二者相结合，可构建新型的传输网络 POCTN；利用云技术构建云计算体系，将数据中心互联互通，可实现数据中心的实时调度、高性能计算、SAN、容灾等应用，拓扑结构如图 2-37 所示。

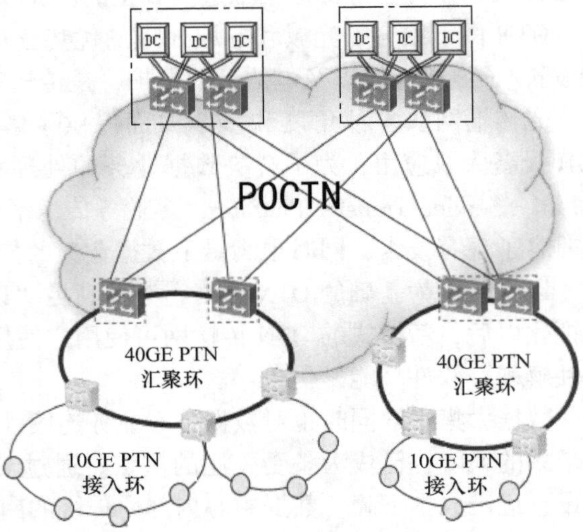

图 2-37　OTN + PTN 混合组网拓扑结构

数据中心之间使用 OTN + PTN 混合组网模式构建的互联网络，作为 DC 间业务的重要连接载体，通常有三种连接方式，分别是：

（1）L1 层光传输互联　采用 DWDM（密集波分复用）技术传输多路光波，实现数据高速传输。

（2）L2 层互联　利用 PW 技术，通过 MPLS - TP 的 LSP 实现二层互联。

（3）L3 层 IP 互联　传输 IP、ATM、SAN 等不同的业务。

二、OTN 相关介绍

1. OTN 的主要优势

新的 OTN 网络也在逐渐向更大带宽、更大颗粒、更强的保护演进，OTN 的主要优点是完全向后兼容，建立在现有的 SONET/SDH 管理功能基础上，不仅提供了基于通信协议的完全透明传输，而且还为 WDM 提供端到端的连接和组网能力，为 ROADM 提供光层互联的规范，并补充了子波长汇聚和疏导能力。OTN 概念涵盖了光层和电层两层网络，其技术继承了 SDH 和 WDM 的双重优势，主要体现为：

1）多种客户信号封装和透明传输。基于 ITU - TG. 709 的 OTN 帧结构可以支持多种客户信号的映射和透明传输，如 SDH、ATM、以太网等。对于 SDH 和 ATM 可实现标准封装和透明传送，但对于不同速率以太网的支持有所差异。ITU - TG. sup43 为 10GE 业务实现不同程度的透明传输提供了补充建议，而对于 GE 以太网、40GE 以太网、100GE 以太网、专网业务光纤通道（FC）和接入网业务吉比特无源光网络（GPON）等，其到 OTN 帧中标准化的映射方式目前正在讨论之中。

2）大颗粒的带宽复用、交叉和配置。OTN 定义的电层带宽颗粒为光通路数据单元（ODUk，k = 0，1，2，3），即 ODU0（GE，1000Mbit/s）、ODU1（2.5Gbit/s）、ODU2（10Gbit/s）和 ODU3（40Gbit/s），相对于 SDH 的 VC - 12/VC - 4 的调度颗粒，OTN 复用、交叉和配置的颗粒明显要大很多，能够显著提升高带宽数据客户业务的适配能力和传送效率。

3）强大的开销和维护管理能力。OTN 提供了和 SDH 类似的开销管理能力，OTN 光通路（OCh）层的 OTN 帧结构大大增强了该层的数字监视能力。另外 OTN 还提供 6 层嵌套串联连接监视（TCM）功能，这样使得 OTN 组网时，采取端到端和多个分段同时进行性能监视的方式成为可能，为跨运营商传输提供了合适的管理手段。

4）增强了组网和保护能力。OTN 帧结构、ODU*k* 交叉和多维度可重构光分插复用器（ROADM）的引入，大大增强了光传输网的组网能力，改变了基于 SDHVC－12/VC－4 调度带宽和 WDM 点到点提供大容量传送带宽的现状。前向纠错（FEC）技术的采用，显著增加了光层传输的距离。另外，OTN 将提供更为灵活的基于电层和光层的业务保护功能，如基于 ODU*k* 层的子网连接保护（SNCP）和共享环网保护、基于光层的光通道或复用段保护等，但共享环网技术尚未标准化。

2. OTN 和 PTN 的区别与联系

OTN 与 PTN 是完全不同的两种技术。OTN（光传输网）是从传统的波分技术演进而来的，主要加入了智能光交换功能，可以通过数据配置实现光交叉而不用人为跳纤，大大提升了波分设备的可维护性和组网的灵活性。同时，新的 OTN 网络也在逐渐向更大带宽、更大颗粒、更强的保护演进。

PTN（分组传输网）是传输网与数据网融合的产物，主要使用 T－MPLS 协议，T－MPLS 是面向连接的技术，是 MPLS 在传送网中的应用，它对 MPLS 数据转发面的某些复杂功能进行了简化，并增加了面向连接的 OAM 和保护恢复的功能。电信级的数据网络是 PTN 与 OTN 的组合，基于 OTN 的智能光网络将为大颗粒宽带业务的传送提供非常理想的解决方案。

3. OTN 和 SDH、WDM

OTN 以 WDM 技术为基础，在超大传输容量的基础上引入了 SDH 强大的操作、维护、管理与指配能力，同时弥补了 SDH 在面向传送层时的功能缺乏和维护管理开销的不足。OTN 使用内嵌标准 FEC，有丰富的 OAM，适用于大颗粒业务接入 FEC 纠错编码，提高了误码性能，增加了光传输的跨距。

4. OTN 的分类

基于 OTN 的传输网主要由国家干线光传输网、省内/区域干线光传输网、城域/本地光传输网、专有网络构成，而城域/本地光传输网可进一步分为核心层、汇聚层和接入层。相对 SDH 而言，OTN 技术的最大优势就是提供大颗粒带宽的调度与传送，因此，在不同的网络层面是否采用 OTN 技术，取决于主要调度业务带宽颗粒的大小。

按照网络现状，国家干线光传输网、省内/区域干线光传输网以及城域/本地光传输网的核心层调度的主要颗粒一般在 10Gbit/s 及以上，因此，这些层面均可优先采用优势和扩展性更好的 OTN 技术来构建。对于城域/本地光传输网的汇聚与接入层面，当主要调度颗粒达到 Gbit/s 量级时，也可优先采用 OTN 技术构建。

1）国家干线光传输网。随着网络及业务的 IP 化、新业务的开展及宽带用户的迅猛增加，国家干线上的 IP 流量剧增，带宽需求逐年成倍增长。波分国家干线承载着 PSTN/2G 长途业务、NGN/3G 长途业务、国家干线业务等。由于承载业务量巨大，波分国家干线对承载业务的保护需求十分迫切。

采用 OTN 技术后，国家干线 IP over OTN 的承载模式可实现 SNCP 保护、类似 SDH 的环网保护、MESH 网保护等多种网络保护方式，其保护能力与 SDH 相当，而且设备复杂度及成本也大大降低。

2）省内/区域干线光传输网。省内/区域内的骨干路由器承载着各长途局间的业务

(NGN/3G/IPTV/大客户专线等)。通过建设省内/区域干线 OTN 光传输网，可实现 GE/10GE、2.5G/10GPOS 大颗粒业务的安全、可靠传送，可组环网、复杂环网、MESH 网，网络可按需扩展，可实现波长/子波长业务交叉调度与疏导，提供波长/子波长大客户专线业务，还可实现对其他业务如 STM-1/4/16/64SDH、ATM、FE、DVB、HDTV、ANY 等的传送。

3）城域/本地光传输网。在城域网核心层，OTN 光传输网可实现城域汇聚路由器、本地网 C4（区/县中心）汇聚路由器与城域网核心路由器之间大颗粒宽带业务的传送，路由器上行接口主要为 GE/10GE，实现 2.5Gbit/s、10Gbit/s 的传输。城域网核心层的 OTN 光传输网除可实现 GE/10GE 上行接口外，还可实现 2.5Gbit/s、10Gbit/s、40Gbit/s 等大颗粒电信业务传输，另外可接入其他宽带业务，如 STM-0/1/4/16/64SDH、ATM、FE、ESCON、FICON、FC、DVB、HDTV、ANY 等；对于以太业务可实现二层汇聚，提高以太通道的带宽利用率；可实现波长/各种子波长业务的疏导，实现波长/子波长专线业务接入；可实现带宽点播、光虚拟专网等，从而可实现带宽运营。从组网上看，还可重整复杂的城域传输网的网络结构，使传输网络的层次更加清晰。

4）专有网络的建设。随着企业网应用需求的增加，大型企业、政府部门等，也有了大颗粒的电路调度需求，而专有网络相对于运营商网络光纤资源十分贫乏，OTN 的引入除了增加大颗粒电路的调度灵活性，也节约了大量的光纤资源。

三、数据中心的容灾系统

出于容灾目的，企业一般都会建设多个数据中心，多个数据中心通过网络互联形成了云计算系统，其拓扑结构如图 2-38 所示。

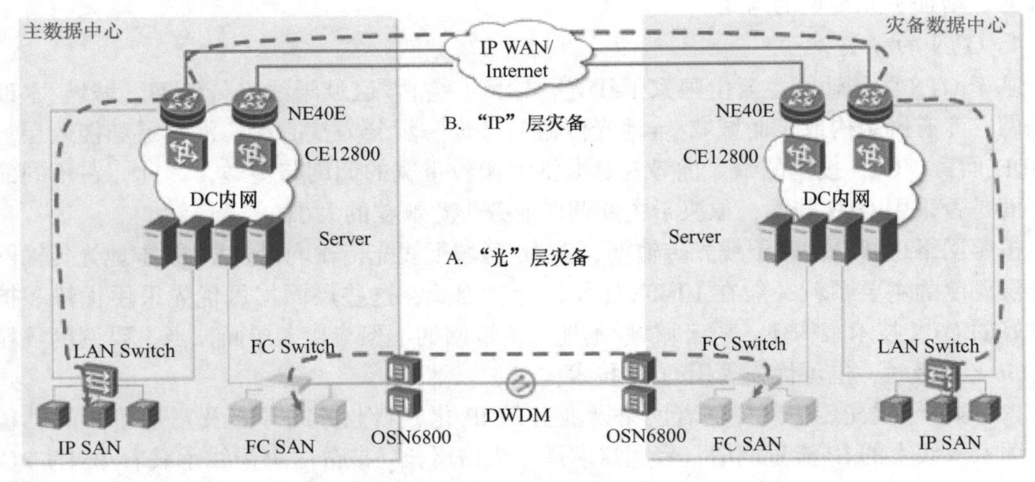

图 2-38　数据中心灾备拓扑结构图

数据中心之间使用 OTN + PTN 混合组网模式构建的互联网络，作为 DC 间业务的重要连接载体，分别实现 L1 层、L2 层和 L3 层等层面的业务灾备。

1）L1 层互联：实现数据中心间的实时数据灾备。随着云计算和大数据的发展，越来越多的企业用户提出了“业务不中断”和“数据不丢失”的要求。为此，数据中心需要采用实时备份的方式，在保证主、备数据中心存储系统同步的同时，还要保证 DC 业务的处理速度不下降。低时延、大带宽和安全可靠的网络 L1 层互联如何能更好地为 DC 业务服务始终是客户重要关注点之一。

2）L2 层互联：跨数据中心的服务器集群和虚拟机迁移，将集群中的服务器部署于不同数据中心，可实现跨数据中心的应用系统容灾。对于跨站点的高可用性集群，集群节点间通过心跳信令和数据同步来维护和控制节点活动状态，而这些信令通常需要二层网络进行通信。同时，随着业务应用的发展，虚拟化技术已经发挥了重要的作用。在数据中心的扩容和搬迁过程中，虚拟机迁移是个不可回避的问题。这需要保持虚拟机承载的 DC 业务不受迁移的影响，虚拟机在迁移过程中的状态同步和会话保持需要虚拟机迁移前后的物理服务器位于同一个子网。因此，对于虚拟机的跨站点迁移，也存在同样的二层网络互联需求。

3）L3 层互联：实现用户访问数据中心以及数据中心间的互访，企业内部用户和外部用户常常通过园区网或广域网的 L3 出口来访问各数据中心业务。同时，不同数据中心（主中心、灾备中心）之间也会存在业务的 L3 互访。这些 L3 互访网络均通过 IP 技术实现互联，当主数据中心发生灾难时，通过 L3 灾备网络将实现业务的快速切换，保证客户能够不间断地访问数据中心各项业务。

2.4.4　能力拓展

一、SDH 简介

1. SDH 概念

SDH：同步数字体系，为不同速度数字信号的传输提供相应等级的信息结构，包括复用方法、映射方法以及相关的同步方法。SDH 采用的信息结构等级所构成的传输模块称为同步传送模块（STM - N）。

2. SDH 数据传输

SDH 数据传输过程如图 2-39 所示。

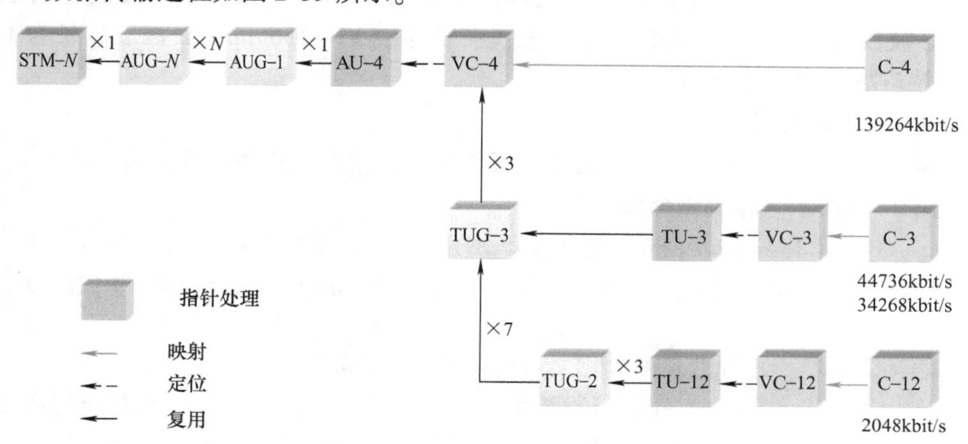

图 2-39　SDH 数据传输过程

其中：

C：容器，承载经过码速调整（同步信息）后的E1 的 N 次群的数据，按照 N 次群容量分为 C－4＝E4（四次群）＝64×E1＝139Mbit/s、C－3＝ E3（三次群）＝16×E1＝34Mbit/s、C－12＝ E1（一次群）＝2Mbit/s。

VC：虚容器，承载经过打上通道开销标签后的 C 的数据，有利于层层监控，VC－12＝C－12，VC－3＝C－3＝16×E1＝34Mbit/s，VC－4＝C－4＝64×E1。

TU：支路单元，经过指针定位的 VC 形成的数据，TU－12＝VC－12。

TUG：支路单元组，为了复用将 3 个 TU－12 组合在一起形成的数据，TUG－2＝3×TU－12，TUG－3＝7×TUG－2，VC－4＝3×TUG－3，VC－4＝64×E1＝139Mbit/s。

AU：管理单元，VC－4 经过 SOH 段开销形成 STM－1。

AUG：管理单元组。

3. MSTP

MSTP（多业务传送平台）基于 SDH 平台，实现 TDM、以太网、ATM 等业务接入、处理和传送，提供统一网管的多业务节点。SDH 通过 FE 或 GE 接口接收以太数据帧，将完整的一帧缓存后，可以通过通用成帧协议（GFP），对应封装到 SDH 的 C－12、C－4 等容器里，剩下的步骤就是在 SDH 体系中复用、定位、映射，层层封装成 STM－N，在线路上传送。

二、波分多路复用（WDM）简介

1. 波分多路复用概念及分类

波分多路复用（Wavelength Division Multiplexing，WDM）：在一个光纤中同时传输多个波长的光信号技术，分为密集波分多路复用（Dense Wavelength Division Multiplexing，DWDM）和稀疏波分多路复用（Coarse Wavelength Division Multiplexing，CWDM）。

DWDM：波长间隔为 0.4nm 或 0.8nm，使用 C 波段（1530～1565nm）、L 波段（1565～1625nm）。40 波系统采用 C 波段，波道间隔为 0.8nm，80 波系统采用 C 波段，波道间隔为 0.4nm。目前 DWDM 为 OTN 主流技术。

CWDM：使用频率间隔为 20nm，O 波段波长为 1260～1360nm，E 波段波长为 1360～1460nm，S 波段波长为 1460～1530nm，C 波段波长为 1530～1565nm，L 波段波长为 1565～1625nm，波道数最大支持 16 个。

2. DWDM 系统构成

DWDM 系统将不同波长的光信号转化成系统规定的精准波长的信号（俗称彩光），其系统结构如图 2-40 所示。相关概念如下：

OTU：（Optical Transform Unit，光转发单元），将客户侧信号转换为电信号，再通过光模块转换为规定的波长，实现任意波长光信号（如 G.957）到满足 G.692 要求的波长转换的功能。

复用器和分用器：不同波长的复用、解复用的无源光器件。

OBA：光功率放大器，传送端使用的器件，将光信号进行功率放大，有利于远距离传输。

OPA：光前置放大器，接收端使用的器件，识别光信号并进行功率放大用。

OLA：光线路放大器，若发送端与接收端距离过远时，在光缆线路中使用的器件。

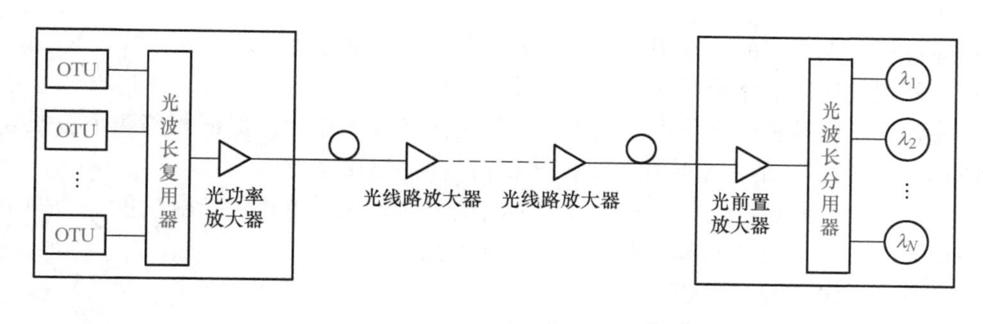

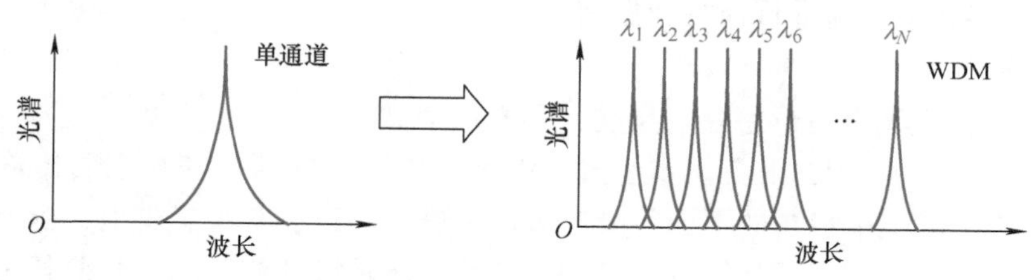

图 2-40　DWDM 系统结构

3. DWDM 优势

1）大带宽，超大容量。

2）传输过程对数据"透明"。

3）系统升级时能最大限度地保护已有投资。

4）高度的组网灵活性、经济性和可靠性。

5）可兼容全光交换。

三、OTN 简介

1. OTN 层次结构

OTN 自上向下分为光信道层（OCh）、光复用段层（OMS）、光传输段层（OTS），如图 2-41 所示。

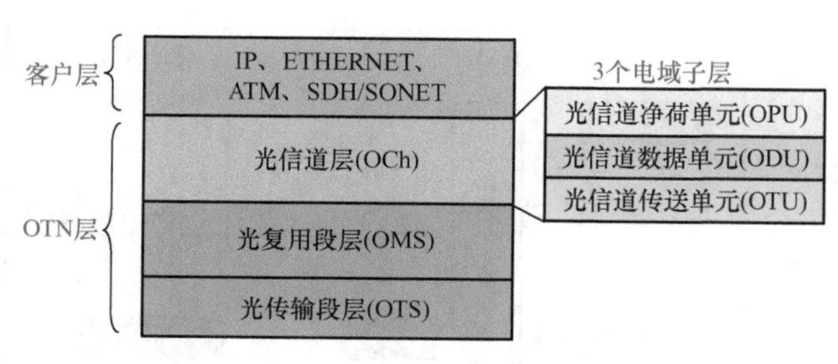

图 2-41　OTN 层次结构图

（1）光信道层（OCh）　对应一个波道的起点和终点，功能如下：

1）为来自电复用段层的客户信号选择路由和分配波长。

2）灵活地安排光通路连接，进行网络选路，提供端到端的联网功能。

3）确保光通道适配信息的完整性，实现网络等级上的操作和管理。

4）当发生故障时，通过重新选路来实现保护倒换和网络恢复。

（2）光复用段层（OMS）　位于两个 OTM（光终端复用站）站点之间，功能如下：

1）灵活地为多波长网络选路，实现重新安排光复用段功能。

2）处理光复用段开销，以保证适配信息完整性。

3）为本层的运行和维护提供光复用段的检测和管理功能。

4）通过接入点之间的光复用段路径，为数据传输提供光通道。

5）光复用段提供的路径终端开销可与适配信息组成数据流。

6）将各个不同波长的光信道集成为一个确定光带宽的单元，保证相邻两个波长复用传输设备间多波长光信号的完整传输，为多波长信号提供网络功能。

（3）光传输段层（OTS） 为光信号在不同类型的光媒质上提供传输功能，由两个站点之间的OTM和OLA（光线路放大器）构成，功能如下：

1）进行光传输段的开销处理。

2）对光放大器和中继器进行检测和控制。

2. OTN设备

OTN设备有两种交叉设备形态：电层交叉和光层交叉。

（1）电层交叉 它是OTN业务基本组成，以传输单波道的数据帧为主要传输单元。电层主要功能是将单个波道中包含的不同等级的数据帧进行映射、交叉、复用，主要由支路单元、交叉单元和线路单元三个部分组成，支持子波长和波长级别的交叉。目前其主要支持的颗粒有GE、ODU1、ODU2、ODU3。

（2）光层交叉 光层的基本单元为单个波道，负责将多波道合并、分离，实现波长信号在各站点间的调度。光层交叉主要指基于波长级的交叉，目前一般指采用WSS（波长选择开关）结构的ROADM（可重构光分插复用器）设备。

WSS是一个多端口模块，包括一个公共端口和 *N* 个与之对应的光口，在公共端口的任意波长可以远程指配到 *N* 个光端口中的任意一个。

ROADM是波分系统中的一种具备波长层面远程控制光信号分插复用状态能力的设备形态，采用可配置的光器件，实现OTN节点任意波长的上下和直通配置。二维的ROADM通过EB（波长阻断器）和PLC（平面光波导）技术来实现，多维的ROADM通过WSS来实现。其工作原理如图2-42所示。

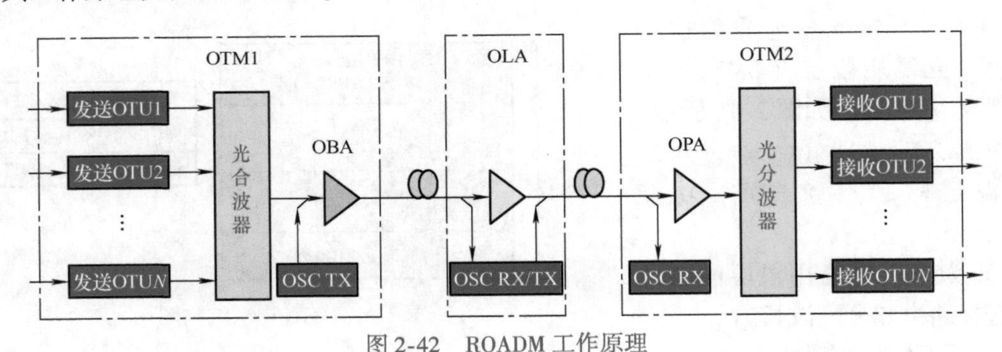

图2-42 ROADM工作原理

四、数据中心的云灾备

面对频频发生的雪灾、地震等自然灾害，对于信息化应用而言，云灾备系统的建设也已成为热点。数据中心云灾备保障分为数据级灾备、业务级灾备和应用级灾备，具体采用何级别的灾备保障，需要根据用户投资、业务需要等总体规划选择。

1. OpenStack简介

基于OpenStack架构的云灾备解决方案面向云数据中心，为云数据中心提供灾备解决方案，为租户提供自助的灾备服务。OpenStack 既是一个社区，也是一个项目和一个开源软件，它提供了一个部署云的操作平台或工具集。

OpenStack 目前有7个核心组件：Compute（计算，代号为“Nova”）、Object Storage（对象存储，代号为“Swift”）、Identity（身份认证，代号为“Keystone”）、Dashboard（仪表盘，代号为“Horizon”）、Block Storage（块存储，代号为“Cinder”）、Network（网络，代号为“Neutron”）和 Image Service（镜像服务，代号为“Glance”）。其整体架构如图2-43所示。

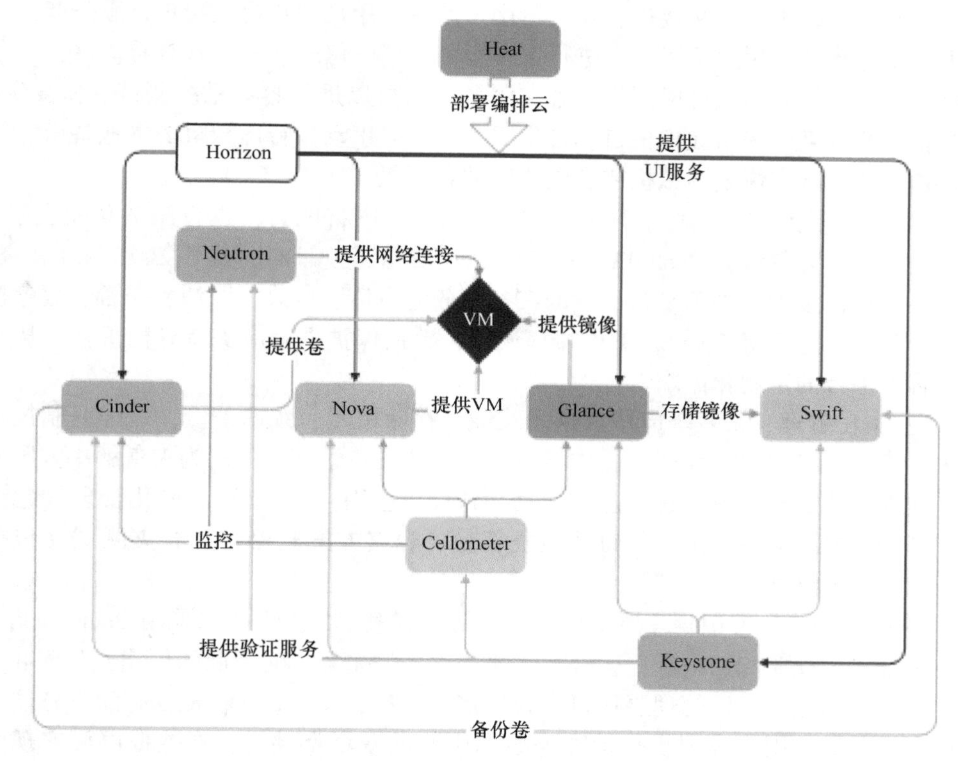

图2-43 OpenStack 整体架构图

2. 云灾备优势

云灾备解决方案结合云管理平台、数据保护服务平台、灾备管理软件、OpenStack Cinder 接口扩展、虚拟化、存储双活、存储复制、虚拟机备份等技术，其优势如下：

（1）基于 OpenStack 架构，满足未来持续演进　基于 OpenStack 架构是云数据中心的发展趋势，可以保障客户的云数据中心灾备解决方案的可持续演进。

（2）开放架构，支持多厂商互联互通与充分利用　采用基于 OpenStack 的开放架构，实现异构虚拟机、异构服务器、异构存储等不同厂商设备之间的灾备功能、管理互联互通，保护客户现有投资。

（3）灾备服务化，租户自助部署灾备　对于租户或不同业务部门，可根据业务对连续性的要求，按照业务自助配置双活、主备、备份等不同的灾备（服务等级协议），将灾备建设时间从月缩短到分钟；业务部门可自助完成灾备演练、切换等，降低维护技术门槛，让业务部门对业务的连续性可控，将业务 RTO（时间恢复目标）降低到最小。

（4）端到端6层双活，保障业务零中断，数据零丢失　存储、计算、应用、网络、安全和传输6个层级采用双活设计，从架构层面实现业务的高可靠；业务跨数据中心同时读写，实现应用级双活。单个数据中心发生灾难，业务不中断，数据不丢失。

（5）HyperMetro无网关设计，精简架构，业务性能提升30%　阵列无网关双活，架构精简，降低时延；协议优化，跨数据中心交互次数降低50%，业务时延较传统方式提升30%以上。

3. 云灾备关键技术

1）云管理平台，是灾备服务的入口，提供灾备管理员门户和用户门户。灾备管理员门户提供灾备服务的编排和定义接口，发放给用户使用。用户门户提供租户自服务能力，通过对接的灾备服务接口，用户可以自助进行灾备服务申请、修改、取消和查看。

通过设置容灾策略提供对虚拟机的容灾服务，还可以进行容灾系统测试、恢复等操作。通过设置备份调度策略提供虚拟机自动备份服务，还可手动执行虚拟机的本地备份、异地复制，手动选择备份副本恢复虚拟机或者创建新的虚拟机。

2）数据保护服务平台，将底层基于OpenStack的灾备能力，进行服务化定义和封装，并对上层提供标准灾备服务RestfulAPI接口，从而支撑云管理平台提供BaaS和DRaaS的能力。数据保护平台接收云管理平台下发的灾备服务的申请、修改、取消、查看、服务执行等操作请求，并转化为下层OpenStack的接口调用，数据保护平台应支持异构平台，从而满足客户对云管理平台的定制化需求。

3）容灾备份管理，是基于应用数据一致性、存储快照、数据备份、远程复制技术，提供可视化、流程化、简单、快捷的操作与监控平台的灾备管理软件。为灾备解决方案提供应用感知（包括应用自动识别、保证应用数据一致性、应用自动拉起）、简化管理（包括可视化拓扑、基于策略的灵活保护、一键式恢复切换、容灾方案监控）和容灾测试（包括可恢复性验证和一键式测试）。

4）扩展OpenStack资源管理层接口，在云解决方案中，虚拟化层采用OpenStack资源管理框架池化计算、存储和网络资源，屏蔽厂家和设备的差异，使资源的创建、分配和释放等操作标准化和自动化。资源管理层接口应为多接口架构，支持跨OpenStack的灾备能力。通过提供存储层双活，用户虚拟机创建在跨数据中心的双活存储上，在数据层面实现数据双活；虚拟机采用HA方式部署，可以实现跨数据中心之间故障自动迁移，实现用户级虚拟机双活；通过提供存储层数据复制的软件，实现跨远距离数据中心虚拟机的灾备；通过提供存储和备份软件，实现虚拟机的本地备份和异地复制，实现虚拟机增量备份和恢复。

5）大二层网络支撑双活容灾，云灾备双活解决方案中的虚拟机采用跨站点的高可用性集群，集群节点间通过私有的心跳信令和数据同步来维护和控制节点活动状态，而这些私有的心跳信令和数据同步通常需要二层网络进行通信。同时在云灾备解决方案中虚拟机能够保持IP地址不变，实现跨站点切换及跨数据中心的二层网络互联。

6）SDN实现云灾备网络部署。在云灾备解决方案中，采用SDN技术为租户提供可自助开通、自助配置、自助管理的网络。支持用户即时开通虚拟网络，自配置虚拟网络，包括任意创建子网、网段间访问策略等，及用户之间的网络安全隔离。通过SDN控制器，实现物理/虚拟网络资源统一控制，北向实现与业界主流云平台标准对接；南向支持OPENFLOW、Netconf、OVSDB等接口，完成业务策略编排、网络建模和网络业务自动化部署。在云灾备双活解决方案中，虚拟机实现跨数据中心故障切换后，网络自动感知虚拟机新的位置，动态配置VXLAN网络，实现与原数据中心的二层网络互通。

7）数据复制及备份技术。在云灾备解决方案中，数据层面的保护是采用数据复制技术以及备份技术来实现的。在数据复制技术中，采用存储层无网关形态双活 Hyper Metro 技术，以及存储层复制技术的 Hyper Replication。通过 Hyper Metro 技术，物理上的两台存储设备在逻辑上合一，在主机层面只看到一个存储设备。两个存储设备之间实现数据的实时镜像，保证两台存储设备的数据随时一致。当其中某台存储设备故障时，另一台存储设备继续对主机提供服务，实现主机业务零中断。通过 Hyper Replication，实现生产存储向灾备存储的数据传输。当生产环境故障的时候，确保灾备环境中的存储可用，以便于快速恢复业务。

8）备份即服务（Back as a Service，BaaS）。基于 OpenStack 的云数据中心提供备份服务目录，通过统一的备份管理界面，实现多用户、自助的虚拟机备份服务。

9）容灾即服务（Disaster Recovery as a Service，DRaaS），为基于 OpenStack 的云数据中心提供容灾解决方案，用户可以为虚拟机选择双活或者主备容灾服务。租户通过云管理平台实现跨数据中心 VDC（虚拟数据中心）的管理，实现在主备中心虚拟交换机、路由器、防火墙的管理，实现对租户虚拟机块设备的信息获取、数据双活、数据复制、复制切换等，从而可以实现虚拟机容灾的配置、切换和测试。

数据中心的云灾备拓扑结构如图 2-44 所示。

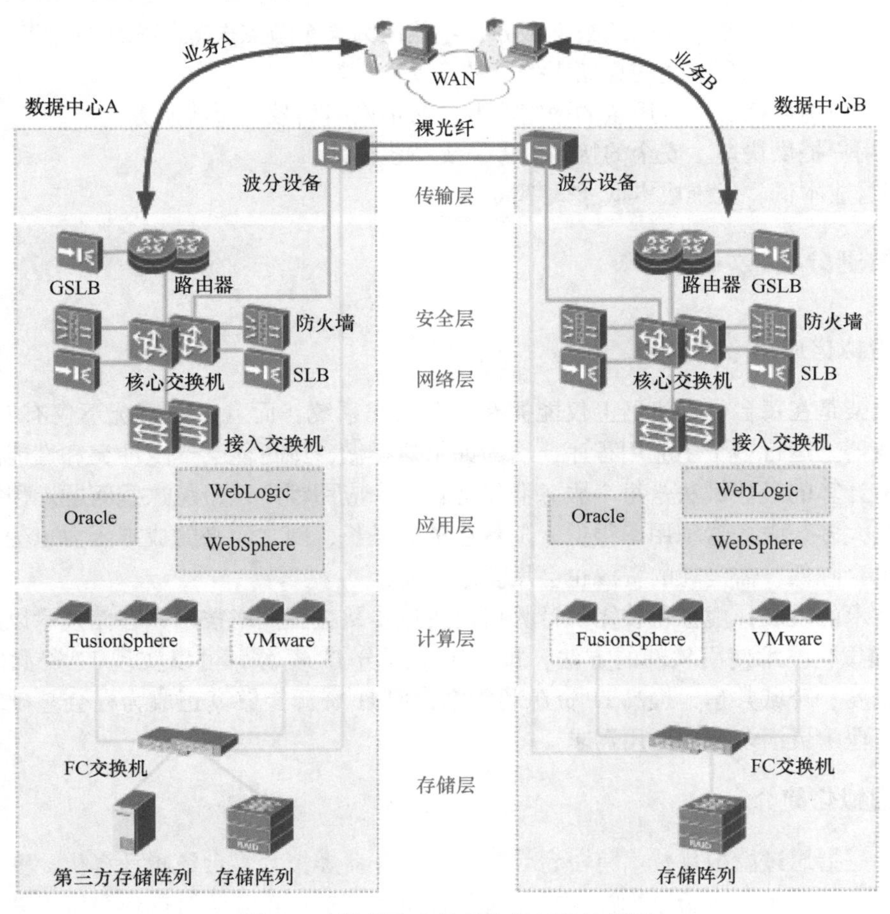

图 2-44 数据中心的云灾备拓扑结构图

10）双活数据中心解决方案指两个数据中心均处于运行状态，可以同时承担生产业务，提高数据中心的整体服务能力和系统资源利用率。业界目前有两种双活形态：AP 双活和 AA 双活。

① AP 双活：通过将业务分类，部分业务以数据中心 A 为主，数据中心 B 为热备，而部分业务则以数据中心 B 为主，数据中心 A 为热备，以达到近似双活的效果。

② AA 双活：是真正的双活，同一个双活 LUN（Logical Unit Number，逻辑单元卷标识）的所有 I/O 路径均可同时访问，业务负载均衡，故障时可无缝切换。

2.5 虚拟化系统设计

2.5.1 案例引入

为构成更大的云计算资源池，需要各系统采用虚拟化技术，使各地的应用系统能够根据需要实现各系统之间协同工作，实现无限资源的商业服务，更好地实现“大云”的商业目标，建设需求如下：

1）为用户提供快速、便捷的数据服务，不能因为某个节点失效带来服务中断。

2）为用户提供无限空间的存储服务，易于弹性部署。

3）为用户提供稳定、高质量的网络服务，防治网络失效，影响服务。

4）为用户提供快速、安全的接入服务，支持多协议。

5）部署成本低，运维成本低，效率高。

2.5.2 案例分析

一、虚拟化应用

传统构架是在每台物理机器上仅能拥有一个操作系统，而且多数情况下仅有一个负载。很难在服务器上运行多个主应用程序，因为如果这样做，则可能会产生冲突和性能问题。实际上，当前计算的最佳做法是每个服务器仅运行一个应用程序以避免这些问题。但是，这么做的结果是大多数服务器利用率很低。随着业务的增长，随之而来的成本压力也变大，相关管理效率也会降低，需消耗的资源也会增多。

随着技术的发展，虚拟化技术从计算机应用逐步覆盖至网络技术、存储技术以及大部分 IT 领域。虚拟化技术使用软件的方法，重新定义划分 IT 资源，可以实现 IT 资源的动态分配、灵活调度、跨域共享，提高 IT 资源利用率，使 IT 资源能够真正成为社会基础设施，服务于各行各业中灵活多变的应用需求。

二、虚拟化简介

虚拟化是指通过虚拟化技术将一台计算机或服务器虚拟为多台逻辑计算机，在一台计算机或服务器上同时运行多个逻辑计算机，每个逻辑计算机可单独运行操作系统，并且应用程序都可以在相互独立的空间内运行而互不影响，从而显著提高计算机的工作效率。

虚拟化是一个广义的术语，是指计算元件在虚拟的基础上而不是在真实的基础上运行，是一个为了简化管理、优化资源的解决方案。如同空旷、通透的写字楼，整个楼层没有固定的墙壁，用户可以用同样的成本构建出更加自主适用的办公空间，进而节省成本，发挥空间最大利用率。这种把有限的固定资源根据不同需求进行重新规划以达到最大利用率的思路，在 IT 领域就称为虚拟化技术。

虚拟化软件支持的操作系统有：Windows、Linux 等，似乎与所有颠覆性技术一样，服务器虚拟化技术先是悄然出现，然后突然迸发，最终因为节省能源的合并计划而得到了认可。如今，许多公司使用虚拟技术来提高硬件资源的利用率，进行灾难恢复、提高办公自动化水平。

虚拟化的优势是利用虚拟化软件将分散的、独立的网络、服务器、存储设备、应用软件等资源进行整合，形成一个服务整体，构建资源池，具有内部资源的分区、隔离、封装、相对硬件独立、互不影响、实现冗余等优势，使用虚拟化可实现低成本，高效率。

2.5.3　技术解析

一、虚拟化解析

虚拟化是指通过虚拟化技术将一台计算机虚拟为多台逻辑计算机，其实质是利用虚拟化软件实现计算机的复用，充分发挥计算机的软、硬件性能，提高计算机的工作效率，降低计算机的采购成本。

1. 虚拟化的模式

虚拟化可以通过很多技术手段实现，它不是一个单独的实体，而是一组模式和技术的集合，这些技术提供了支持资源的逻辑表示所需的功能，以及通过标准接口将其呈现给这些资源的用户所需的功能，在实现虚拟化时常常使用的一些模式和技术如下：

（1）单一资源多个逻辑表示　这种模式是虚拟化最广泛使用的模式之一。它只包含一个物理资源，但是它向消费者呈现的逻辑表示却仿佛它包含多个资源一样。用户与这个虚拟资源进行交互时就仿佛自己是唯一的用户一样，而不会考虑其正在与其他用户一起共享资源。

（2）多个资源单一逻辑表示　这种模式包含了多个组合资源，以便将这些资源表示为提供单一接口的单个逻辑表示形式。在利用多个功能不太强大的资源来创建功能强大且丰富的虚拟资源时，这是一种非常有用的模式。这种模式在数据中心建设时，经常使用在服务器集群、存储、网络设备、传输设备等领域，实际上，这就是从 IT 技术设施的角度看到的网格可以实现的功能。

（3）在多个资源之间提供单一逻辑表示　这种模式包括一个以多个可用资源之一的形式表示的虚拟资源。虚拟资源会根据指定的条件来选择一个物理资源实现，例如资源的利用、响应时间或临近程度。尽管这种模式与上一种模式非常类似，但是它们之间有一些细微的差别。首先，每个物理资源都是一个完整的副本，它们不会在逻辑表示层上聚集在一起；其次，每个物理资源都可以提供逻辑表示所需要的所有功能，而不是像前一种模式那样只能提供部分功能。这种模式的一个常见例子是数据挖掘，用户在将数据的条件请求提交给应用程序或服务时，用户并不关心到底是哪几个数据服务系统中执行的哪一个应用程序的副本为其提供服务，只是希望自己得到符合条件的数据记录。

（4）单个资源单一逻辑表示　这是用来表示单个资源的一种简单模式，就仿佛它是别的什么资源一样。启用 Web 的企业后台应用程序就是一个常见的例子，在这种情况下，不是修改后台的应用程序，而是创建一个前端来表示 Web 界面，它会映射到应用程序接口中。这种模式允许通过对后台应用程序进行最少的修改（或根本不加任何修改）来重用一些基本的功能。

（5）复合或分层虚拟　这种模式是刚才介绍的一种或多种模式的组合，它使用物理资源来提供丰富的功能集。信息虚拟化是这种模式一个很好的例子，它提供了底层所需要的功能，这些功能用于对资源（包含有关如何处理和使用信息的元数据）以及信息进行处理的操作的管理。

2. 虚拟化的作用

实施虚拟化战略的核心目的就是提高 IT 部门作为业务支持部门的工作效率，达到节约成本与提高效率并重的目的，虚拟化的主要作用如下：

（1）对 IT 基础设施进行简化，它可以简化对资源以及对资源管理的访问。IT 设施的使用者可以是最终用户（独立个体的人）、应用程序、访问资源或与资源进行交互的服务。资源是功能的实现，它可以基于标准的接口接受输入和提供输出，可以是硬件，例如服务器、磁盘、网络、仪器，也可以是软件，例如 Web 服务。

（2）访问接口标准化，使用者通过标准接口对资源进行访问。使用标准接口，可以在 IT 基础设施发生变化时将对使用者的破坏降到最低。例如，最终用户可以重用这些技巧，因为他们与虚拟资源进行交互的方式并没有发生变化，即使底层物理资源或实现已经发生了变化，他们也不会受到影响。另外，应用程序也不需要进行升级或应用补丁，因为标准接口并没有发生变化。

（3）虚拟化降低了使用者与资源之间的耦合程度，IT 基础设施的总体管理也可以得到简化。因此，使用者并不依赖于资源的特定实现。利用这种松耦合关系，管理员可以在保证管理工作对消费者产生最少影响的基础上实现对 IT 基础设施的管理。管理操作可以手工完成，也可以半自动地完成，或者通过服务等级（SLA）驱动来自动完成。

（4）虚拟化技术推动了云计算技术的发展，在虚拟化基础上，网格计算可以升级为云计算。虚拟化技术可以对 IT 基础设施进行虚拟化，升级为云网络，实现 IT 基础设施的共享和管理，动态提供符合用户和应用程序需求的资源，同时还将提供对基础设施的简化访问。

（5）虚拟化提高管理效率，从而降低成本、提高硬件使用率，把管理变得更加轻松。

3. 虚拟化的几个基本概念

1）宿主（Host Machine）：指物理机资源。

2）客户（Guest Machine）：指虚拟机资源。

3）Guest OS 和 Host OS：如果将一个物理机虚拟成多个虚拟机，则称该物理机为 Host Machine，运行在其上的 OS 为 Host OS，称多个虚拟机为 Guest Machine，运行在其上的 OS 为 Guest OS。

4）虚拟化层：通过虚拟化层的模拟，虚拟机在上层软件看来就是一个真实的机器，这个虚拟化层一般称为虚拟机监控机（Virtual Machine Monitor，VMM）。

5）寄居虚拟化：虚拟化管理软件（如 VMware Workstation）是底层操作系统的一个普通应用程序，在其上创建虚拟机，共享底层服务器资源，就称为寄居虚拟化。

6）裸金属虚拟化：也称为 Hypervisor，是指直接运行于物理硬件之上的虚拟机监控程序。它主要实现两个基本功能：首先是识别、捕获和响应虚拟机所发出的 CPU 特权指令或保护指令；其次，负责处理虚拟机队列和调度，并将物理硬件的处理结果返回给相应的虚拟机，相关软件有华为的虚拟化软件 FusionSphere、微软公司的 Hyper - V。

7）操作系统虚拟化：主机操作系统本身就负责在多个虚拟服务器之间分配硬件资源，并且让这些服务器彼此独立。如果使用操作系统虚拟化，所有虚拟服务器必须运行同一操作系统（不过每个实例有各自的应用程序和用户账户）。

二、虚拟化的实现

虚拟化是以某种用户和应用程序都可以很容易从中获益的方式来表示计算机资源的过程，而不是根据这些资源的实现、地理位置或物理包装的专有方式来表示它们，它为数据、计算能力、存储资源以及其他资源提供了一个逻辑架构，而不是物理架构，表示计算资源再分配的逻辑过程，不受实现、地理位置或底层资源的物理配置的限制。

虚拟化技术解决方案支持对一体机、服务器、存储设备、网络设备、安全设备、虚拟机、操作系统、数据库、应用软件等进行统一的管理。数据中心的虚拟化主要包含三个方面的内容：计算虚拟化、存储虚拟化和网络虚拟化。

1. 计算虚拟化

计算虚拟化需要从以下几个方面进行：

1）CPU 虚拟化：多个 VM（虚拟机）共享 CPU 资源，对 VM 中的敏感指令进行截获并模拟执行，虚拟化方法主要使用“特权解除”（Privilege Deprivileging）和“陷入-模拟”（Trap - and - Emulation）的方式，各自的特点如下：

① 特权解除：将 Guest OS 运行在非特权级（特权解除），而将 VMM（Virtual Machine Monitor）运行于最高特权级（完全控制系统资源）。

② 陷入-模拟：解除了 Guest OS 的特权后，Guest OS 的大部分指令仍可以在硬件上直接运行，只有当执行到特权指令时，才会陷入 VMM 模拟执行。

2）内存虚拟化：物理机真实的物理内存统一管理，多个 VM 共享同一物理内存，需要相互隔离。内存虚拟化的核心，在于引入客户机物理地址空间，客户机以为自己运行在真实的物理地址空间中，实际上它是通过 VMM 访问真实的物理地址的，在 VMM 中保存客户机地址空间和物理机地址空间之间的映射表。

3）I/O 设备虚拟化：多个 VM 共享一个物理设备，如磁盘、网卡，通过分时多路技术进行复用。I/O 设备虚拟化需要从以下两个方面入手，解决方案如图 2-45 所示。

① 设备发现：需要控制各虚拟机能够访问的设备。所有 VM 的设备信息保存在 Domain0 的 XenStore 中，VM 中的 XenBus（为 Xen 开发的半虚拟化驱动）通过与 Domain0 的 XenStore 通信获取设备信息，加载设备对应的前端驱动程序。

② 访问截获：通过 I/O 端口对设备的访问，前端设备驱动将数据通过 VMM 提供的接口

全部转发到后端驱动，后端驱动 VM 对数据进行分时分通道处理。

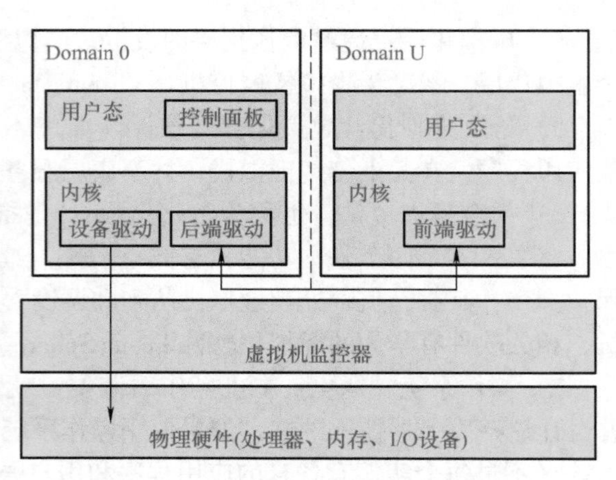

图 2-45　I/O 设备虚拟化解决方案图

计算虚拟化的本质如下：

1）分区：指虚拟化层为多个虚拟机提供独立的工作区域，每个虚拟机可以同时运行一个单独的操作系统（相同或不同的操作系统），使用户能够在一台服务器上运行多个应用程序，每个操作系统只能看到虚拟化层为其提供的“虚拟硬件”（虚拟网卡、CPU、内存等），以使操作系统认为其运行在自己的专用服务器上。

2）隔离：虚拟机是互相隔离的，一个虚拟机的崩溃或故障（例如操作系统故障、应用程序崩溃、驱动程序故障等等）不会影响同一服务器上的其他虚拟机。一个虚拟机中的病毒、蠕虫等与其他虚拟机相隔离，就像每个虚拟机都位于单独的物理机器上一样，可以进行资源控制以提供性能隔离，可以为每个虚拟机指定最小和最大资源使用量，以确保某个虚拟机不会占用所有的资源而使得同一系统中的其他虚拟机无资源可用，可以在单一机器上同时运行多个负载/应用程序/操作系统，而不会出现传统 X86 服务器体系结构的局限性带来的问题（如应用程序冲突、DLL 冲突等）。

3）封装：意味着将整个虚拟机（硬件配置、BIOS 配置、内存状态、磁盘状态、CPU 状态）存储在独立于物理硬件的一小组文件中。这样，用户只须复制几个文件就可以实现随时随地根据需要复制、保存和移动虚拟机。

4）相对于硬件独立：因为虚拟机运行于虚拟化层之上，所以只能看到虚拟化层提供的虚拟硬件；此虚拟硬件也同样不必考虑物理服务器的情况；这样，虚拟机就可以在任何 X86 服务器（IBM、Dell、HP 等）上运行而无须进行任何修改。这打破了操作系统和硬件、应用程序和操作系统/硬件之间的约束。

2. 存储虚拟化

存储虚拟化是指在存储设备加入逻辑卷，通过逻辑访问层访问存储资源，方便调整存储资源，提高存储资源的利用率，可以通过以下几方面实现：

1）裸设备 + 逻辑卷的方式。它是最直接的存储控制方式，当主机外接一台存储设备（SAN、磁盘阵列）时，直接在通用块层创建物理卷，再使用逻辑卷进行卷划分与管理，其原理图如图 2-46 所示。

2）存储设备虚拟化。通过存储虚拟化管理软件以及两台存储设备的能力，实现卷的维护操作，并且存储设备还可以提供一些高级业务存储，例如精简配置、快照和链接克隆，其原理图如图 2-47 所示。

3）主机存储虚拟化 + 文件系统。主机通过文件系统管理虚拟机磁盘文件，并通过虚拟化层提供很多高级业务，业务能力不依赖存储设备，这也是目前业界采用较多的虚拟化方式。该方式支持异构存储和异构服务器，且不依赖于硬件设备，但 I/O 路径较长，性能有损耗，其原理图如图 2-48 所示。

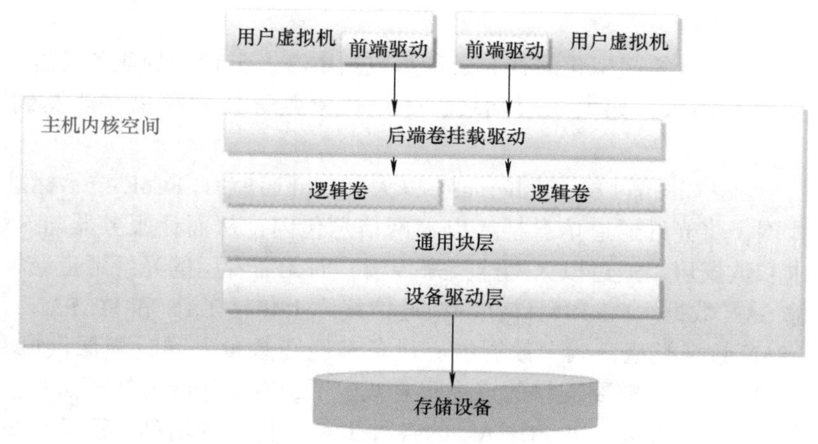

图 2-46　裸设备 + 逻辑卷原理图

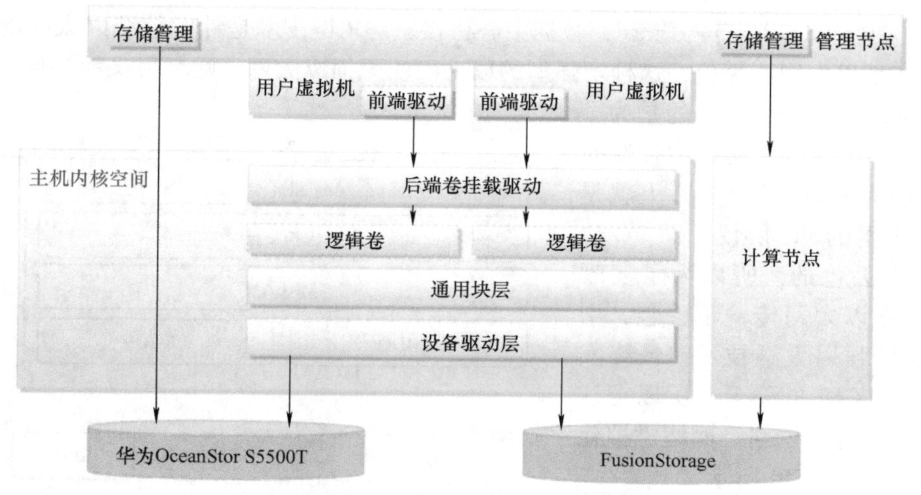

图 2-47　存储设备虚拟化原理图

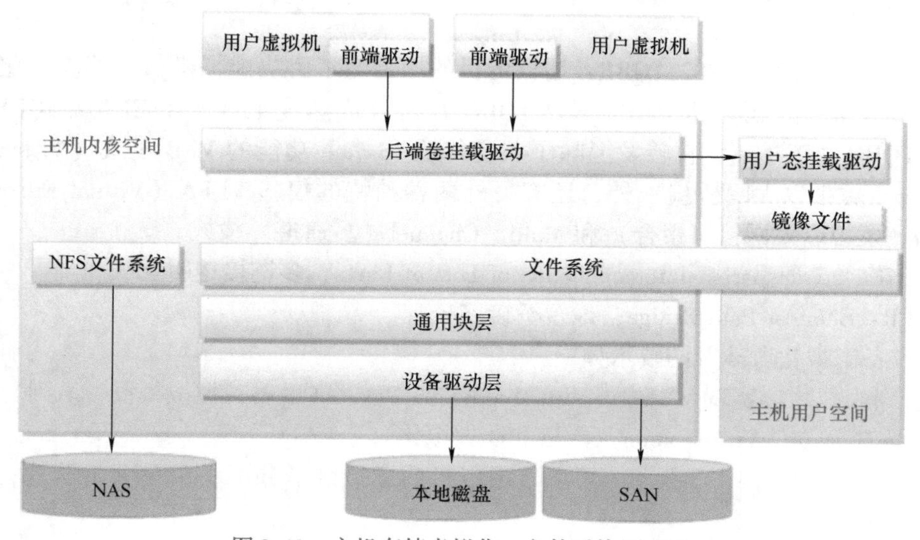

图 2-48　主机存储虚拟化 + 文件系统原理图

3. 网络虚拟化

数据中心实现了将计算虚拟化演变为云计算数据中心。云计算的业务发展，对数据中心网络模型提出了的新需求，如大二层网络、多路径覆盖等技术需求，涉及到的主要技术如下：

（1）FCoE（Fiber Channel over Ethernet，以太网光纤通道） FCoE 技术标准可以将光纤通道映射到以太网，将光纤通道信息插入以太网信息包内，从而让服务器与 SAN 存储设备的光纤通道请求和数据可以通过以太网连接来传输，而无需专门的光纤通道结构，从而可以在以太网上传输 SAN 数据。FCoE 允许在一根通信线缆上传输 LAN 和 FC SAN，融合网络可以支持 LAN 和 SAN 数据类型，减少数据中心设备和线缆数量，同时降低供电和制冷负载，收敛成一个统一的网络后，需要支持的点也跟着减少了，有助于降低管理负担。它能够保护客户在现有 FC SAN 上的投资（如 FC SAN 的各种工具、员工的培训、已建设的 FC SAN 设施及相应的管理架构）的基础上，提供一种以 FC 存储协议为核心的 I/O 整合方案。

（2）DCB（Data Center Bridge，数据中心桥接） DCB 技术是针对传统以太网的一种增强，为了实现以太网不丢包，这种增强型的以太网叫无损以太网，顾名思义就是保证以太网不丢包。实现这种网络的目的是为了保证 FCoE 协议在以太网络中传输时不丢包，因为 FCoE 技术实际上就是运行在以太网的 FC 协议，而 FC 协议是不允许丢包的，所以为了实现 FCoE 协议在以太网传输不丢包，引入了 DCB 增强以太网技术，最终实现以太网和 FCoE 的融合，所以把这样的网络称为融合网络。网络虚拟化的拓扑结构如图 2-49 所示。

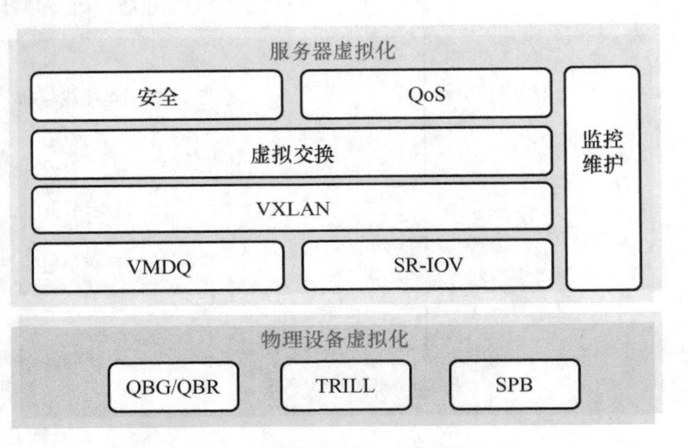

图 2-49 网络虚拟化的拓扑结构

物理设备虚拟化涉及到的协议如下：

1）IEEE802. 1QBG、802. 1QBR：协议的目的均是为了解决虚拟机与外部虚拟化网络对接、关联和感知的问题，其中 IEEE802. 1QBG 在协议成熟度上优于 IEEE802. 1QBR 协议。IEEE802. 1QBG 协议重点：在转发上除了兼容传统 vSwitch 功能的 VEB 模式（Virtual Ethernet Bridging，虚拟以太网桥接）外，还有另外两种独特的模式 VEPA（Virtual Ethernet Port Aggregator，虚拟以太网接口聚合）和 Multi－Channel（多通道）模式。

2）TRILL：Transparent Interconnection of Lots of Links，多链接透明互联。

3）SPB：Shortest Path Bridge，最短桥接路径。

交换设备虚拟化所涉及的技术如下：

1）链路虚拟化：实现 VMDQ（Virtual Machine Device Queue，虚拟机设备队列）和 SR－IOV（Single Root I/O Virtualzation，单根 I/O 虚拟化）。

① VMDQ：利用 VMDQ 技术，可以给虚拟机的虚拟网卡分配一个单独的队列，这是实现 VM 直通的基础。

② SR－IOV：一种基于硬件的虚拟化解决方案，可提高性能和可伸缩性，允许在虚拟

机之间高效共享 PCIE（Peripheral Component Interconnect Express，快速外设组件互连）设备，并且它是在硬件中实现的，可以获得能够与本机性能媲美的 I/O 性能。

2）叠加网络：VXLAN（Virtual eXtensible Local Area Network，虚拟可扩展的 LAN），实现虚拟网络与物理网络的解耦。

3）使用软件实现虚拟交换、虚拟机流量控制、安全隔离等，以及实现对 OSI 第三层至第七层的虚拟化。

4）vSwitch（virtual Switch，虚拟交换），在服务器 CPU 上实现以太二层虚拟交换的功能，包括虚拟机交换、QoS 控制、安全隔离等。

5）eSwitch（embedded Switch，嵌入式交换），在服务器网卡上实现以太网二层虚拟交换的功能，包括虚拟机交换、QoS 控制、安全隔离等。

2.5.4　能力拓展

一、虚拟化技术分类

虚拟化概念并不是新概念，早在 20 世纪 70 年代，大型计算机就一直在同时运行多个操作系统实例，每个实例也彼此独立。不过直到当今，软硬件方面的进步才使得虚拟化技术有可能出现在基于行业标准的大众化 X86 服务器上。

如今数据中心管理人员面临的虚拟化解决方案种类繁多，有些是专有方案，而有些是开源方案。按照业务需求，虚拟化分为完全虚拟化、准虚拟化、系统虚拟化和桌面虚拟化。

1. 完全虚拟化

在完全虚拟化的环境下，最流行的虚拟化方法是使用名为 Hypervisor 的一款软件，Hypervisor 运行在裸硬件上，充当主机操作系统；而由 Hypervisor 管理的虚拟服务器运行客户端操作系统（Guest OS）。Hypervisor 运行在物理服务器和操作系统之间的中间软件层，可允许多个操作系统和应用共享一套基础物理硬件，因此也可以看作是虚拟环境中的“元”操作系统，它可以协调访问服务器上的所有物理设备和虚拟机，也叫虚拟机监视器（Virtual Machine Monitor），Hypervisor 是所有虚拟化技术的核心。Hypervisor 的基本功能是非中断地支持多工作负载迁移，当服务器启动并执行 Hypervisor 时，会给每一台虚拟机分配适量的内存、CPU、网络和磁盘，并加载所有虚拟机的客户操作系统。VMware 和微软的 Virtual PC 是代表该方法的两个商用产品，而基于核心的虚拟机（KVM）是面向 Linux 系统的开源产品。

Hypervisor 可以捕获 CPU 指令，为指令访问硬件控制器和外设充当中介。因而，完全虚拟化技术几乎能让任何一款操作系统不用改动就能安装到虚拟服务器上，而它们不知道自己运行在虚拟化环境下。Hypervisor 主要缺点是给处理器带来开销。

2. 准虚拟化

完全虚拟化是处理器密集型技术，因为它要求 Hypervisor 管理各个虚拟服务器，并让它们彼此独立。减轻这种负担的一种方法就是，改动客户操作系统，让它以为自己运行在虚拟环境下，能够与 Hypervisor 协同工作。这种方法就叫准虚拟化（para - virtualization）。

Xen 是开源准虚拟化技术的一个例子，操作系统作为虚拟服务器在 Xen Hypervisor 上运行之前，它必须在核心层面进行某些改变。因此，Xen 适用于 BSD、Linux、Solaris 及其他开源操作系统，但不适合对像 Windows 这些专有的操作系统进行虚拟化处理，因为它们无法改动。

准虚拟化技术的优点是性能高，经过准虚拟化处理的服务器可与 Hypervisor 协同工作，其响应能力几乎不亚于未经过虚拟化处理的服务器。准虚拟化与完全虚拟化相比优点明显，以至于微软和 VMware 都在开发这项技术，以完善各自的产品。

3. 系统虚拟化

实现虚拟化还有一个方法，那就是在操作系统层面增添虚拟服务器功能。Solaris Container 就是这方面的一个例子，Virtuozzo/OpenVZ 是面向 Linux 的软件方案。

虽然操作系统层虚拟化的灵活性比较差，但本机速度性能比较高。此外，由于架构在所有虚拟服务器上使用单一、标准的操作系统，管理起来比异构环境要容易。

4. 桌面虚拟化

服务器虚拟化主要针对服务器而言，而虚拟化最接近用户的是桌面虚拟化，桌面虚拟化主要功能是将分散的桌面环境集中保存并管理起来，包括桌面环境的集中下发、集中更新和集中管理。桌面虚拟化使得桌面管理变得简单，不用每台终端单独进行维护，每台终端进行更新。终端数据可以集中存储在中心机房里，安全性相对传统桌面应用要高很多。桌面虚拟化可以使得一个人拥有多个桌面环境，也可以把一个桌面环境供多人使用，节省了操作系统的授权许可（License)。另外，桌面虚拟化依托于服务器虚拟化。没有服务器虚拟化，这个桌面虚拟化的优势将完全没有了。不仅如此，还浪费了许多管理资本。

二、虚拟化厂商介绍

随着虚拟化应用变得越来越热门，此处对几大虚拟化厂商做简单介绍。

1. Citrix 公司

Citrix 公司是近年来发展非常快的一家公司，得益于云计算的兴起，Citrix 公司主要有三大产品：服务器虚拟化 XenServer，优点是便宜，管理一般；应用虚拟化 XenAPP；桌面虚拟化 Xendesktop。后两者是目前为止最成熟的桌面虚拟化与应用虚拟化产品。企业级 VDI 解决方案中不少都是结合使用 Citrix 公司的 Xendesktop 与 Xenapp。

2. IBM

在 2007 年 11 月的 IBM 虚拟科技大会上，IBM 就提出了“新一代虚拟化”的概念。IBM 虚拟化有以下两个特点：第一，IBM 丰富的产品线，使其对自有品牌有良好的兼容性；第二，强大的研发实力，可以提供较全面的咨询方案，只是成本过高，加上其对第三方支持兼容较差，运维操作也比较复杂，IBM 的虚拟化只是服务器虚拟化，而非真正的虚拟化。

3. VMware

做为业内虚拟化领先的厂商 VMware 公司，一直以其易用性和管理性得到了大家的认同。只是受其架构的限制，VMware 还主要是在 X86 平台服务器上有较大优势，而非真正的 IT 信息虚拟化。其本身只是软件方案解决商，而不像 IBM 与微软那样拥有自己的厂商。VMware 公司面临着多方面的挑战，这其中包括微软、XenSource（被 Citrix 收购）、Parallels 以及 IBM 公司。

4. 微软

2008 年，随着微软虚拟化的正式推出，微软已经拥有了从桌面虚拟化、服务器虚拟化到应用虚拟化、展现层虚拟化的完备的产品线。至此，其全面出击的虚拟化战略已经完全浮出水面。因为，在微软眼中虚拟化绝非简单的加固服务器和降低数据中心的成本。他还意味着帮助更多的 IT 部门最大化 ROI，并在整个企业范围内降低成本，同时强化业务持续性。这也是微软为什么研发了一系列的产品，用以支持整个物理和虚拟基础架构。

并且，近年来随着虚拟化技术的快速发展，虚拟化技术已经走出了局域网，延伸到了整个广域网。几大厂商的代理商也越来越重视对客户虚拟化解决方案需求的分析，因此也不局限于仅与一家厂商代理虚拟化产品。

5. 华为

华为作为世界上最大的通信设备生产制造厂商，其产品覆盖数据通信、云计算、存储、大数据、传输、LTE、信息安全等 ICT 行业领域。作为 ICT 行业领军企业，在虚拟化方向具有得天独厚的优势，FusionCloud 是华为云计算解决方案的整体品牌名称，主要包括：FusionInsight 大数据平台、FusionSphere 云操作系统、FusionCube 整合一体机以及 FusionAccess 桌面云等几大产品。

（1）FusionInsight 大数据平台　该平台是行业针对性很强的产品，一般要针对具体行业、具体要求定制，比较适合大型企业应用。

（2）FusionSphere 云操作系统　该平台的主要模块包括：

1）UltraVR：容灾管理软件，实现系统整体的同城或异地容灾能力。

2）HyperDP：备份管理模块，实现虚拟机级别的备份管理能力。

3）FusionCompute：计算虚拟化，实现 CPU、内存、磁盘、外设等基本要素的虚拟化，虚拟机由 FusionCompute 实现。

4）FusionStorage：存储虚拟化。将通用服务器的本地磁盘整合起来，提供分布式的 SERVER SAN 能力。

5）FusionNetwrok：网络虚拟化。实现 SDN 控制器、虚拟化 VXLAN 网关、虚拟防火墙、虚拟 DHCP 服务器，虚拟路由器等功能。

6）FusionManager：云平台管理。为 FusionCompute、FusionStorage、FusionNetwork、HyperDP 以及服务器、存储设备、交换机、防火墙等提供统一整合的管理平台。

7）OpenStack：对外提供标准的 OpenStack 管理与接口能力。

FusionSphere 产品部署架构如图 2-50 所示。

（3）FusionCube 整合一体机　它具有融、简、优等优势，其中：

融是以分布式云计算软件（FusionCompute + FusionManager + FusionStorage）为基础，提供了计算、存储、网络、虚拟平台、数据库、应用软件等融合能力，实现一站式解决方案。

简是指 FusionCube 提供了资源完全共享，无缝平滑扩容，一站式应用平台，提供端到端的精简管理部署。

优主要是指 FusionCube 通过提供创新的存储架构（FusionStorage）和分布式的软件定义存储，提供高性能存储能力。

（4）FusionAccess 桌面云　提供从终端到虚拟机的远程桌面连接，进行用户身份鉴权、会话建立与管理。

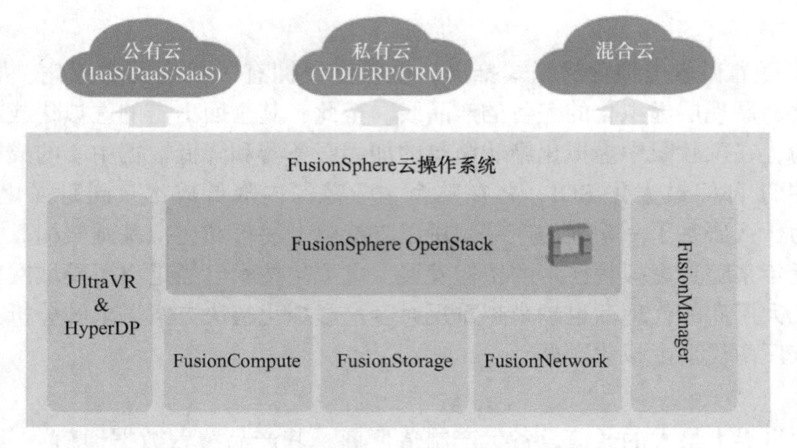

图 2-50　FusionSphere 产品部署架构图

对于任何虚拟化环境来说，一个非常重要的方面是减少动态的和复杂的 IT 基础设施的管理和维护需求。另外，通过软件和工具实现的模式和技术都支持这些管理任务。这些模式和技术的组合可以实现以下功能：

1）为 IT 基础设施中所有资源的管理访问提供单一且安全的接口，允许管理员对所有资源进行诊断、配置和修改管理，发现并维护可用资源目录，监视资源并记录它们平时的健康状况。

2）当某个条件达到已建立的上限值时，触发器就会执行相应操作，此时执行的操作可能包括通知管理员手工做出响应，也可能是根据正确的条件自动进行响应。

3）根据资源的使用情况、可用性和服务级别要求提供资源或收回资源。

4）资源可以以手工、半自动等形式获得，或根据建立好的策略自动完成获得，并维护资源的使用和检测信息，例如，对资源消耗进行记录，提供补充最终用户或应用程序安全性的安全机制，为满足最终用户和应用程序 SLA 而记录所有资源的性能信息。

习　题　2

一、填空题

1. 服务器按照芯片组的形式分类，可分为________、________。

2. DAS（Direct Attached Storage，直接连接存储）是指将________通过连接电缆，直接连接到一台计算机上。

3. SAN 是一个专有的、集中管理的、安全的信息基础结构，它支持服务器和存储系统之间的任意连接，存储区域网是有管理的、高速的________。

4. Fabric 扁平化网络是在一个二层网络范围内，可以通过设备虚拟化技术以及跨设备链路聚合技术 M－LAG 来解决二层网络环路以及多路径转发问题，通常采用________结构。

5. 堆叠的角色分为________、________、________。

二、单选题

1. MPLS（　　）是 Internet 核心多层交换计算的最新发展，MPLS 将转发部分的标记交换和控制部分的 IP 路由组合在一起，加快了转发速度。

A. 多协议标签交换　　B. 多层交换　　C. 多路交换　　D. 广播

2. VPLS（Virtual Private LAN Service，虚拟专用局域网业务）是公用网络中提供的一种（　　）的L2VPN（Layer 2 Virtual Private Network）业务。

A. 点对点　　B. 点对多点　　C. 多点对多点　　D. 多路复用技术

3. QoS的工作流程为（　　）。

A. 流量识别、流量标记和流量处理　　B. 流量标记、流量识别和流量处理

C. 流量识别、流量处理和流量标记　　D. 流量处理、流量识别和流量标记

4. 波分多路复用分为（　　）。

A. 可见光和不可见光　　B. 无线电波和光波

C. 密集波分多路复用和稀疏波分多路复用　　D. 调频和调幅

5. I/O设备虚拟化：多个VM共享（　　）物理设备，如磁盘、网卡，通过分时多路技术进行复用。

A. 1　　B. 2　　C. 3　　D. 4

三、简答题

1. 请简述数据中心使用的SAN的功能。
2. 简述RAID0、RAID1、RAID5的特性。
3. 画图并简述Spine-Leaf扁平结构。
4. 画图并简述Overlay Fabric网络结构。
5. 简述CSS2的主要优势。
6. 画图并说明MPLS工作原理。
7. 画图并说明OpenStack工作原理。

第3章

云计算架构的系统集成

3.1 内部系统集成

3.1.1 案例引入

某移动通信公司进行数据中心建设，该建设分为数据中心内部系统集成、数据中心接入网络集成、数据中心传输与容灾网络集成、虚拟化系统集成四部分。数据中心内部服务器、存储设备等使用网络相连接，构成资源池，使各种应用系统能够根据需要获取计算力、存储空间和各种软件服务，并把这强大的计算能力分布到终端用户手中；接入网络和传输网的组合为用户提供不间断的商业服务资源，虚拟化则实现了云计算系统的商业应用。

数据中心的内部建设规划如下：

1）将服务器、存储、网络等设备进行集成。

2）采用“大二层”的设计理念进行网络建设。

3）采用虚拟化技术，实现交换机虚拟化。

4）可承载运营商内部各业务支撑系统，侧重云方式部署、全面管理监控、安全防护及隔离和高可靠性保障等。

3.1.2 案例分析

一、资源整合分类

数据中心资源整合是云计算之路上需要迈出的第一步，只有完成了数据中心的基础资源整合，才能在整合资源的基础上实现资源的重复使用，大致可从业务模式、服务模式、网络模式几方面进行。

1. 业务模式整合

数据中心的数据整合/存储整合一般是整合业务支撑的关键，通常也是最重要的资源池化，为应用系统的整合和数据容灾备份提供了可能性。由于结构化数据对 I/O 的要求很高，且通常以裸设备的方式来放置，一般会采用容量大、性能好的存储设备（FC/FCoE）来整合。

2. 服务模式整合

数据中心服务模式的整合关系到数据中心整合的各层面，从前端来看关系到客户端和服务器端的服务模式整合；从后端来看关系到服务器端和存储端运营模式的整合。在云的计算模式下双活数据中心解决方案关注数据中心之间的数据交互，这种双活数据中心的流量模型与传统的客户机到服务器的流量模型有很大的不同。

3. 网络模式整合

SDN技术是新一代云数据中心网络连接和网络安全的解决方案，它可以提高运营效率，发挥敏捷性并可实现能够快速响应业务需求的延展性，可在单一解决方案中提供大量不同的服务，包括虚拟防火墙、多租户、负载均衡和VXLAN扩展网络等。

二、大二层网络与双活架构

数据中心出于对可靠性的强烈需求，通常会采用冗余设备、冗余链路、虚拟机等技术来保障业务不会因为单点、单链路故障而中断，普通的VLAN和VPN配置无法满足动态网络调整的需求；而且在数据中心里，要求服务器做到虚拟化，虚拟机规模、虚拟器搬迁受到网络规格的限制。目前大部分数据中心的内部结构主要分为两种：L2、L3，无法满足大规模数据中心的需求。

基于新型“大二层网络”架构，融合双活架构的理念进行数据中心建设，可以满足多租户内网与虚拟机的迁移，同时只有灵活的双活架构才能实现即插即用的特殊协议的应用需求。双活解决方案指两个数据中心均处于运行状态，可以同时承担生产业务，提高数据中心的整体服务能力和系统资源利用率。

业界目前有两种双活形态：AP双活和AA双活。AP双活通过将业务分类，部分业务以数据中心A为主，数据中心A为热备，而部分业务则以数据中心B为主，数据中心A为热备，以达到近似双活的效果。AA双活则是真正的双活，同一个双活LUN（Logical Unit Number，逻辑单元卷）的所有I/O路径均可同时访问，业务负载均衡，故障时可无缝切换。

3.1.3 技术解析

一、用户典型应用场景

IETF在Overlay技术领域提出VXLAN、NVGRE（Network Virtualization using Generic Routing Encapsulation，使用通用路由封装的网络虚拟化）、STT（Stateless Transport Tunneling，无状态传输隧道）三大技术方案，大体思路均是将以太网报文承载到某种隧道层面，差异性在于选择和构造隧道的不同，而底层均是IP转发。VXLAN和STT对于现网设备而言对流量均衡要求较低，即负载链路负载分担适应性好，一般的网络设备都能对L2～L4的数据内容参数进行链路聚合或等价路由的流量均衡，而NVGRE则需要网络设备对GRE扩展头感知，并对Flow ID进行映射，需要硬件升级；STT对于TCP有较大修改，隧道模式接近UDP性质，隧道构造技术有革新性，且复杂度较高，而VXLAN利用了现有通用的UDP传输，成熟性极高。

所以总体比较，VXLAN技术具有更大优势，而且当前VXLAN也得到了更多厂家和客户的支持，已经成为 Overlay 技术的主流标准，NVGRE、STT 则不再赘述。

考虑到各类 Overlay 组网及网关角色的特点，主机/混合 Overlay 会配合集中式网关使用，网络 Overlay 会配合分布式网关使用，结合不同的网络进行控制平面的转发，支持场景如下：

场景一：主机/混合 Overlay + 集中控制模型 + 集中式网关

由于运行在内核态的虚拟交换机没有实现完整的 TCP/IP 协议栈，无法承担 VXLAN L3 网关功能，也无法支持 EVPN 协议，因此主机/混合 Overlay 组网通常会选择集中控制模型和集中式网关。在本场景中，虚拟交换机严格按照控制器下发的流表进行转发，由于不受硬件转发芯片的格式限制，控制器可以将本数据中心内主机的 L3 转发表项也下发到虚拟交换机，使其具备一部分分布式网关的功能。对于源或目的不是本数据中心内主机的情况，仍然需要送到专门的 VXLANL3 网关处理。该场景的 VXLAN L3 网关及 L2VTEP 均可使用软件网元承担，适用于传统数据中心的 SDN 改造。

场景二：网络 Overlay + 集中控制模型 + 集中式网关

与场景一相比，本方案使用硬件设备作为 VTEP，转发性能更高；缺点是硬件 VXLAN L2 网关受芯片格式限制，无法处理同一设备下接入的不同 VXLAN 间的三层转发，必须绕行到专门的 VXLAN L3 网关，流量路径不是最优。

场景三：网络 Overlay + 松散控制模型 + 分布式网关

网络 Overlay 组网通常为 Spine - Leaf 架构全硬件组网，硬件设备可以很好地支持 EVPN/VXLAN 协议，使用分布式网关也保证了硬件转发流量路径最优。该场景的转发性能高，同时分布式网关适合网络横向扩容，是新建数据中心大规模组网的理想选择。

各场景的对比见表 3-1。

表 3-1 各场景对比表

关键特性	场景一：主机/混合 Overlay + 集中控制模型 + 集中式网关	场景二：网络 Overlay + 集中控制模型 + 集中式网关	场景三：网络 Overlay + 松散控制模型 + 分布式网关
转发性能	中	高	高
流量模型	最优	存在绕行	最优
计算虚拟化兼容性	与厂商支持程度相关	好	好
组网规模	中小规模组网	中小规模组网	无限制
网络可靠性	中 控制器可靠性影响转发	中 控制器可靠性影响转发	高 转发与控制器无关
厂商支持情况	VMware、新华三技术有限公司等	华为、新华三技术有限公司等	Cisco、华为、新华三技术有限公司等

二、网络模式整合

1. 网络结构部署

以应用驱动的数据中心（ADDC）方案是新华三技术有限公司公司面向客户应用的数据中心网络解决方案，该方案简单灵活、性价比高，采用安全服务链架构，通过服务链，定义业务经过不同的安全节点，为业务提供全面的安全防护。ADDC 可实现网络和安全保护虚拟化，从而创建高效、敏捷且可延展的逻辑结构，并满足虚拟数据中心的性能和可扩展性要求。

ADDC 方案由 3 个层次组成：转发层、控制层、管理层。最下一层是转发层，负责对数据报文进行转发、封装、解封装、网络安全管理、负载均衡等，转发层的具体设备包含交换路由设备、安全设备等。控制层由 VCF（Virtual Converged Framework，虚拟融合架构）控制器组成，控制器对 Overlay 网络进行集中的控制，通过 Openflow 协议对 Overlay 设备下发流表，通过 Netconf 协议对 Overlay 设备进行策略配置下发，通过 OVSDB 对 vSwitch 进行策略配置下发。控制层往上是管理层，管理层主要作用是对用户呈现一个图形化的操作管理界面，包括 Overlay 网络与 Underlay 网络的统一拓扑、图形化的策略配置、设备的性能监控、安全事件及策略等的管理都是在管理层上实现的功能，典型的 ADDC 组网结构如图 3-1 所示。

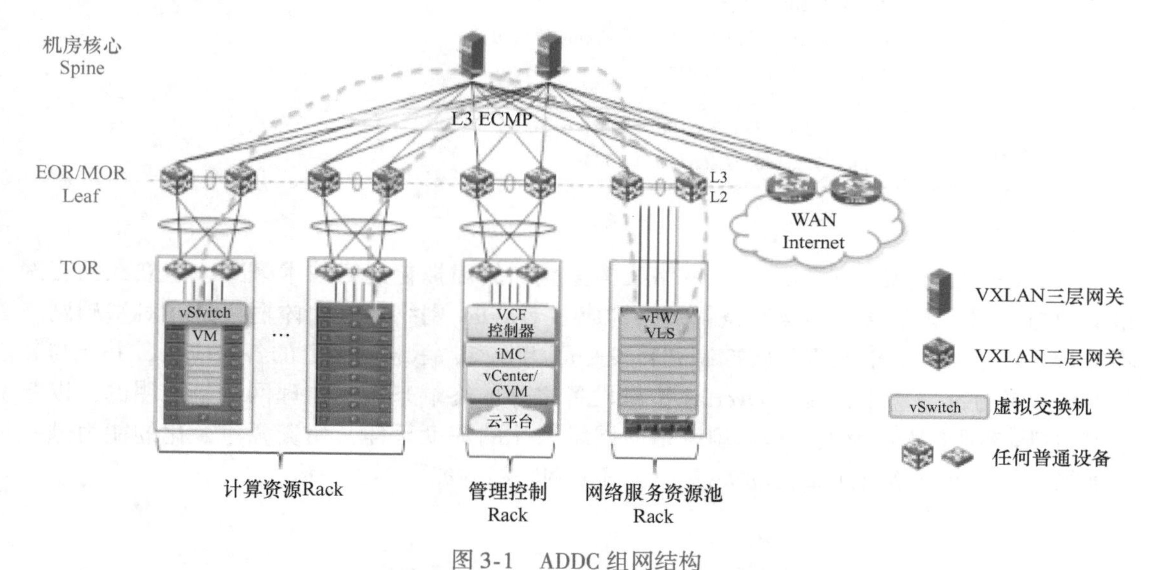

图 3-1　ADDC 组网结构

图 3-1 中各设备功能及部署层面如下：

1）转发层的设备包括 vSwitch 虚拟交换机、VXLAN 二层网关、VXLAN 三层网关、vFW、其他普通的路由交换设备。

2）控制层设备为 VCF 控制器。

3）管理层部署 VCFD（Virtual Converged Framework Director，虚拟融合架构处理器），控制层设备和管理层设备可以集中部署在网络管理区。

4）物理设备由 Director 进行管理，可一键完成基础 Underlay 网络、服务器和存储设备的自动化部署。

5）在业务网络层面，通过 VXLAN 技术构建的 Overlay 网络可以实现与物理网络的解耦，VXLAN 网络通过 SDN 控制器采用下发流表的方式指导数据转发，大大提高了网络的灵活性。

ADDC 部署方案如下：

1）对于一个用户的数据中心来说，服务器包含两种类型，即虚拟化服务器和非虚拟化服务器，虚拟化的服务器可以采用 vSwitch 作为 VTEP，非虚拟化服务器则采用支持 VXLAN 的物理交换机作为 VTEP。

2）控制平面借助新华三技术有限公司高可靠的 SDN Controller VCFC 集群实现管理和配置，VCFC 控制器集中控制 VTEP、VXLAN 二层网关和 VXLAN 三层网关；

3）Fabric 区域网络的所有设备由新华三技术有限公司 VCFCSDN 控制器 + VCFD 通过标准协议集中管理，VCFC 负责控制平面，VCFD 负责管理平面，减少了传统设备管理的复杂性。

4）当用户业务扩展时，通过集中管理用户可以方便快速地部署网络设备，完成 Overlay 和 Underlay 网络的自动化交付，便于网络的扩展和管理。

本解决方案中服务器及相关的软件配套见表 3-2 所示。

表 3-2　推荐的服务器和软件配套

硬件配套	处理器：X86 - 64（Intel64/AMD64）架构，24 核、2. 6GHz 主频及以上 内存：64GB 及以上 硬盘：512GB 及以上（根目录所在的系统分区） 网卡：支持 10Gbit/s 带宽
软件配套	Ubuntu 12. 04. 1/LTS 64bit/Desktop or Server CentOS 7. 0 1406/CentOS 7. 1 1503

2. 项目实施

（1）Overlay 网络　它是一种在网络架构上叠加的虚拟化网络技术模式，建立在已有网络上的虚拟网，依靠逻辑节点和逻辑链路构成了 Overlay 网络。其大体框架是在对基础网络不进行大规模改动的前提下，将控制和转发平面相分离，承载网络上的各种应用，并能与其他网络业务分离。对于连接在 Overlay 边缘设备之外的终端来说，物理网络是透明的，以基于 IP 的基础网络技术为主，是物理网络向网络云化的深度延伸，使资源池云化的能力进一步加强，是实现网络资源整合的关键。Overlay 网络结构如图 3-2 所示。

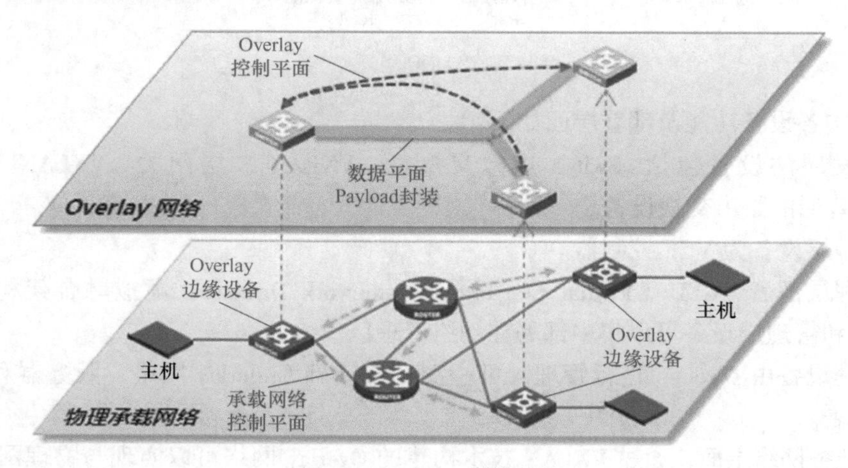

图 3-2　Overlay 网络结构

Overlay 网络分为两个平面：数据平面和控制平面。数据平面提供数据封装，基于承载网络进行数据传输，如 VXLAN 使用 MAC over UDP 封装。控制平面提供以下功能：

1）服务发现（Service Discovery）。Overlay 边缘设备互相彼此发现并确认，以便建立 Overlay 隧道关系。

2）地址通告和映射（Address Advertising and Mapping）。Overlay 边缘设备相互交换其学习到的主机可达性信息（包括但不限于 MAC 地址、IP 地址或其他地址信息），并实现物理网络和 Overlay 网络地址之间的相互映射。

3）隧道管理（Tunnel Management）。VXLAN 的控制平面通过 SDN 控制器学习，由于控制器了解整网的拓扑结构，VM 管理器知道虚拟机的位置和状态，这样，通过控制器与 VM 管理器的联动，就很容易实现基于控制器完成控制平面的地址学习，然后通过标准 OpenFlow 协议下发到网络设备。隧道管理原理图如图 3-3 所示。

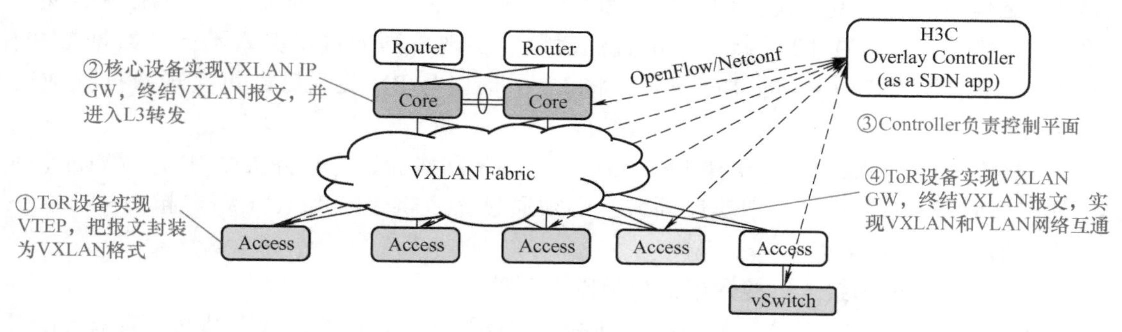

图 3-3　隧道管理原理图

（2）VXLAN　VXLAN 技术利用了现有通用的 UDP 传输，成熟性极高，优势更大，已经成为 Overlay 技术的主流标准。VXLAN 是一个网络封装机制，它从以下两个方面解决了移动性和扩展性。

1）VXLAN 是 MAC in UDP 的封装，允许主机间通过一个 Overlay 网络通信，这个 Overlay 网络可以横跨多个物理网络。这是一个独立于底层物理网络的逻辑网络，虚拟机迁移时不再需要改动物理设备的配置。

2）VXLAN 用 24bit 的标识符，表示一个物理网络可以支持 1600 万个逻辑网段。数量级大大超过数据中心 VLAN 的限制（4094）。

在以应用为驱动的数据中心体系结构中，封装工作在 VTEP 上执行，VTEP 可以是 vSwitch，也可以是物理设备。VXLAN 和非 VXLAN 主机（例如物理服务器或路由器）之间的网关服务由 VXLAN 三层网关设备执行，VXLAN 三层网关将 VXLAN 网段 ID 转换为 VLAN ID，因此非 VXLAN 主机可以与 VXLAN 虚拟服务器通信。

VXLAN 部署场景如下：

1）纯 VXLAN 部署场景，对于连接到 VXLAN 内的虚拟机，由于虚拟机的 VLAN 信息不再作为转发的依据，虚拟机的迁移也就不再受三层网关的限制，可以实现跨越三层网关的迁移。

2）VXLAN 与 VLAN 混合部署，为了实现 VLAN 和 VXLAN 之间互通，VXLAN 定义了 VXLAN 网关。VXLAN 网关上同时存在两种类型的端口：VXLAN 端口和普通端口。

VXLAN 工作过程如下：

1）当收到从 VXLAN 网络到普通网络的数据时，VXLAN 网关去掉外层包头。

2）根据内层的原始帧头转发到普通端口上。

3）当有数据从普通网络进入到 VXLAN 网络时，VXLAN 网关负责打上外层包头，并根据原始 VLAN ID 对应到一个 VNI，同时去掉内层包头的 VLAN ID 信息。

4）相应地，如果 VXLAN 网关发现一个 VXLAN 包的内层帧头上还带有原始的二层 VLAN ID，会直接将这个包丢弃。之所以这样，是因为 VLAN ID 是一个本地信息，仅仅在一个地方的二层网络上起作用，VXLAN 是隧道机制，并不依赖 VLAN ID 进行转发，也无法检查 VLAN ID 正确与否。因此，VXLAN 网关连接传统网络的端口必须配置 ACCESS 口，不能启用 TRUNK 口。

VXLAN 实施过程如下：

1）创建 NVI（Network Virtual Instance，网络虚拟实例）。它是 VTEP 上为一个 VXLAN 提供 L2 交换服务的虚拟交换实例，NVI 和 VXLAN ID 一一对应。业务接入点统一表现为一个 L2 子接口，通过在 L2 子接口上配置流封装，实现不同的接口接入不同的数据报文，广播域统一表现为 BD（Bridge Domain），将 L2 子接口与 BD 关联后即可实现数据报文通过 BD 转发。

2）配置 VNI（VXLAN Network Identifier，VXLAN 网络标识符）并关联 NVI。VXLAN 网络里的广播域是 NVI，是一个虚拟广播域，必须通过命令将 VNI 和 NVI 绑定起来，二者一一对应，通过 NVI 承载 VNI。

3）L2 子接口业务接入。接入模式分为以下两种：

① VLAN 接入模式：从本地站点接收到的、发送给本地站点的以太网帧必须带有 VLAN tag。VTEP 从本地站点接收到以太网帧后，删除该帧的所有 VLAN tag，再转发该数据帧；VTEP 发送以太网帧到本地站点时，为其添加 VLAN tag。

② Ethernet 接入模式：从本地站点接收到的、发送给本地站点的以太网帧可以携带 VLAN tag，也可以不携带 VLAN tag。VTEP 从本地站点接收到以太网帧后，保持该帧的 VLAN tag 信息不变，转发该数据帧；VTEP 发送以太网帧到本地站点时，不会为其添加 VLAN tag。

4）创建 VXLAN 隧道。VXLAN 隧道有三种类型：静态单播隧道、动态单播隧道和组播隧道。静态单播隧道是需要用户手动配置的隧道，需要用户指明目的地址和源地址，这种隧道可以转发各种类型的用户报文、已知单播、未知单播、广播和组播报文。以下为各厂家创建 VXLAN 的隧道方式：

① 新华三技术有限公司：除了静态配置外，还有自动方式，使用 ENDP（Enhanced Neighbor Discovery Protocol，增强的邻居发现协议），自动发现远端 VTEP 后，使用这个协议建立隧道，并且直接使用这个隧道实现 VXLAN 隧道。

② Cisco：VTEP 有两种接口：switch 接口和 IP 接口，switch 接口就是与用户相连的端口；IP 接口用来发现 VTEP 和学习 MAC 地址。从 IP 接口的描述和命令实现来看，这里新增了一个 NVE 接口的概念，类似于隧道，配置源 IP 和组播 group 地址，关联 VXLAN，自动探测远端 VTEP。

③ 华为：也是要创建 NVE 接口，配置源 IP 和头端复制列表，注意这里的 IP 地址需要和 VXLAN tunnel 的源/目的 IP 一致。

5）隧道加入，VXLAN 有两种方式：手动加入和自动加入。VXLAN 扩展了 IS - IS 协议来发布 VXLAN ID 消息，VTEP 在所有 VXLAN 隧道上通过 VXLAN IS - IS 将本地存在的 VXLAN 的 ID 通告给远端 VTEP。远端 VTEP 将其与本地的 VXLAN 进行比较，如果存在相同的 VXLAN，则将该 VXLAN 与接收该信息的 VXLAN 隧道关联。

6）采用 VXLAN 动态隧道的话，隧道可自动与 VXLAN 关联。

7）VXLAN MAC 表项。VXLAN 的 MAC 表学习方法有两种：静态配置和动态学习，其中：

① 静态配置：用户通过命令行配置一个 MAC，并指定 VSI 和 VXLAN 隧道。

② 动态学习：分为流量触发 MAC 学习与 IS - IS 通告 MAC 学习两种。

8）VXLAN 的数据平面和控制平面的机制如下：

① 数据平面——隧道机制：VTEP 为虚拟机的数据包加上了层包头，这些新的报头只有在数据到达目的 VTEP 后才会被去掉。中间路径的网络设备只会根据外层包头内的目的地址进行数据转发，对于转发路径上的网络来说，一个 VXLAN 数据包跟一个普通 IP 包相比，除了数据帧长度大之外没有区别。由于 VXLAN 的数据包在整个转发过程中保持了内部数据的完整，因此 VXLAN 的数据平面是一个基于隧道的数据平面。VXLAN 数据帧结构如图 3-4 所示。

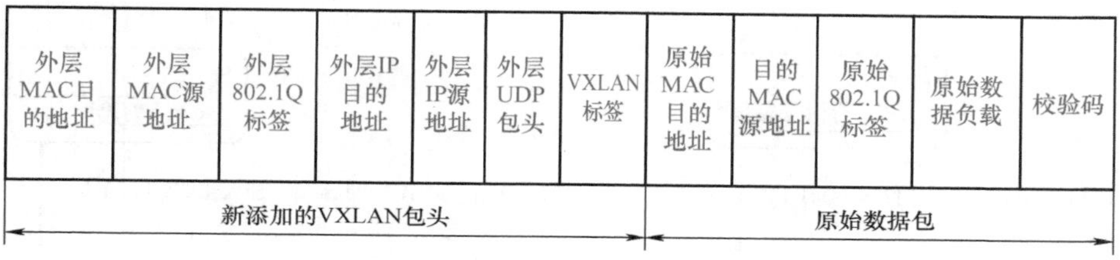

外层MAC目的地址	外层MAC源地址	外层802.1Q标签	外层IP目的地址	外层IP源地址	外层UDP包头	VXLAN标签	原始MAC目的地址	目的MAC源地址	原始802.1Q标签	原始数据负载	校验码
新添加的VXLAN包头							原始数据包				

图 3-4　VXLAN 数据帧结构

② 控制平面——改进的二层协议：VXLAN 不会在虚拟机之间维持一个长连接，所以 VXLAN 需要一个控制平面来记录对端地址可达情况，控制平面的表为（VNI，内层 MAC，外层 IP 地址）。VXLAN 学习地址的时候仍然保存着二层协议的特征，节点之间不会周期性交换各自的路由表，对于不认识的 MAC 地址，VXLAN 依靠组播来获取路径信息（如果有 SDN Controller，可以向 SDN 单播获取）。此外，VXLAN 还有自学习的功能，当 VTEP 收到一个 UDP 数据报后，会检查自己是否收到过这个虚拟机的数据，如果没有，VTEP 就会记录源 VNI/源外层 IP/源内层 MAC 对应关系，避免组播学习。

综上所述，VXLAN 通过使用 MAC - in - UDP 封装技术，为虚拟机提供了位置无关的二层抽象，能够使主机部署与物理位置解耦、Underlay 网络和 Overlay 网络解耦，终端能看到的只是虚拟的二层连接关系，完全意识不到物理网络限制。

更重要的是，这种技术支持跨传统网络边界的虚拟化，由此支持虚拟机可以自由迁移，甚至可以跨越不同地理位置数据中心进行迁移，如此一来，可以支持虚拟机随时随地接入，不受实际所在物理位置的限制。

所以 VXLAN 的位置无关性，不仅使得业务可在任意位置灵活部署，缓解了服务器虚拟化后相关的网络扩展问题；而且使得虚拟机可以随时随地接入、迁移，是网络资源池化的最佳解决方式，可以有力地支持云业务、大数据、虚拟化的迅猛发展。

（3）Overlay 网络流表路由　Overlay 网络流表路由通过使用 ARP 代答功能进行构建，对于虚拟化环境来说，当一个虚拟机需要和另一个虚拟机进行通信时，首先需要通过 ARP 的广播请求获得对方的 MAC 地址。由于 VXLAN 网络复杂，广播流量浪费带宽，所以需要在控制器上实现 ARP 代答功能，即由控制器对 ARP 请求报文统一进行应答，而不创建广播流表。

ARP 代答的大致流程如下：

1）控制器收到 OVS 上送的 ARP 请求报文，做 IP－MAC 防欺骗处理确认报文合法。

2）从 ARP 请求报文中获取目的 IP。

3）以目的 IP 为索引查找全局表获取对应 MAC。

4）以查到的 MAC 作为源 MAC 构建 ARP 应答报文。

5）通过 Packetout 下发给 OVS。

VXLAN 代答流程示例如下：

1）VXLAN 初始化，VM1 和 VM2 连接到 VXLAN 网络（VNI）100，两个 VXLAN 主机加入 IP 多播组 239.119.1.1，如图 3-5 所示。

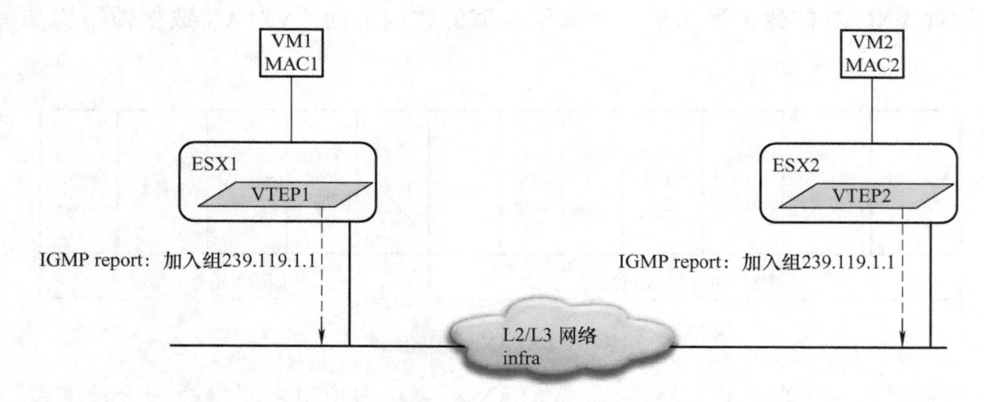

图 3-5 VXLAN 初始化

2）ARP 请求，如图 3-6 所示。

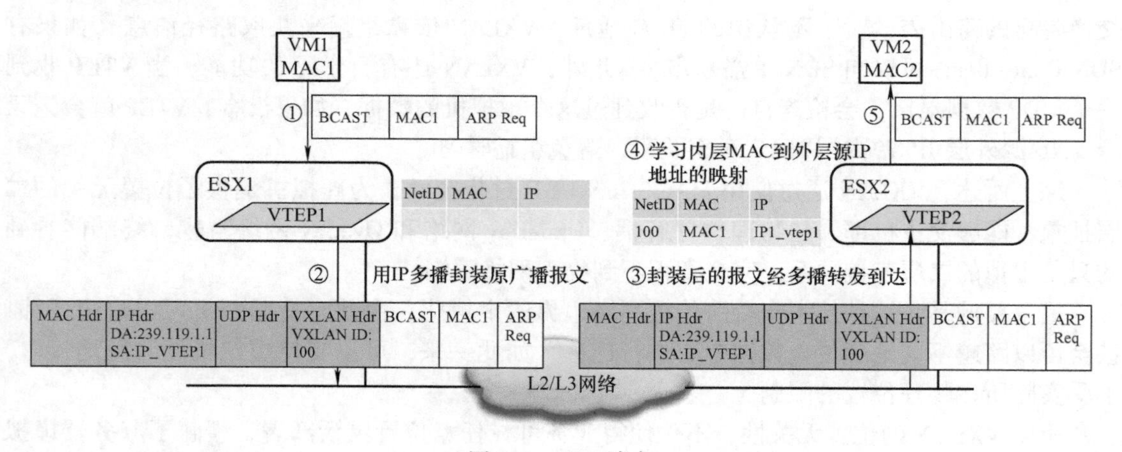

图 3-6 ARP 请求

① VM1 以广播的形式发送 ARP 请求。

② VTEP1 封装报文，打上 VXLAN 标识：100，外层 IP 头 DA 为 IP 多播组（239.119.1.1），SA 为 IP_ VTEP1。

③ VTEP1 在多播组内进行多播。

④ VTEP2 解析接收到的多播报文，填写流表（VNI、内层 MAC 地址、外层 IP 地址），并在本地 VXLAN 标识为 100 的范围内广播。

⑤ VM2 对接收到的 ARP 请求进行响应。

3）ARP 应答，如图 3-7 所示。

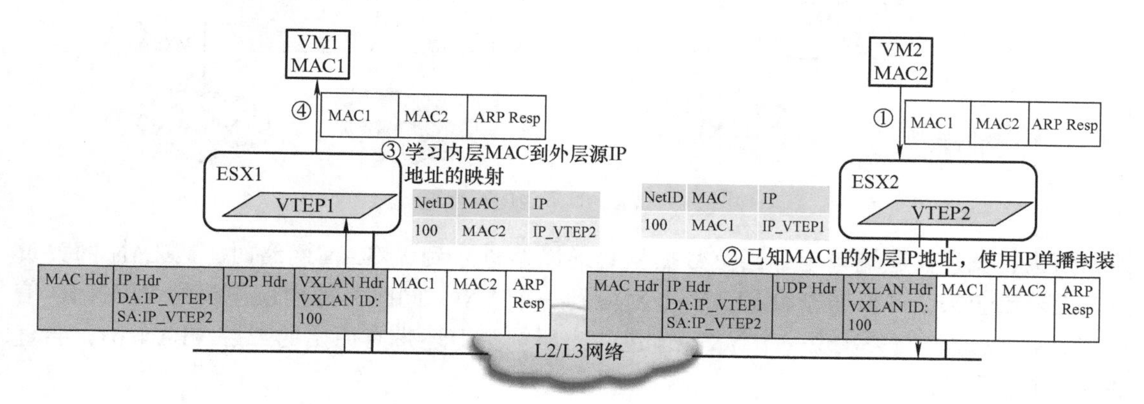

图 3-7　ARP 应答

① VM2 准备 ARP 响应报文后向 VM1 发送响应报文。

② VTEP2 接收到 VM2 的响应报文后把它封装在 IP 单播报文中（VXLAN 标识依然为 100），然后向 VM1 发送单播。

③ VTEP1 接收到单播报文后，学习内层 MAC 到外层 IP 地址的映射，解封装并根据被封装内容的目的 MAC 地址转发给 VM1。

④ VM1 接收到 ARP 应答报文，ARP 交互结束。

4）VM1 与 VM2 交互结束后，VM1 与 VM2 之间进行数据传输，其过程如下：

① ARP 请求应答之后，VM1 知道了 VM2 的 MAC 地址，并且要向 VM2 通信（注意，VM1 是以 TCP 的方法向 VM2 发送的数据的）。VTEP1 收到 VM1 发送的数据包，用 MAC 地址从流表中检查 VM1 与 VM2 是否属于同一个 VNI。两个 VM 位于同一个 VNI 中，并且 VTEP1 已经知道了 VM2 的所有地址信息（MAC 和 IP_VTEP2）。VTEP1 封装新的数据包，然后交给上联交换机。

② 上联交换机收到服务器发来的 UDP 包，对比目的 IP 地址和自己的路由表，然后将数据报转发给相应的端口。

③ 目的 VTEP 收到数据包后检查其 VNI，如果 UDP 报中 VNI 与 VM2 的 VNI 一致，则将数据包解封装后交给 VM2 进一步处理，至此一个数据包传输完成。整个 VXLAN 相关的行为（可能穿越多个网关）对虚拟机来说是透明的，虚拟机不会感受到传输的过程。

虽然 VM1 与 VM2 之间启动了 TCP 来传输数据，但数据包一路上实际是以 UDP 的形式被转发的，两端的 VTEP 并不会检查数据是否正确或者顺序是否完整，所有的这些工作都是由 VM1 和 VM2 在接收到解封装的 TCP 包后完成的。也就是说如果被 UDP 封装的是 TCP 连接，那么 UDP 和 TCP 将作为两个独立的协议栈各自工作，相互之间没有交互。

（4）VXLAN 网络和传统网络互通　为了实现 VLAN 和 VXLAN 之间互通，VXLAN 定义了 VXLAN 网关。VXLAN 上同时存在 VXLAN 端口和普通端口两种类型端口，它可以把 VXLAN 网络和外部网络进行桥接，并完成 VXLAN ID 和 VLAN ID 之间的映射和路由。和 VLAN 一样，VXLAN 网络之间的通信也需要三层设备的支持，即 VXLAN 路由的支持，VXLAN 网关可由硬件和软件来实现。VXLAN 和 VLAN 互通如图 3-8 所示。

当收到从 VXLAN 网络到普通网络的数据时，VXLAN 网关去掉外层包头，根据内层的

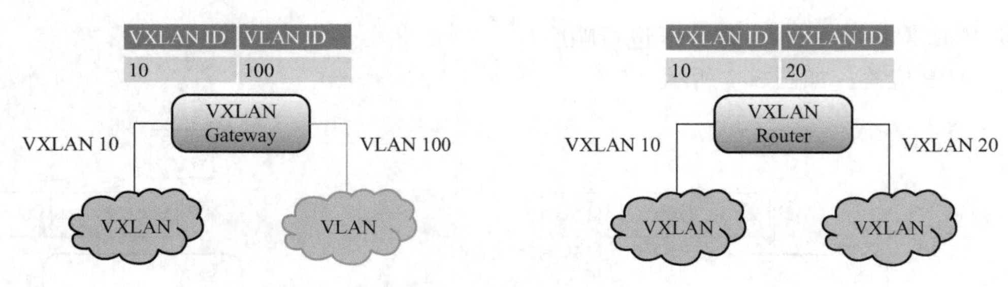

图 3-8 VXLAN 和 VLAN 互通

原始帧头转发到普通端口上；当有数据从普通网络进入到 VXLAN 网络时，VXLAN 网关负责打上外层包头，并根据原始 VLAN ID 对应到一个 VNI，同时去掉内层包头的 VLAN ID 信息。如果 VXLAN 网关发现一个 VXLAN 包的内层帧头上还带有原始的二层 VLAN ID，会直接将这个包丢弃。

VXLAN 网关通过 Bridge 设备来进行简单的实现，仅仅完成 VXLAN 到 VLAN 的转换，包含 VXLAN 到 VLAN 的 1 : 1、N : 1 转换；复杂的实现可以包含 VXLAN Mapping 功能实现跨 VXLAN 转发，实体形态可以是 vSwitch、TOR 交换机。

VXLAN 路由器最简单的实现可以是一个 Switch 设备，支持类似 VLAN 映射的功能，实现 VXLAN ID 之间的映射；复杂的实现可以是一个 Router 设备，支持跨 VXLAN 转发，实体形态可以是 vRouter、TOR 交换机、路由器。

3. 安全服务链部署

传统的安全防护流量走向依赖于拓扑结构，各种流量防护模式有手工配置方式，静态、分散的配置方式等。

云计算时代，通过相应的技术使得计算资源池化，计算资源可以自由调度、动态扩展，网络资源通过 VXLAN 技术可池化，那么安全作为一种重要的网络服务也需要弹性资源化，通过服务链的形式能够实现与拓扑无关的自动化部署与管理。安全服务链部署图如图 3-9 所示。

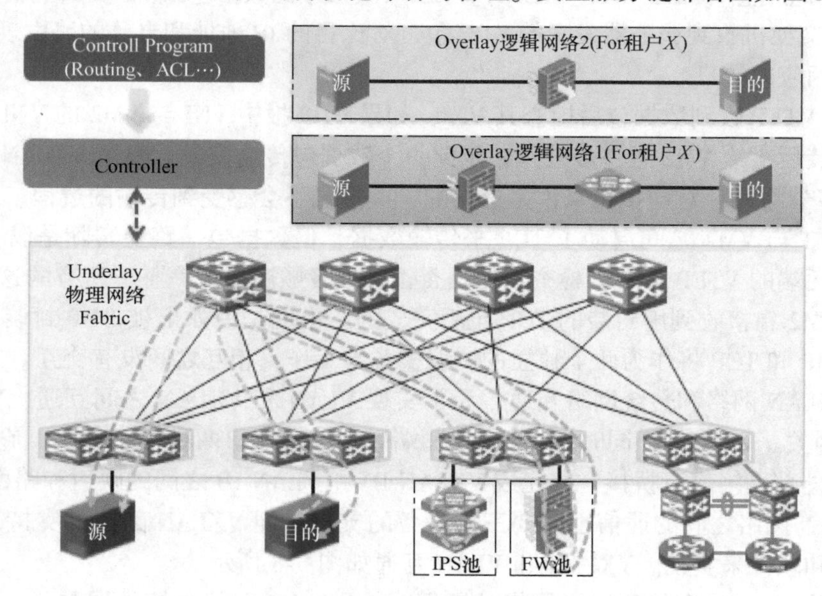

图 3-9 安全服务链部署图

网络部署中的安全资源可以是硬件安全资源，也可以是软件安全资源，还可以是虚拟化的安全资源。建议采用安全服务链的模式来部署安全策略，通过控制器定义服务链模型，实现安全部署的自动化，如图 3-10 所示。

服务链的定义由 VCF 控制器来统一定义规划，实现安全资源与拓扑无关，带来的好处有：

1）安全服务基于 Overlay 逻辑网络，无须手工配置及引流，服务自动化部署，给用户带来业务快速上线，业务迁移服务自动跟随的好处。

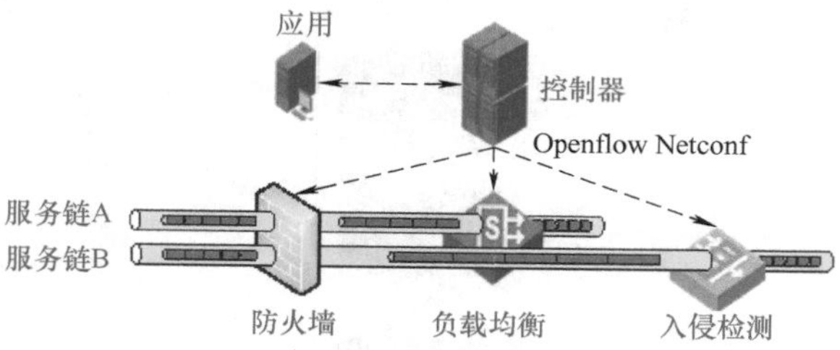

图 3-10 通过控制器定义服务链模型图

2）通过服务资源池化按需使用、线性扩展形态多样、位置无关等部署，使得业务成本降低，业务可扩展性强。

3）服务节点与转发节点分离，一次流分类，可实现按业务需求对服务进行编排。

4. VXLAN 网络安全需求

同传统网络一样，VXLAN 网络同样需要进行安全防护，VXLAN 网络的安全资源部署需要考虑两个需求：

1）VXLAN 和 VLAN 之间互通的安全控制。传统网络和 Overlay 网络中存在流量互通，需要对网络流量进行安全控制，防止网络间的安全问题。针对这种情况，可以在网络互通的位置部署 VXLAN 防火墙等安全资源，VXLAN 防火墙可以兼具 VXLAN 网关和 VXLAN 路由器的功能。

2）VXLAN ID 对应的不同 VXLAN 域之间互通的安全控制。VM 之间的横向流量安全是在虚拟化环境下产生的特有问题，在这种情况下，同一个服务器的不同 VM 之间的流量可能直接在服务器内部实现交换，导致外部安全资源失效。针对这种情况，可以考虑使用重定向的引流方法进行防护，或者直接基于虚拟机进行防护。

三、业务模式整合

数据中心的数据/存储整合一般是整合业务支撑的关键数据，通常也是最重要的结构化数据。数据/存储整合为应用系统的整合和数据容灾备份提供了可能性。由于结构化数据对 I/O 的要求很高，且通常以裸设备的方式来放置，一般会采用容量大、性能好的存储设备（FC/FCoE）来整合。

1. 资源部署

服务器系统与存储系统的部署图如图 3-11 所示。

1）维护终端通过管理网口与存储系统连接，并通过管理软件对存储系统进行管理和维护。

2）存储系统为应用服务器提供存储空间。

3）存储系统支持通过 ISCSI（Internet Small Computer Systems Interface）网络和 FC（Fibre Channel）网络与应用服务器相连。传输数据的协议规定应用服务器作为数据传输的启动器，存储系统作为数据传输的目标器。启动器向目标器发送数据读写请求指令；目标器接收和处理来自启动器的指令，并将响应信息返回给启动器。

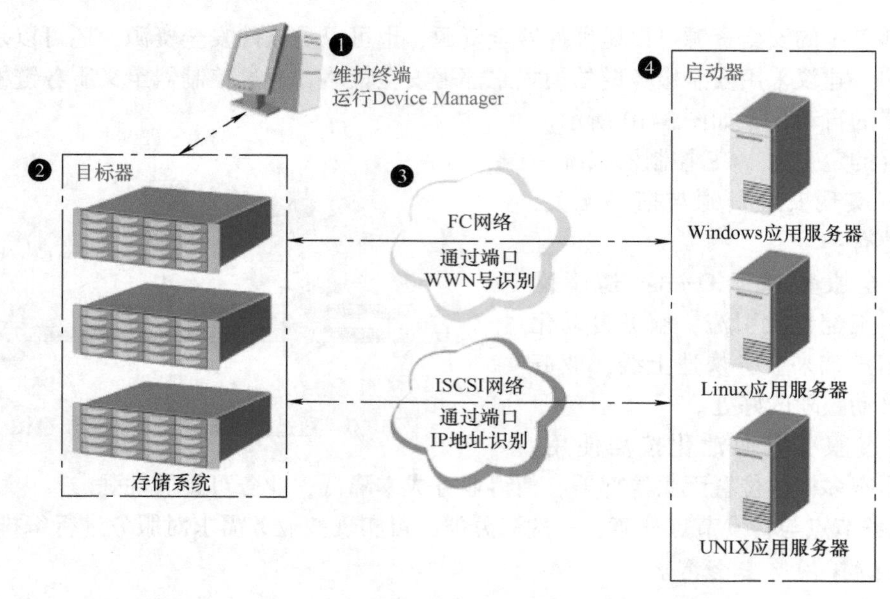

图 3-11 服务器系统与存储系统的部署图

4）应用服务器运行客户程序。存储系统支持与多种操作系统的应用服务器相连，包括 Windows 应用服务器、Linux 应用服务器（SUSE、Red Hat 等）、UNIX 应用服务器（Solaris、AIX、HP-UX 等）等。

2. 资源实施

资源实施过程图如图 3-12 所示。

1）存储系统自动识别所有硬盘。

2）硬盘域是由同类型或不同类型的硬盘组合而成的，不同硬盘域间的业务相互隔离。

3）存储池创建在硬盘域中，由若干不同性能的硬盘按照不同的 RAID 级别组成，构建逻辑上存放存储空间的容器。

4）LUN（Logical Unit Number,逻辑单元卷）从存储池中获取存储空间。LUN 是应用服务器能够识别的最小存储逻辑单元。LUN 组可以包含单个或多个 LUN。

5）主机组和 LUN 组通过映射视图建立访问关系。当主机组与 LUN 组建立了访问关系后，对应的应用服务器就能访问 LUN 了。

6）主机添加启动器后，主机与应用服务器之间建立一一对应的逻辑关系，此时应用服务器才可以使用存储系统提供的存储空间。主机组可以包含单个或多个主机。

7）应用服务器通过扫描 LUN 操作发现新的逻辑硬盘后，便可将该逻辑硬盘视为本地硬盘一样进行读写操作。

3. 虚拟机迁移

在虚拟化环境中，虚拟机故障、动态资源调度功能、服务器主机故障或计划内停机等都会造成虚拟机迁移动作的发生。虚拟机的迁移需要保证迁移虚拟机和其他虚拟机直接的业务不能中断，而且虚拟机对应的网络策略也必须同步迁移。

虚拟机迁移及网络策略如图 3-13 所示。

1）网络管理员通过虚拟机管理平台下发虚拟机迁移指令，虚拟机管理平台通知控制器

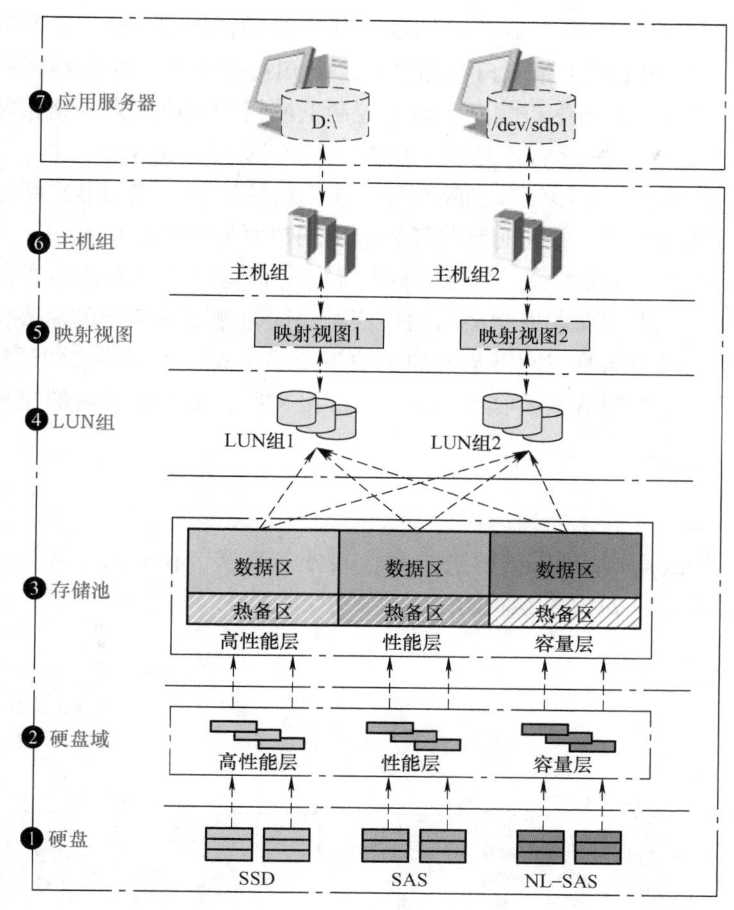

图 3-12　资源实施过程图

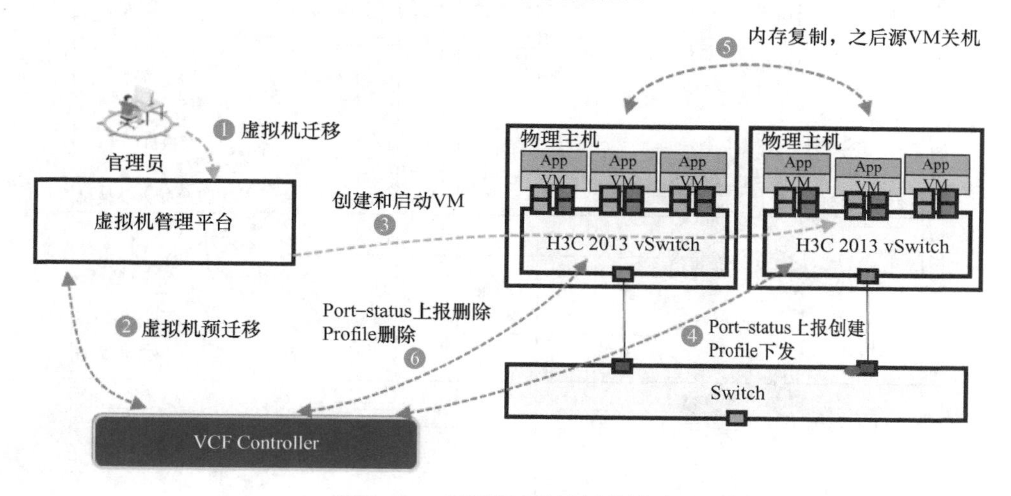

图 3-13　虚拟机迁移及网络策略

预迁移，控制器标记迁移端口，并向源主机和目的主机对应的主备控制器分布式发送同步消息，通知迁移的 VPort，增加迁移标记。同步完成后，控制器通知虚拟机管理平台可以进行迁移了。

2）虚拟机管理平台收到控制器的通知后，开始迁移，创建 VM，分配 IP 地址等资源，并启动 VM。启动后目的主机上报端口添加事件，通知给控制器，控制器判断迁移标记，迁移端口，保存新上报端口和旧端口信息。然后控制器向目的主机下发网络策略。

3）源 VM 和目的 VM 执行内存复制，内存复制结束后，源 VM 关机，目的 VM 上线。源 VM 关机后，迁移源主机上报端口删除事件，通知给控制器，控制器判断迁移标记，控制器根据信息删除旧端口信息，并同时删除迁移前旧端口对应的流表信息。

4）主控制器完成上述操作后，在控制器集群内发布删除端口消息的通知。其他控制器收到删除端口信息后，也删除本控制器的端口信息，同时删除对应端的流表信息。源控制器需要把迁移后的新端口通知给控制器集群的其他控制器。其他控制器收到迁移后的端口信息后，更新端口信息。当控制器重新收到 Packet - in 报文后，重新触发新的流表生成。

四、服务模式整合

1. AA 双活部署

AA 双活数据中心采用端到端的解决方案，共分为 6 层：存储层、计算层、应用层、网络层、安全层和传输层，如图 3-14 所示。

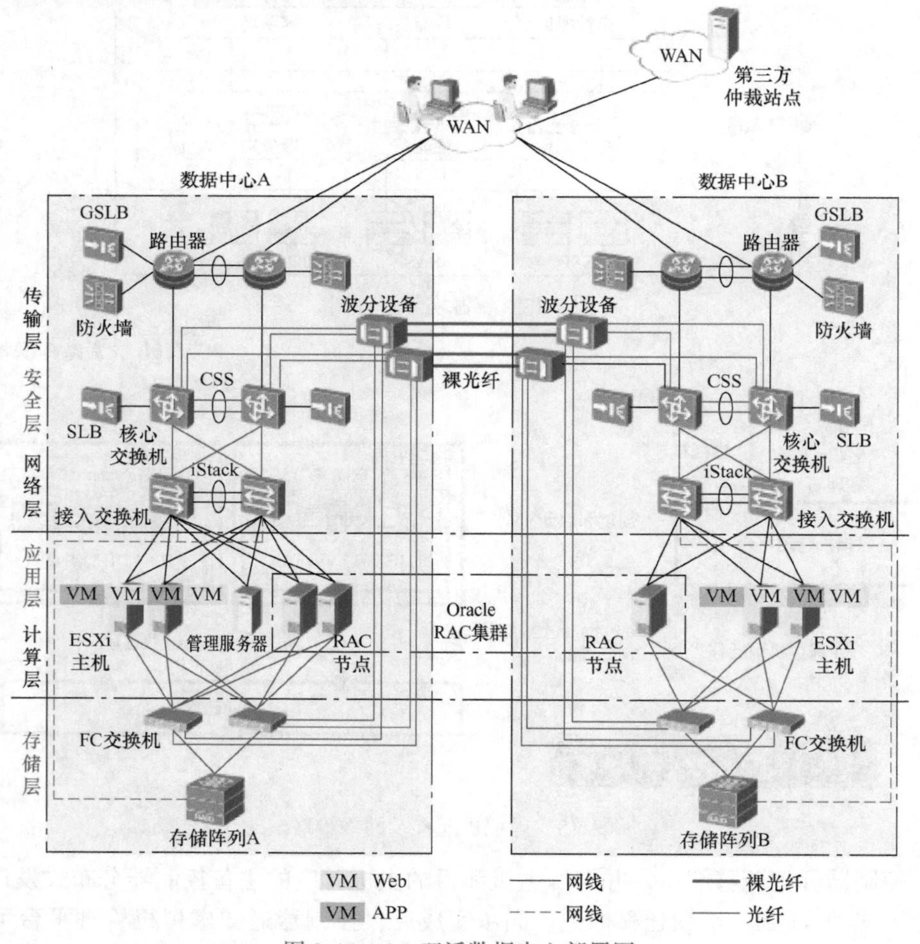

图 3-14 AA 双活数据中心部署图

各层的部署要点见表3-3。

表3-3　各层的部署要点

层　次	部署方式
存储层	跨DC的两套存储阵列组成一个存储集群，其中一台异构存储阵列接管第三方存储，使用接管后的LUN与另一台上的LUN构建双活LUN
计算层	使用虚拟化平台，跨数据中心组成虚拟主机集群
应用层	Web、App层可以部署在虚拟机或者物理机上，DC内的多台服务器组成集群，或者跨DC的多台服务器组成集群，当应用层需要使用数据库时，数据库建议在物理机上部署，与服务器组成跨数据中心的集群
网络层	采用数据中心交换机作为核心交换机，数据中心内部采用典型二层或三层物理架构组网，启用EVN形成二层通道，由核心交换机通过CSS+链路聚合接入波分设备。每个站点部署一台独立的GSLB（Global Server Load Balance，全局服务器负载均衡）实现站点间负载均衡，每个站点部署两台SLB（Server Load Balance，服务器负载均衡），组成HA集群，实现应用层服务器的负载均衡
安全层	采用防火墙，每个站点部署两台防火墙，接入核心交换机，在OTN系列DWDM设备启用传输加密功能
传输层	采用DWDM技术，每个站点部署两套波分设备，如若不能设备级冗余，则需要至少每套波分设备配置两块传输板卡，实现板卡冗余。将多路FC信号和IP信号复用到光纤链路上传输，每套波分设备通过两对裸光纤互联或OTN互联
仲裁	选择一个第三方站点部署仲裁设备和软件，软件安装在物理服务器或虚拟机上，仲裁服务器使用IP网络连接到双活数据中心的两套存储阵列

注：GSLB的作用是实现在广域网（包括互联网）上不同地域的服务器间的流量调配，保证使用最佳的服务器服务离自己最近的客户，从而确保访问质量。SLB可以看作是HSRP（热备份路由器协议）的扩展，实现多个服务器之间的负载均衡。

2. 服务模式整合实施

1）存储层通过基于两套存储设备的HyperMetro特性实现AA（Active－Active）双活，两端阵列的双活LUN数据实时同步，且双端能够同时处理应用服务器的I/O读写请求，面向应用服务器提供无差异的AA并行访问能力。当任何一台磁盘阵列故障时，业务自动无缝切换到对端存储系统，进行数据访问，业务访问不中断。

相较于AP方案，AA双活方案可充分利用计算资源，有效减少阵列间通信，缩短I/O路径，从而获得更高的访问性能和更快的故障切换速度，如图3-15所示。

HyperMetro双活架构无需额外部署虚拟化网关设备，直接使用两套存储阵列组成跨站点集群系统，最大支持32个存储控制器，即两套16控存储阵列组建双活关系。HyperMetro通过UltraPath主机多路径软件，将两台存储阵列上的双活成员LUN聚合为一个双活LUN，以多路径vdisk方式对应用程序提供I/O读写能力。

应用程序访问vdisk时，UltraPath根据选路模式，选择最佳的访问路径，将I/O请求下发到存储阵列，存储阵列的LUN空间上接收到I/O请求后，处理读I/O请求，即直接读本地Cache空间，将数据返回应用程序；处理写I/O请求，首先会进行并行访问互斥，获取写

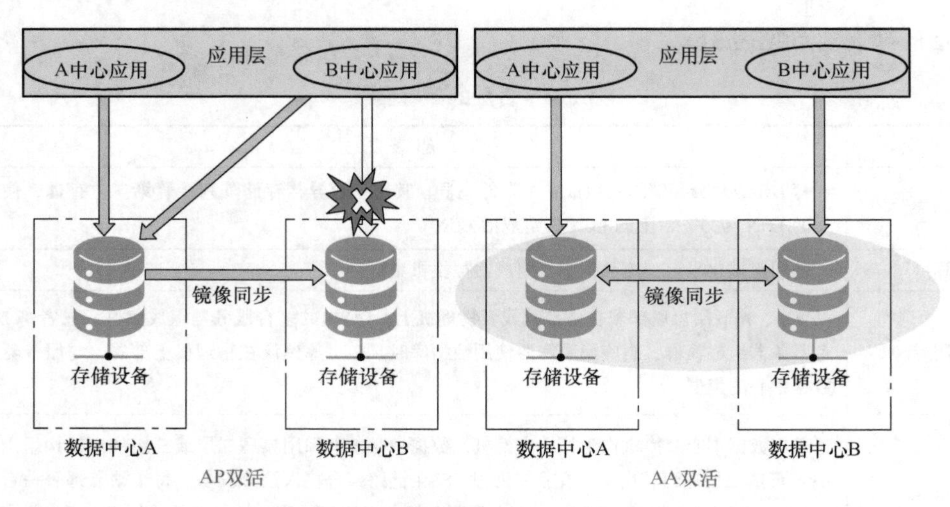

图 3-15 AP 双活与 AA 双活对比图

权限后，将 I/O 请求数据同时写入本地双活成员 LUN Cache 以及对端的双活成员 LUN Cache，双端写成功后返回应用程序，其工作过程如图 3-16 所示。

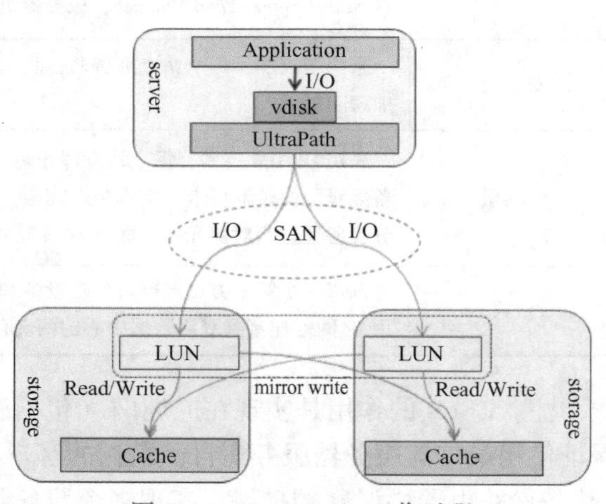

图 3-16 HyperMetro 工作过程

存储层组网采用的两套双活存储阵列之间的通信支持 FC 或 IP 链路，推荐使用 FC 链路。另外，存储阵列和仲裁服务器之间的链路采用更易于获取的 IP 链路，如图 3-17 所示。

2）计算层双活，通过物理机部署跨数据中心的集群，可以保证在各种故障场景下，快速完成业务切换，提供零中断零丢失的业务访问。常见的虚拟化集群技术，有以下突出的特点：

① HA 重启恢复虚拟机，业务有短暂中断，发生宿主机故障时，运行其上的虚拟机在其他宿主机上自动重启恢复。该虚拟机业务会有短暂中断，虚拟机内存数据会丢失。

② 虚拟机集群资源利用率提升数十倍，一台物理宿主机上能运行几台甚至几十台虚拟机，提供极高的资源利用率。

由此可见，解决虚拟机 HA 时，业务中断是需要解决的首要问题，否则双活零业务中断无法满足。前述我们使用了负载均衡设备，可以实现在双活数据中心实现业务负载均衡，此时虚拟机上部署服务时，只需要在两个数据中心部署同样的服务，即可满足要求。因为当宿主机故障时，另一个数据中心的虚拟机上的服务可以实时接管业务。

当前，常见的几个虚拟化平台（VMware vSphere、FusionSphere）已经商用多年，稳定性和可靠性已经得到了验证。计算资源虚拟化的建议配置如下：

① 跨数据中心配置虚拟化集群，将计算资源虚拟化后，其上部署虚拟机。

② 配置 HA，使虚拟机受 HA 保护，故障时能自动恢复。

③ 配置 DRS（分布式资源调度程序），使虚拟机按业务要求更好地分布在不同宿主机上。

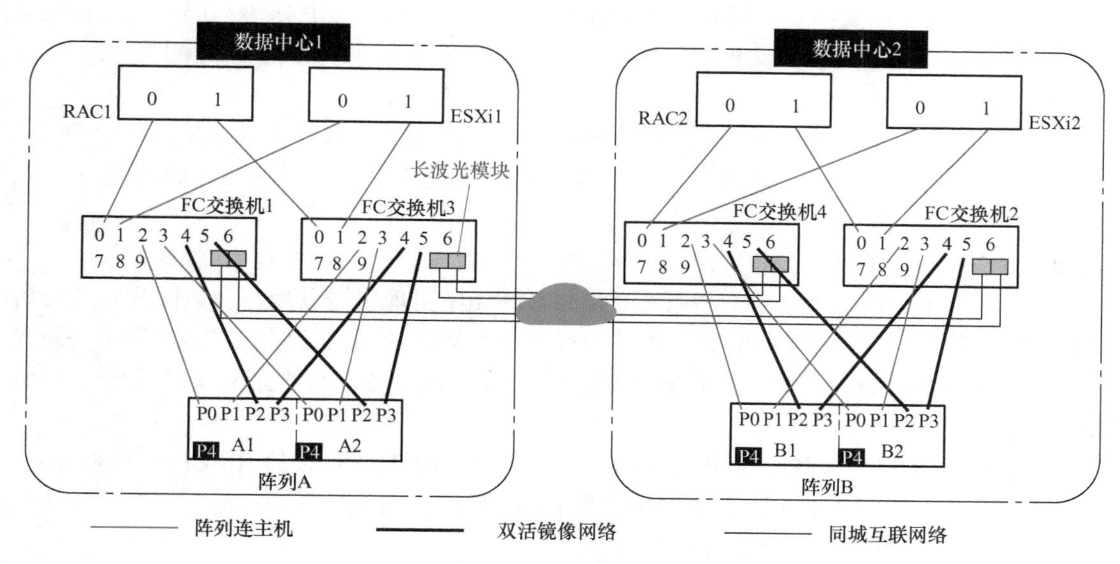

图 3-17　存储层组网图

④ 网络大二层互通，使虚拟机能无障碍跨数据中心在线迁移，提供虚拟化平台更好的维护性，日常维护时业务不受影响。

⑤ 双活存储平台提供的共享存储空间，映射给虚拟化集群的所有宿主机，以便虚拟机具备足够的灵活性。

计算层虚拟化双活改造后，虚拟机能更好地基于原计算资源负载均衡，资源利用率和运行效率能得到极大提高，新业务部署更为灵活和简单，所有虚拟机具备良好的高可靠性、在线迁移特性和易维护性。

虚拟机部署方式如下：

① B/S 应用：Web 和 App 采用虚拟机部署，虚拟机不部署集群。SLB 可以检测服务器故障，将业务分发到正常运行的服务器上。

② C/S 应用：App 如果采用虚拟机部署，虚拟机部署跨 DC 集群。

3.1.4　能力拓展

随着虚拟化技术的发展，大二层的网络架构逐步向虚拟化迁移。网络虚拟化基础组网是 EVPN 分布式网关组网，该组网基于全硬件网络 Overlay Spine - Leaf 两层架构，在 Leaf 设备上部署分布式网关，具备可靠性高、性能优、扩展性强等特点。

在此组网基础上，为了提升 Fabric 出口 Border 设备的可靠性，满足用户特定组网需求，进一步细分为 Leaf Border（支持多 Border）组网和 Spine Border（支持多 Border）组网。主要的技术如下。

一、EVPN 分布式网关组网

1. 控制平面实现

EVPN 分布式网关组网的控制平面由 Spine 及 Leaf 设备运行 EVPN 协议实现，Leaf 和 Spine 的分工如下：

1）Leaf 作为分布式网关，同时承担 VXLAN L3 网关及 L2 VTEP 角色；Leaf 间互相建立 EVPN 邻居关系，通过 MP - BGP 协议扩展，交换各自接入的主机路由和 MAC 信息，形成 VXLAN L2/L3 转发表项。

2）Spine 作为 Underlay 设备，不参与 Overlay VXLAN 转发，仅承担 EVPN 协议中的 BG-PRR 角色，将从任意 Leaf 收到的 EVPN 消息反射给其他 Leaf，提升 EVPN 协议报文交互效率。

基于上述分工，EVPN 分布式网关组网支持如下特性：

（1）VXLAN 隧道自动建立　利用 EVPN 的 BGP RR 实现邻居发现，设备间相互通告各自的 VXLAN 信息，使得所有 VTEP 设备都持有全网的 VXLAN 信息以及 VXLAN 和下一跳设备的关系；各 VTEP 设备与跟自己有相同 VXLAN 的下一跳设备自动建立 VXLAN 隧道。详细流程如下：

1）Spine 设备实现 EVPN 的 BGP RR 角色，Leaf 设备实现 EVPN 的 RR Client 角色。

2）RR Client 向 RR 发起注册（携带自身 IP/VXLAN 列表）。

3）RR 转发收到的报文给所有其他邻居。

4）RR Client 根据收到报文中的 IP/VXLAN 列表，在有相同 VXLAN id 的 VTEP 之间自动创建 VXLAN 隧道，自动关联 VXLAN 隧道和 VXLAN。

（2）VXLAN 隧道自动关联　各 VTEP 设备与跟自己有相同 VXLAN 的下一跳设备自动建立 VXLAN 隧道后，再将 VXLAN 隧道与这些相同的 VXLAN 关联。

（3）地址学习　本地 MAC 和 ARP 的学习由 Leaf 完成。本地 MAC 的学习通过以太报文的源 MAC 学习获得。本地学到 MAC 和 ARP 后，再同步到其他 Leaf 设备。

（4）地址同步　利用 EVPN 的 MP - BGP 路由协议完成 MAC 地址同步、主机路由同步两个功能。因此，在 EVPN 网络里面，不需要将 ARP 请求泛洪到网络中。详细流程如下：

1）某 VM 上线，对应 Leaf 学习到该 VM 的 MAC 和主机路由后，通过 BGP 扩展协议向 RR 同步。

2）RR 把接收到的路由更新同步给所有其他 Leaf。

3）其他 Leaf 接收到 BGP 报文，把学习到的 VM 的 MAC 和 IP 地址添加到表项中，MAC 放到相同 VXLAN 的 L2 表项中，路由放到 L3 表项中。

（5）外部路由同步　EVPN 网络构建的是一个私有网络，它也可以通过接入外网，实现跟外网通信的目的。Border Leaf 通过普通接口跟外网建立路由协议邻居，学习路由，然后在 Border Leaf 上 EVPN 可以引入这些外部路由，进而通告到 EVPN 网络中，使其他 VTEP 也能学到这些外部路由。这些路由的下一跳均指向通告此路由的 Border Leaf。当网络中存在多台 Border Leaf 时，多台 Border Leaf 都可以通告此路由，这样在远端还可以形成等价路由，以达到网络负载分担的目的。

（6）VM 迁移　VM 迁移分为如下几种：

1）迁移消息：新迁移到的 VTEP 或网关重新感知到主机/虚拟机上线，会重新通告该 MAC/IP 路由，此路由跟迁移前通告的 MAC/IP 路由的区别在于在 BGP update 消息中携带了一种新的扩展团体：MAC Mobility 扩展团体。此扩展团体里面包含一个序列号。

2）消息更新：每次迁移，迁移序列号将递增，远端在收到一个比自己序列号更大的消息时，更新自己的 MAC/IP 路由消息，下一跳指向迁移后通告此路由的 VTEP 或 GW。

3）消息撤销：原 VTEP 在收到此路由更新后，撤销之前通告的路由。

（7）ARP 抑制 ARP 抑制分为如下几种：

1）泛洪抑制：为了避免广播发送的 ARP 请求报文占用核心网络带宽，Leaf 根据从 BGP 收到的 EVPN 路由在本地建立 ARP 缓存表项，ARP 泛洪抑制功能可以大大减少 ARP 泛洪的次数。

2）ARP 代答：后续当 Leaf 收到本站点内虚拟机请求其他虚拟机 MAC 地址的 ARP 请求时，优先根据本地存储的 ARP 表项进行代理回应。

3）ARP MISS：如果没有对应的表项，则将 ARP 请求泛洪到其他 Leaf。

2. 分布式网关二层转发

数据平面使用分布式网关二层转发实现数据转发，分为以下几种：

（1）单播转发 EVPN 通过 BGP 协议通告本地学到的 MAC，远端根据 BGP 收到的 MAC 路由消息，将 MAC 分配到远端 Tunnel 上，形成单播 MAC 表项。VTEP 接收到二层数据帧后，判断其所属的 VSI，根据目的 MAC 地址查找该 VSI 的 MAC 地址表，通过表项的出接口转发该数据帧。如果出接口为本地接口，则 VTEP 直接通过该接口转发数据帧；如果出接口为 Tunnel 接口，则 VTEP 根据 Tunnel 接口为数据帧添加 VXLAN 封装后，通过 VXLAN 隧道将其转发给远端 VTEP。

（2）BUM 报文转发 除了单播流量转发，EVPN 网络中还需要转发广播、未知组播与未知单播流量，即 BUM 流量。目前 EVPN 转发 BUM 可以使用头端复制方式。VTEP 接收到本地虚拟机发送的组播、广播和未知单播数据帧后，判断数据帧所属的 VXLAN，通过该 VXLAN 内除接收接口外的所有本地接口和 VXLAN 隧道转发该数据帧。通过 VXLAN 隧道转发数据帧时，需要为其封装 VXLAN 头、UDP 头和 IP 头，将泛洪流量封装在多个单播报文中，发送到 VXLAN 内的所有远端 VTEP。VXLAN 的头端复制列表是 EVPN 自动发现并创建的，不需要手工干预。

3. 分布式网关三层转发

在 EVPN 网络中，数据平面使用分布式网关三层转发来实现。分布式网关既可以用于二层 Bridge 转发，也可以用于三层 Router，因此称为 IRB（Integrated Routing and Bridging，集成桥接和路由）。在分布式网关里面，IRB 转发可以分为非对称 IRB 和对称 IRB 两种，各自的特性如下：

（1）非对称 IRB 所谓非对称 IRB，是指在 Ingress 入口网关，需要同时做 Layer - 2 bridging 和 Layer - 3 routing 功能，而在 Egress 出口网关，只需要做 Layer - 2 bridging 功能，因此是不对称的，非对称 IRB 的技术如下：

1）转发路径：非对称 IRB 流量来回路径不一致，去程流量使用 VNI 300 对应的隧道，回程流量使用 VNI 100 对应的隧道。

2）VTEP 配置：在 VTEP 配置本地 VNI 的 VSI，还需要配置所有的和本地 VNI 在同一个 VRF 的其他 VTEP 上 VNI 的 VSI。

3）表项：VTEP 硬件转发表中包含 VRF 所含 VNI 内所有远端主机的 IP 和 MAC，以指导报文完成 VXLAN L2/L3 转发。

4）三层转发：VTEP 收到报文后，发现 DMAC 为网关 MAC，进行三层查表，将报文从源 VNI 转发到目的 VNI，内层 DMAC 切换为目的主机的 MAC，到达目的 VTEP 后，解封装后使用内层DMAC执行二层查表，将报文在目的VNI内转发到相应端口。

非对称IRB存在以下缺点：

1）配置复杂：每个VTEP上需要配置Fabric内所有的VNI的VSI信息。

2）占用表项大：每个VTEP上需要维护其下挂主机所在VRF所含VNI内的全部主机的MAC信息（包括远端主机的MAC）。

3）来回路径不一致：非对称IRB流量来回路径不一致，去程流量和回程流量使用不同的VNI完成三层转发。

（2）对称IRB 相比于非对称IRB，对称IRB是指在Ingress入口网关和Egress出口网关，都只做Layer-3 routing功能（同网段则只做桥接功能），因此是对称的，对称IRB技术如下：

1）转发路径：对称IRB流量来回路径一致，去程流量使用VNI 1000对应的隧道，回程流量使用VNI 1000对应的隧道。

2）VTEP配置：在VTEP配置本地VNI的VSI，需要配一个新类型L3 VNI，L3 VNI会有同一个VRF内的路由，三层转发的流量会在L3 VNI完成转发。

3）表项：每个VTEP上只需要维护其下挂主机所在的VNI内的MAC信息，只需要知道远端VTEP的Router MAC表项占用更少。

4）转发流程：VTEP A收到报文如果需要进行三层转发，将报文从源VNI转发到L3 VNI，内层DMAC切换为目的VTEP的RMAC-C；VTEP C解封装后发现内层DMAC为自己，将内层报文在L3 VNI所对应的VRF中做三层转发。

对称IRB具有如下优势：

1）配置简单：每个VTEP上只需要配置其下主机所在VNI的VSI信息和所在VRF的L3 VNI的VSI，配置简单，更有利于自动化部署。

2）来回路径一致：对称IRB流量来回路径一致，如去程流量使用VNI 1000对应的隧道，回程流量也使用VNI 1000对应的隧道。

4. 多Border组网

多Border组网包括Leaf Border和Spine Border，完全继承了EVPN分布式网关的控制平面和数据平面实现，与基础组网相比，主要差异在于Border设备的数量和Border的位置，其中：

1）Border部署在Spine上，Border设备必须是Overlay设备，且需要支持分布式网关，因此只要将Spine设备替换为支持分布式网关的设备，即可满足组网要求，同时也支持多个Spine同时作为Border。

2）Leaf Border的作用是将单个Border Leaf扩展到了多个。

不同租户的L3隔离是通过VRF实现的，租户主机如果需要通过Border与外网进行南北向通信，需要将租户VRF与专门的Border VRF进行路由互引操作。可以通过在Leaf和Border设备上手动配置实现路由互引，也可以通过SDN控制器的图形化界面的vRouter Link功能，将租户VRF对应的租户vRouter与Border VRF对应的Border vRouter连接起来实现路由互引。

Border数量扩展到多个后，不论其位置是Leaf或Spine，其他Leaf到Border的转发模式均可分为等价和非等价两种：

1）多出口等价模式。多台Border设备上配置同一Border VRF，在SDN控制器上对应同一Border vRouter；租户VRF与Border VRF进行路由互引后，租户VRF中的南北向流量可以经由不同 Border 转发到外网设备，实现了等价路由负载分担。

等价模式增强了 Border 的可靠性，在不使用 IRF 的情况下，多台 Border 中有部分设备宕机，并不影响租户 VRF 的南北向流量通信。

2）多出口非等价模式。在非等价模式中，首先对多台 Border 设备进行分组，同组内如有多台 Border 设备，均配置同一 Border VRF，组内形成等价模式。租户 VRF 需要选择所使用的 Border 组，并与该组 Border 的 VRF 进行路由互引，实现南北向流量转发。

非等价模式为不同租户的业务提供了更多灵活性，不同租户可以选择不同的南北向流量出口；同时归属同一组内的多台 Border 设备仍然可以形成等价模式，进行流量负载分担。

二、Underlay 自动化

Underlay 自动化功能由 Fabric Director 软件和 Spine - Leaf 网络设备配合完成。

1. Fabric 规划

开始自动化部署之前，需要先根据用户需求完成准备工作，包括以下步骤：

1）物理设备连线，安装 Director 软件，通过带外管理交换机将 Director 和物理设备管理口接入三层可达的管理网络。

2）根据用户需求完成 Underlay 网络规划，包括 IP 地址、可靠性、路由部署等规划，规划完成后，自动生成 Spine - Leaf 规划拓扑。

3）通过 Director 完成 Underlay 自动化预配置，过程如下：

① 通过 Director 完成 DHCP 服务器、TFTP 服务器的部署和参数设置。

② 基于 Spine/Leaf 角色，通过 Director 完成设备软件版本和配置模板文件的准备工作。

③ 指定 Fabric 的 RR、Border 角色，支持指定多个 Spine/Leaf 作为 Border。

2. 自动配置

Underlay 网络自动配置的目的是为 Overlay 自动化提供一个 IP 路由可达的三层网络，包括以下步骤：

1）设备上电，基于 Spine/Leaf 角色，自动获取管理 IP、版本文件、配置模板。

2）根据拓扑结构动态生成配置文件。

3）自动配置 IRF。

4）自动配置 Underlay 路由协议，可选 OSPF、ISIS。

3. 可视化部署

Director 根据 IP 地址段扫描已经上线的设备，生成 Underlay 自动化过程中的动态拓扑，并在该拓扑上实时呈现自动化状态和进度。

1）自动化开始。设备根据角色加载版本，并获取配置文件模板，开始自动化配置过程，进入设备自动化开始状态。

2）查看实时 IRF 状态。设备加入 IRF 时，支持上报设备 IRF 开始；设备加入 IRF 完成后，支持上报设备 IRF 结束；如果设备出现故障等导致 IRF 分裂，支持上报设备离开 IRF。

3）查看实时拓扑状态，支持上报设备互连接口 UP、DOWN 状态；设备互连接口获取 IP，路由收敛后，支持上报设备间 Spine 和 Leaf 链路三层连通状态，支持上报链路连通状态的整网检测结果。

4）自动化结束，支持 Fabric 自动化过程结束状态上报。

4. 资源接纳和管理

Underlay 网络自动化完成后，所有参与自动化的物理网络设备自动被 Director 纳管。

三、Overlay 自动化与 OpenStack 对接

Underlay 自动化完成后，用户可以从云平台界面按需配置虚拟网络模型，或者直接在 SDN 控制器的界面完成同样的工作，两种情况下，均由 SDN 控制器将虚拟网络模型转换为 Overlay 配置下发到设备。

当用户通过云平台进行配置时，在创建接入主机的虚拟 L2 网络时，可以选择 VLAN 网络、VXLAN 网络等类型，优先使用基于 VXLAN 的 Overlay 网络来进行对接。

1. 支持 OpenStack VLAN 网络

当租户使用 VLAN 网络时，需要提前进行的准备工作如下：

1）在 VCFC 上为该 VLAN 网络配置 VXLAN - VLAN 映射关系。

2）如果配置下发方式为预下发，配置完成后会立刻下发到指定设备的所有端口或指定端口；如果配置下发方式为按需下发，在 VM 上线后再下发到 VM 上线端口。

准备完成后，支持 OpenStack VLAN 网络工作流程如图 3-18 所示。

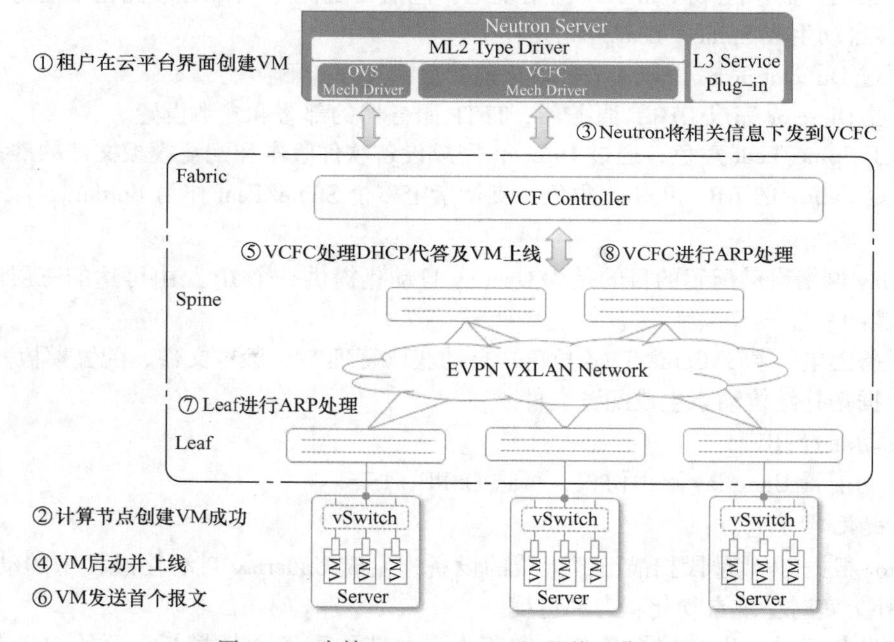

图 3-18　支持 OpenStack VLAN 网络工作流程

其中：

1）租户在云平台界面创建 VM，过程如下：

① 云平台租户根据业务需求，创建 VM，并将 VM 接入指定 VLAN，同时分配给 VM 对应 VLAN ID 及 IP 地址。

② Neutron（OpenStack 中的网络和地址管理）为该 VM 分配接入 VLAN 网络的 vPort。

③ Nova（OpenStack 中的 Compute）将 VM 创建请求下发到选定计算节点。

2）计算节点创建VM成功，过程如下：

① 计算节点为VM分配云平台指定的计算资源配额（CPU、内存、磁盘空间等），VM创建成功。

② 计算节点上运行的Nova Agent通知Nova组件VM创建成功，Nova相关处理完成。

③ 计算节点上运行的Neutron Agent向Neutron Server请求该VM分配到的VLAN ID，并配置在vSwitch上，保证VM启动后发出的报文经由vSwitch上送到交换机时携带该VLAN ID。

3）VM创建成功，Neutron Server将分配给该VM的vPort信息、IP地址下发到SDN控制器VCFC。

4）VM创建成功后，用户启动VM，VM启动并上线，发送DHCP请求（广播报文）。

5）VCFC处理DHCP代答及VM上线，过程如下：

① 如果部署了独立DHCP服务器，不需要VCFC进行DHCP代答，则跳过此步骤。

② 如果需要VCFC进行DHCP代答，Leaf通过Openflow通道将DHCP请求上送到VCFC，VCFC使用VM创建成功时，Neutron下发的IP地址构造DHCP应答报文，经由Leaf发送给VM。

③ VCFC将VM对应的vPort状态标记为上线，如果配置下发方式是按需下发，此时会将提前在VCFC界面配置的VXLAN－VLAN映射关系下发到Leaf接入该VM的端口上。

6）VM发送首个报文前，先发送针对其目的IP的ARP请求，获取其目的IP对应的MAC地址。

7）Leaf进行ARP处理，过程如下：

① Leaf复制ARP请求上送控制器。

② Leaf根据当前配置，进行ARP代理/代答应答处理。

8）VCFC进行ARP处理，如果部署了独立DHCP服务器，VCFC未进行DHCP代答，此时该VM对应的vPort在VCFC处并未上线。VCFC收到Leaf上送的ARP请求后，将VM对应的vPort状态标记为上线，如果配置下发方式是按需下发，此时会将提前在VCFC界面配置的VXLAN－VLAN映射关系下发到Leaf接入该VM的端口上。

经过上述流程处理，租户VM创建及上线均已完成，可以基于虚拟VLAN网络进行正常通信。

对于分层网络，为了保证VM可以接入并正常使用端到端的L2虚拟网络，必须解决以下两个问题：

1）对同一VM的vPort，不同层级网络的Segment ID如何形成映射关系。

2）如果Segment ID间是静态1:1映射关系，且下层网络为VLAN网络，则端到端的二层广播域数量将受到VLAN最大数量的限制。

为了解决上述问题，OpenStack从Liberty版本开始，正式引入层次化端口绑定特性，解决方案如下：

1）通过不同Mechanism Driver的配合，为同一主机在各层网络分配对应的Segment ID。

2）下层网络（部署在接入层的VLAN网络）使用动态分配的Segment ID，过程如下：

① 在下层网络对应的Mechanism Driver中，为每个计算节点建立独立的Segment ID范围。

② 当接入某 vPort 的 VM 需要分配 Segment ID 时，上层网络（部署在汇聚层的 VXLAN 网络）分配静态 ID，下层网络从主机所在计算节点的 Segment ID 范围中分配动态 ID。

③ 当 VM（vPort）迁移到新的计算节点时，上层网络的静态 ID 保持不变，下层网络从新计算节点的 Segment ID 范围中再次分配新的动态 ID。

④ 按上述过程操作，单个计算节点上的 VM 所接入的虚拟网络不能超过 4096 个。

2. 支持 OpenStack VXLAN 网络

云平台租户使用 OpenStack VLAN 网络类型时，最多只能创建不超过 4096 个 VLAN。如果使用 OpenStack VXLAN 网络类型，在云平台上没有 VLAN 数量的限制；虚拟化网络支持层次化端口绑定特性（特别说明：由于不同虚拟化软件的限制，当前暂时只有 OpenStack + KVM 的组合支持该特性）。当租户使用 VXLAN 网络时，需要提前进行的准备工作如下：

1）在 Neutron 组件配置文件中，为每个计算节点配置独立的 VLAN 范围，不同节点的 VLAN 范围可以重叠。

2）承载 VM 的物理服务器需要启用 LLDP 协议，向 Leaf 设备定期发送 LLDP 报文（Leaf 设备的 LLDP 协议已经在 Underlay 自动化时开启）。

准备工作完成后，支持 OpenStack VXLAN 网络工作流程如图 3-19 所示。

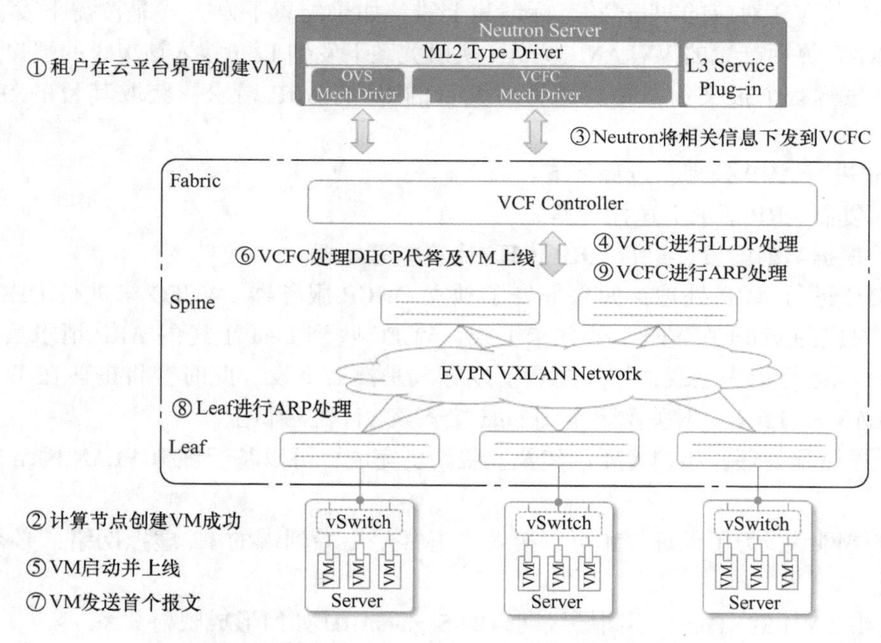

图 3-19 支持 OpenStack VXLAN 网络工作流程

其中：

1）租户在云平台界面创建 VM，工作流程如下：

① 云平台租户根据业务需求，创建 VM，将 VM 接入指定 VXLAN，并为其分配对应 VXLAN ID 及 IP 地址。

② Nova 组件将 VM 创建请求下发到选定计算节点。

③ Neutron 组件为该 VM 分配接入 VXLAN 网络的 vPort，同时从选定计算节点的 VLAN 范围中，为该 VXLAN ID 分配对应 VLAN ID。

2）计算节点创建VM成功，工作流程如下：

① 计算节点为VM分配云平台指定的计算资源配额（CPU、内存、磁盘空间等），VM创建成功。

② 计算节点上运行的Nova Agent通知Nova组件VM创建成功，Nova相关处理完成。

③ 计算节点上运行的Neutron Agent向Neutron Server请求该VM分配到的VLAN ID，并配置在vSwitch上，保证VM启动后发出的报文经由vSwitch上送到交换机时携带该VLAN ID。

3）Neutron将相关信息下发到VCFC，VM创建成功，Neutron组件的VCFC Mechanism Driver将分配给该VM的vPort信息、IP地址下发到SDN控制器VCFC。

4）VCFC处理LLDP报文，工作流程如下：

① Leaf收到计算节点定期发送的LLDP报文，将其通过Openflow通道上送给VCFC。

② VCFC收到Leaf上送的计算节点LLDP报文后，从中解析得到该计算节点当前接入的端口信息，填写到该计算节点上当前已创建VM的vPort信息中，形成完整的VXLAN－VLAN映射关系（VXLAN ID、VLAN ID、计算节点接入端口）。如果配置下发方式为预下发，立刻下发到该端口；如果配置下发方式为按需下发，在VM上线后再下发到该端口。

5）VM创建成功后，用户启动VM并上线，VM开始正常使用，发送DHCP请求（广播报文）。

6）VCFC处理DHCP代答及VM上线，工作流程如下；

① 如果部署了独立DHCP服务器，不需要VCFC进行DHCP代答，则跳过此步骤。

② 如果需要VCFC进行DHCP代答，Leaf通过Openflow通道将DHCP请求上送到VCFC，VCFC使用VM创建成功时，Neutron下发的IP地址构造DHCP应答报文，经由Leaf发送给VM。

③ VCFC将VM对应的vPort状态标记为上线，如果配置下发方式是按需下发，此时会将该vPort的VXLAN－VLAN映射关系下发到Leaf接入该VM的端口上。

7）VM发送首个报文前，先发送针对其目的IP的ARP请求，获取其目的IP对应的MAC地址。

8）Leaf进行ARP处理，工作流程如下：

① Leaf复制ARP请求上送控制器。

② Leaf根据当前配置，进行ARP代理/代答应答处理。

9）VCFC进行ARP处理，如果部署了独立DHCP服务器，VCFC未进行DHCP代答，此时该VM对应的vPort在VCFC处并未上线。VCFC收到Leaf上送的ARP请求后，将VM对应的vPort状态标记为上线，如果配置下发方式是按需下发，此时会将提前在VCFC界面配置的VXLAN－VLAN映射关系下发到Leaf接入该VM的端口上。

经过上述流程处理，租户VM创建及上线均已完成，可以基于虚拟VXLAN网络进行正常通信。

四、Overlay自动化对接独立Fabric

软件定义网络模型中，使用的SDN控制器VCFC支持OpenStack Neutron标准网络模型，用户可以选择通过云平台或VCFC界面配置虚拟网络模型，实现相同的功能，如图3-20所示。

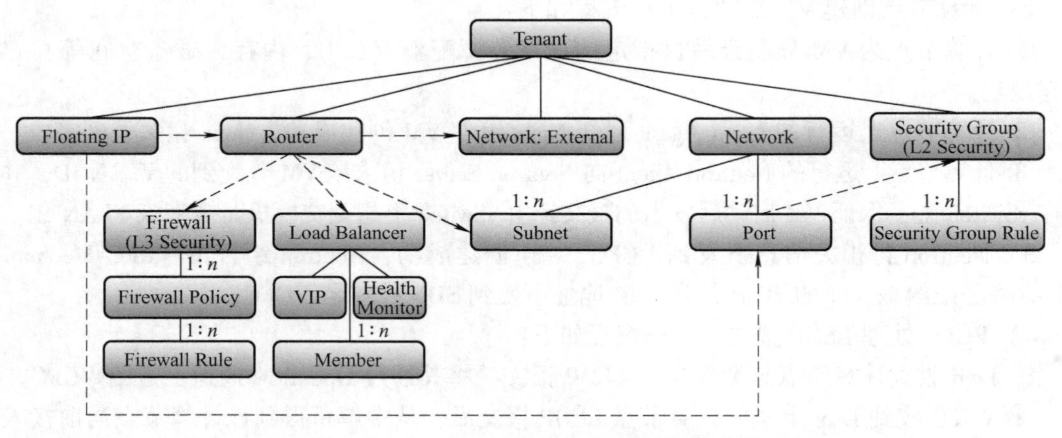

图 3-20 OpenStack Neutron 标准网络模型图

1. Overlay 配置下发到设备

VCFC 将虚拟网络模型转换为具体配置后，向纳管网元下发，配置类型有：

1）VPN 实例配置。

2）L3VNI 配置。

3）VSI 接口配置。

4）VSI 配置。

5）AC 配置（含 VXLAN－VLAN 映射关系）。

2. VCFC 下发配置的方式

按下发配置的时机，分为以下两种：

1）配置预先下发，在 VCFC 上配置完成后，立刻下发到网元，此时通常主机还未上线，并不需要使用相关配置，属于配置预先下发。

2）配置按需下发（部分），AC 配置在主机上线时下发，其他配置预先下发。

3. Fabric 接入

如果将 VCF Fabric 整体看成一台虚拟网络设备，数据中心的所有软硬件资源，包括计算及存储资源、数据中心出口的外部网络，都必须接入到 Fabric 的某个端口，才能正常使用，支持接入的资源包括：

1）支持 VM 接入：VM 通过 ARP/DHCP 报文上线，VM 迁移时支持配置及策略随迁。

2）支持外部网络接入：通过配置 Border vRouter 或服务网关组实现。

3）支持第三方防火墙接入：通过控制器下发引流策略。

3.2 接入网络集成

3.2.1 案例引入

某移动通信公司数据中心的接入网络采用 PTN 作为接入，网络满足多业务接入的应用需求；为更好地实现数据中心服务功能，采用 QoS，提高网络服务质量；采用 MPLS 作为传输协议，实现多种通信协议的兼容；采用 VPN 技术，满足信息安全传输，防止隐私泄露。接入网络实施时需完成以下几项工作：

1）接入网络的 QoS 规划。

2）采用 VPLS 或 LISP 实现数据中心之间的网络互连。

3）采用多种 VPN 接入方案，如 L2TP、SSL、IPsec，满足用户的多业务需求。

4）接入网络满足未来的云化。

3.2.2 案例分析

一、多业务接入

中国移动通信网历经 20 余年的建设，基本上覆盖全国各个角落，随着网络覆盖进一步提高以及 4G 的发展，2017 年 10 月，取消了长途、国内漫游收费业务，业务范围调整为语音业务（本地通话、国外长途、国外漫游）、短信业务、数据业务（省内、全国）、光宽带接入等。

二、多业务接入的需求

云计算时代，不论是 PaaS 还是 SaaS，云服务都是通过网络传递给远程用户的，网络服务的稳定与否直接关系到云服务本身的质量高低，可靠的网络接入是提高用户体验的基本要求，QoS 在云计算时代变得更加重要。

为满足多业务接入的需求，PTN 是理想的选择。为增强用户体验，在满足多业务接入的基础上，如何实现动态的按需接入、防止带宽抖动、防止接入响应延时等，满足接入业务所需的带宽，同时又要防止带宽浪费，这是接入网络所面临的问题。

安全是云计算业务对网络的基本要求，而稳定则是数据网络得以承载云计算业务的前提，满足多业务、多种终端接入，共享资源是提高用户体验与服务的标准。

安全、服务质量、多业务接入是此次数据中心接入网建设的核心，采用 VPN 技术提高接入安全，强化 QoS，提高服务质量，PTN 建设是基础保证。

3.2.3 技术解析

一、QoS

QoS（Quality of Service，服务质量）指一个网络能够利用各种基础技术，为指定的网络通信提供更好的服务能力，是用来解决网络延迟和阻塞等问题的一种技术。当网络过载或拥塞时，QoS 能确保重要业务量不受延迟或丢弃，同时保证网络的高效运行。

缺少或错误配置 QoS 的网络链路很容易产生丢包、抖动和时延，增加业务的响应时间，进而影响最终用户的体验。流经标准网络数据的流量，通过 QoS 的流量识别、流量标记和流量处理三个过程进行处理，针对云计算环境，依旧采用这三个过程来实现网络链路的服务质量保证，但是在实施时针对云计算的特点进行调整。在第 2 章的有关内容中已经初步探讨了流量识别、流量标记和流量处理三个过程，这里就不再阐述，主要针对运营商的特点重点阐述 QoS 流量分类与对应关系。

QoS 在云计算环境中部署的原则：依照网络 QoS 的最佳实践，流量标记应靠近产生流量的源头，即在 BBU 一侧，如果接入层设备无法满足这个要求，那么应尽可能在网络拥塞点之前做完标记，即在汇聚层完成。

1. QoS 流量分类

常用的 QoS 设计文档通常会根据性质和需求不同，将流量归到 4、8 或 12 级分类中，见表 3-4。

表 3-4 QoS 流量分类表

<table>
<tr><th>4 级分类</th><th>8 级分类</th><th>12 级分类</th></tr>
<tr><td rowspan="5">实时流媒体</td><td>语音</td><td>语音</td></tr>
<tr><td rowspan="2">交互式视频</td><td>实时互动媒体</td></tr>
<tr><td>多媒体会议</td></tr>
<tr><td rowspan="2">流媒体视频</td><td>广播视频</td></tr>
<tr><td>影音流媒体</td></tr>
<tr><td rowspan="3">信令/控制数据</td><td>呼叫控制信令</td><td>呼叫控制信令</td></tr>
<tr><td rowspan="2">其他网络控制信令</td><td>网络控制</td></tr>
<tr><td>网络管理</td></tr>
<tr><td rowspan="2">高优先级数据</td><td rowspan="2">高优先级数据</td><td>交易型数据</td></tr>
<tr><td>批量数据</td></tr>
<tr><td rowspan="2">普通数据</td><td>普通数据</td><td>普通数据</td></tr>
<tr><td>低优先级数据</td><td>低优先级数据</td></tr>
</table>

在 4 级和 8 级分类中，云计算业务产生的数据包一般被归到高优先级数据或普通数据等级，如果使用更加细致的 12 级分类，云业务流量则处于交易型数据、批量数据或普通数据中。

运营商的云业务往往是跨地域传送的，在用户最终收到反馈之前，IP 包会有一个从数据中心的局域网进入广域网，再进入局域网的过程。运营商在广域网链路上通常采用更加简洁的 4 级标签，而不是 8 级或 12 级标签，对应关系见表 3-5。此外，为了保证传递的即时性，广域网和局域网的 QoS 策略的匹配也是需要考虑的问题之一。

表 3-5 业务流量对应关系表

<table>
<tr><th>业务流量</th><th>4 种运营商骨干网流量类型</th></tr>
<tr><td>语音</td><td rowspan="2">实时流量（RTP/UDP）</td></tr>
<tr><td>实时互动媒体</td></tr>
<tr><td>网络控制</td><td rowspan="3">关键数据（TCP）</td></tr>
<tr><td>交易类型数据</td></tr>
<tr><td>呼叫控制信令</td></tr>
<tr><td>广播视频</td><td rowspan="4">关键数据（UDP）</td></tr>
<tr><td>多媒体会议</td></tr>
<tr><td>影音流媒体</td></tr>
<tr><td>网络管理</td></tr>
<tr><td>批量数据</td><td rowspan="3">普通数据</td></tr>
<tr><td>普通数据</td></tr>
<tr><td>低优先级数据</td></tr>
</table>

2. QoS的流量处理

流量处理包括局域网和广域网中的队列机制、流量整形等手段，一旦云服务的流量经过恰当的识别和标记，其数据包就能够得到转发路径上的服务保证，这部分的内容同传统的QoS策略区别不大，但需特别注意以下几点：

1）实时数据处理。实时数据应打上EF（Expedited Forwarding，加速转发）标签，并放入Priority Queue队列（优先队列），保证其享有足够带宽，但是不要超过整体带宽的1/3，防止其他业务数据的带宽被过分占用。

2）EF和AF（Assured Forwarding，确保转发）数据处理。分配给EF和AF的带宽不能超过整体带宽的2/3，这样Default等级的数据和某些二层的信令在任何时候都不会因为拥塞而无法传输。

3）靠近源头限流。如果需要限制优先级最低的Scavenger流量（一些新兴的流量，这些流量对组织没有实质作用，如网络中休闲娱乐的流量），尽量在靠近其源头的网络设备上部署相应策略，避免Scavenger流量在被强制丢弃前消耗太多的链路资源。

二、PTN

PTN（Packet Transport Network，多业务分组传输网）技术本质上是一种基于分组的路由架构，能够提供多业务技术支持。它是一种更加适合IP业务传送的技术，同时继承了光传输的传统优势，包括良好的网络扩展性、丰富的操作维护（OAM）、快速的保护倒换和时钟传送能力、高可靠性和安全性、整网管理理念、端到端业务配置与精准的告警管理。

1）Packet：分组内核，多业务处理，层次化QoS能力。

2）Transport：类SDH的保护机制（快速、丰富），从业务接入到网络侧以及设备级的完整保护方案；类SDH的丰富OAM维护手段；综合的接入能力、完整的时钟同步方案。

3）Network：业务端到端，管理端到端。

1. PTN业务及流量规划

分析业务报文的传送格式以及业务传送时流量的规划，其目的是：

1）规划环路的节点数量。

2）规划业务路由的走向。

3）规划工作保护路径。

进行PTN业务及流量规划时，需要了解所承载业务的类型，以及承载业务对传送的需求，主要涉及业务报文格式、业务带宽、业务量，其模型如图3-21所示。

业务及流量规划—链路规划原则如下：

1）流量在各链路上应有最小路径花费和均衡分布，计算流量时应预留保护隧道的流量，即所有接入到环上的流量之和乘以2不能大于环的物理链路带宽（不考虑汇聚收敛比的情况）。

2）工作与保护APS（Automatic Protection Switching，自动保护倒换）隧道应分别部署到环的东西向。

3）兼顾时钟方案，APS倒换时最好时钟也跟着倒换。

4）兼顾时钟精度、业务量发展的要求，规划时要求GE接入环上的站点个数≤20。

5）业务流量汇聚收敛比要和客户一起沟通确定，建议为1∶1。

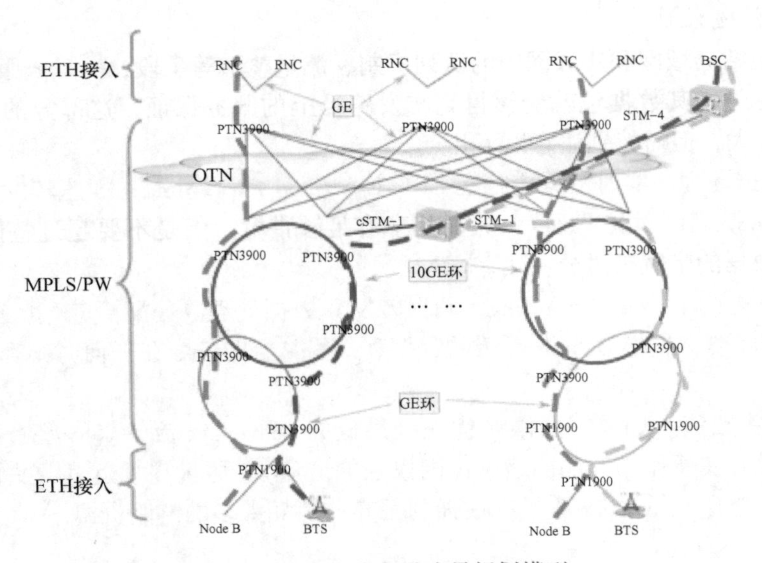

图 3-21 PTN 业务及流量规划模型

2. PTN 网络管理规划

PTN 的各种业务都是通过伪线承载的，而伪线是要和隧道绑定的，所以要创建各种 PTN 业务，都需要先创建隧道，然后创建伪线绑定隧道，最后再创建各种 PTN 业务绑定伪线。拓扑结构如图 3-22 所示。

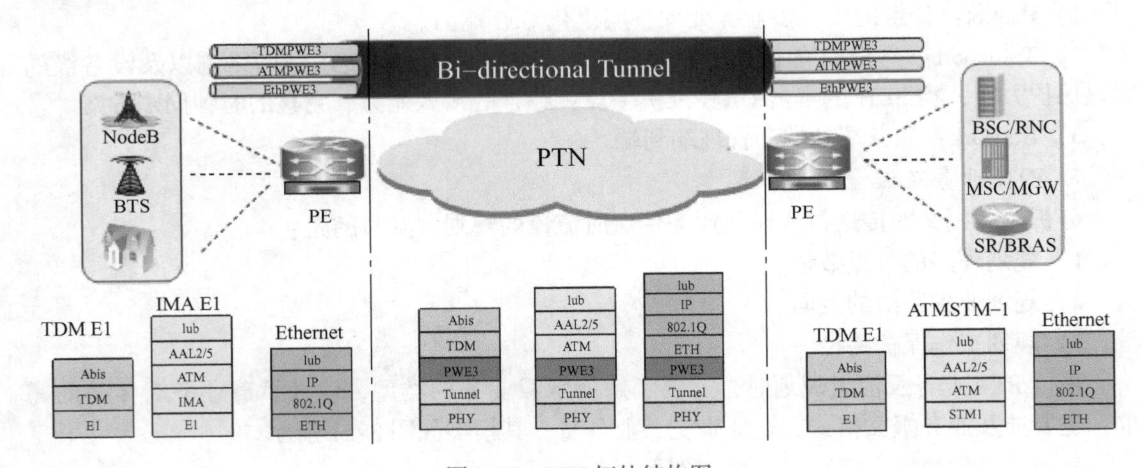

图 3-22 PTN 拓扑结构图

PTN 业务配置前也需要进行封装 Vlan 和 IP 的规划，规划的原则包括：

1）PTN 设备的每个线路侧端口（NNI）都要配置封装 Vlan，且每个 Vlan 都要配置与之相对应的业务 IP 地址。

2）10GE 环每条链路相邻两端口属于同一 Vlan 域、同一 IP 网段。

3）GE 环每个环属于同一 Vlan 域、同一 IP 网段。

4）不管是 10GE 环还是 GE 环，所有 PTN 设备都需要启用业务 LoopBack 地址作为业务转发层面的网元标识，此 LoopBack 必须全局唯一，不能重复。

5）封装 Vlan ID 的范围为 17～3000，建议从 101 开始使用。

6）链路有效传输效率、流量与带宽分析需考虑报文的封装效率（报文的长度、链路类型、封装格式），考虑各种封装，有效带宽约为 80%，如果再考虑 OAM 等管理开销，链路有效传输效率一般按照 70% 计算。

3. 容量分层规划

为防止网络流量过大，防止对数据中心产生冲击，提高系统响应时间和线路的利用率，容量规划是十分必要的。容量规划不能单独在数据中心接入网关进行，需要系统地进行考虑，建议如下：

1）接入环按照 700Mbit/s 的环网带宽（1Gbit/s×70%）容量限制，规划接入环节点数量，接入环节点数量为（有效带宽 700Mbit/s－集团专线 100Mbit/s）/（20Mbit/s＋40Mbit/s）＝10 个。根据实际情况，在业务密集区域一般不超过 8 个接入节点，业务稀疏区域可适当增加接入节点数量，但不超过 15 个节点。

2）汇聚环为 10GE 带宽，按每个接入环 700Mbit/s 计算，可接入 10 个接入环，为 100～150 个基站。根据实际带宽需求和统计复用的程度调整和规划，建议接入环数量不要超过 8 个。

3）核心、汇聚环在双节点互联的情况下，一般将下挂环网流量平均分配在两个核心/汇聚节点上，避免单节点故障时下挂环网所有业务都发生倒换。

4. PTN QoS 规划

运营商的网络是多业务的网络，不同业务的 QoS 需求不同，有必要把多种业务进行分类，基本的分类如下：

1）语音业务：语音业务的特点是占用带宽不大，但对 QoS 要求高，要求低延迟，低抖动，低丢报率。话务收敛由 NodeB、RNC、eNodeB 完成，传输网提供类似刚性管道的传送。因此，在网络规划时需要对语音业务带宽需求进行估计和预留设计，在 NodeB、RNC、eNodeB 设备上对语音业务报文标记高优先级，在传输网络入口进行流量监管，在 PTN 网络内部提供高优先级业务调度的保证。

2）数据业务：数据业务带宽需求大，但数据业务的特点是对 QoS 要求相对较低，业务可以统计复用，允许较大的收敛比。要求 NodeB、RNC、eNodeB 对数据业务标记较低优先级，PTN 设备基于该优先级调度。

3）控制报文：占用少量带宽，QoS 要求高。

4）管理报文：占用少量带宽，QoS 要求高。

5）控制报文和管理报文需求相同，可由 NodeB、RNC、eNodeB 等系统标记较高优先级，传输网设备基于优先级调度。

6）每种业务的带宽需求，需要根据无线网络的业务规划计算。

PTN 的 QoS 部署时，建议遵循以下原则：

1）V－Uni（虚节点）用户侧接入业务做数据流分类，用户业务流的实时数据进行转发等级映射时，建议不超过 EF 的带宽。

2）规划整个端口带宽时，网络侧（NNI）要预留 5～10Mbit/s 的带宽资源给设备协议报文和 DCN 用，保证网络控制平面和管理平面正常高效工作。

3）建议承载在同一个 PW 中的用户高优先级业务流（例如规划转发等级为 EF 的业务

流）不要超过该 PW 的 25%，以保证低优先级业务有通过的机会，同时高优先级业务实时性也有保证。

4）PTN 接入设备根据 NodeB、RNC、eNodeB 提供的以太网业务采用简单流分类配置 DS 域，用 Vlan Priority 与 PHB（PHB 是 Per Hop Behavior 的缩写，即每跳行为，设备对报文的处理行为）服务等级进行映射。

5）为了减少过多级的队列调度（入对、流量整形和出对）对业务时延、抖动的影响，HQOS 采用 PW 和出端口队列（CQ）两级调度，仅在 PW 上应用队列调度策略，端口上 8 级 CQ 采用默认的 PQ 调度。

6）MPLS Tunnel 不用规划带宽，直接利用端口的带宽利用率性能项周期性监控网络侧业务总流量，指导网络优化和业务扩容。

7）拥塞管理采用默认的 WRED（Weighted Random Early Detection，加权随机先期检测），发生拥塞时使得长短包公平和流量均衡。

8）NodeB、RNC、eNodeB 业务具有相同性质时，网管提供一个网络级的 PW QoS 策略模版，减少设备 QoS 配置工作量，直接将这些业务应用到接入设备上。

9）所有业务都不推荐配置 V－Uni（虚节点）、PW 和 Tunnel 带宽，仅用业务转发优先级进行抢占调度，这样基站修改业务流量时，不需要同步修改 PTN 设备对应的业务流量，减少后续网络维护工作量。

PTNQoS 规划如图 3-23 所示。

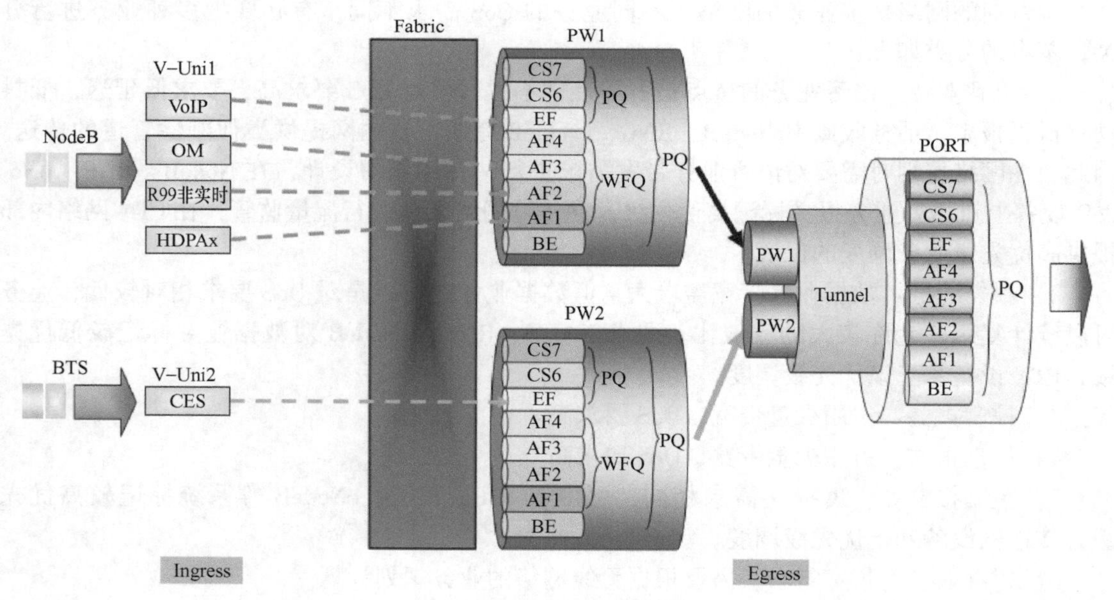

图 3-23 PTNQoS 规划图

三、VPLS

VPLS（Virtual Private LAN Service，虚拟专用局域网业务）在传统 MPLS L2VPN 方案的基础上发展而成，是一种基于以太网和 MPLS 标签交换的技术，即在 MPLS/IP 网络中提供二层 LAN 服务，允许标准的以太设备通过 MPLS/IP 网络相连，就像连接在一个二层交换机上。

由于以太网本身就支持多点通信，使得 VPLS 技术可以达到多点通信的要求，同时 VPLS 是一种二层标签交换技术，从用户侧来看，整个 MPLS IP 骨干网是一个二层交换设备，PE 设备不需要感知私网路由。因此，VPLS 技术为企业提供了一种更加完备的多点业务解决方案。它结合了以太网技术和 MPLS 技术的优势，是对传统 LAN 全部功能的仿真，其主要目的是通过运营商提供的 IP/MPLS 网络连接地域上隔离的多个由以太网构成的 LAN，使它们像一个 LAN 那样工作。

VPLS 的到来其实要早于云计算的，本身可以建立二层网络在三层网络上的传递，但是由于其依托于 MPLS VPN，对于企业来说不管从技术部署与运维层面，还是从网络资源方面都是一个不小的挑战，广播、STP、ARP 这些限制性问题依然存在，LISP、Fabric - Path、TRILL 等新起的大二层网络协议也都是属于一个数据中心内部的二层网络协议，但是在云计算到来的今天，越来越多的数据中心不再局限在单个机房内部或者虚拟资源池的规模也不会只是属于单一的数据中心，越来越多的需求由单数据中心逐渐地引申到多数据中心组网，二层网络也会随之延伸至全地域，对于数据中心二层网络之间的通信协议也提出了新的挑战。

VPLS 是一种典型的 MPLS L2VPN 技术，用户接入方式为以太网，支持的接入接口类型单一。从用户的角度来看，整个 MPLS 网络就是一个二层的交换网络。VPLS 可选择使用 LDP 信令和 MP - BGP 信令来构建 PW，基于 LDP 协议的信令通过在每一对 PE 之间建立点到点的 LDP 会话来建立虚电路。基于 BGP 协议的信令机制则可以充分利用 BGP 路由反射器的特点，这样 PE 只需路由反射器建立信令会话即可，这就大大提高了可扩展性。同时，BGP 协议还支持跨越多个自治系统（AS）的网络结构，这对于在多个网络运营商并存情况下的 VPLS 实现非常有利。

1. VPLS 基本术语

1）UPE（User facing - Provider Edge，靠近用户侧的 PE 设备）：主要作为用户接入 VPN 的汇聚设备。

2）NPE（Network Provider Edge，网络核心 PE 设备）：处于 VPLS 网络的核心域边缘，提供在核心网之间的 VPLS 透传服务。

3）VSI（Virtual Switch Instance，虚拟交换实例）：通过 VSI，可以将 VPLS 的实际接入链路映射到各条虚链接上。

4）PW（Pseudo Wire，仿真链路）：在两个 VSI 之间的一条双向的虚拟连接，它由一对单向的 MPLS VC 构成。

5）AC（Attachment Circuit，接入链路）：指 CE 与 PE 的连接，它可以是实际的物理接口，也可以是虚拟接口。AC 上的所有用户报文一般都要求原封不动地转发到对端 Site 去，包括用户的二层和三层协议报文。

2. VPLS 网络架构

VPLS 网络架构有以下几种实施方案：

1）PE 全连接 VPLS 模型。接入 VPLS 的各站点的 PE 设备之间逻辑全连接，PE 设备能在多点之间进行 MAC 地址学习以及数据包转发。MPLS 网络提供隧道来透传 VPN 站点间的报文，网络中的 P 设备作用类似于 L3 VPN 中的 P 设备，它不参与 MAC 地址的学习与交换，只对 MPLS 报文进行转发。PE 上各个 VPN 之间的转发表相互独立，使得各 VPN 间的 MAC 地址可以重叠，PE 全连接的基本模型如图 3-24 所示。

2）分层 VPLS 模型(H－VPLS)。所有的 NPE 设备之间逻辑全连接，UPE 只与最近的 NPE 建立虚连接，通过 NPE 与对端 VPN 站点进行报文交换，这样层次化了网络拓扑。由于 H－VPLS 模型的 VPN 业务流量集中，因此对 NPE 性能要求较高；而该模型中的 UPE 用于 VPN 业务的接入，因此对其性能要求较低。另外，还可以在 UPE 与 NPE 之间增加链路备份，保证网络的健壮性。UPE 与 NPE 之间的虚连接可以使用 LDP 来建立，如图 3-25 所示。

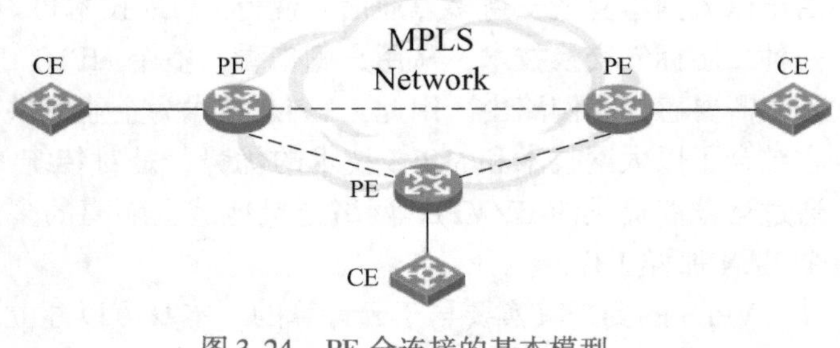

图 3-24 PE 全连接的基本模型

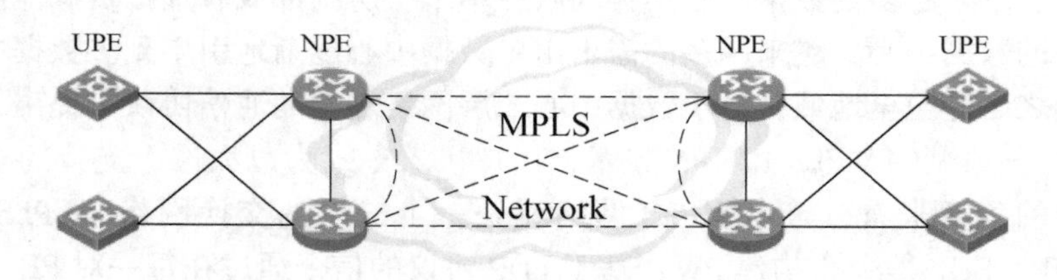

图 3-25 分层 VPLS 模型（H－VPLS）

3.2.4 能力拓展

一、QoS 部署方案

1. 队列管理

在网络通信中，通信信道是被多个终端共享的，并且，广域网的带宽通常要比局域网的带宽小，这样，当一个局域网的终端向另一个局域网的终端发送数据时，由于广域网的带宽小于局域网的带宽，数据将不可能以局域网发送的速度在广域网上传输。此时，处在局域网和广域网之间的路由器将不能发送一些报文，即网络发生了拥塞。拥塞管理是指网络在发生拥塞时，如何进行管理和控制，处理的方法是使用队列技术，即所有要从一个接口发出的报文进入多个队列，按照各个队列的优先级进行处理。不同的队列算法用来解决不同的问题，并产生不同的效果。

如图 3-26 所示，分公司分支 1 向公司总部以 100Mbit/s 的速度发送数据时，将会使 Router2 的串口 S0/1 发生拥塞。常用的队列技术有如下几种：

1）FIFO（First In First Out，先进先出）队列，示意图如图 3-27 所示。

FIFO 队列不对报文进行分类，当报文进入接口的速度大于接口能发送的速度时，FIFO 按报文到达接口的先后顺序让报文进入队列，同时，FIFO 在队列的出口让报文按进队的顺序出队，先进的报文将先出队，后进的报文将后出队。

FIFO 队列具有处理简单，开销小的优点。但 FIFO 不区分报文类型，采用尽力而为的转发模式，使对时间敏感的实时应用（如 VoIP）的延迟得不到保证，关键业务的带宽也不能得到保证。

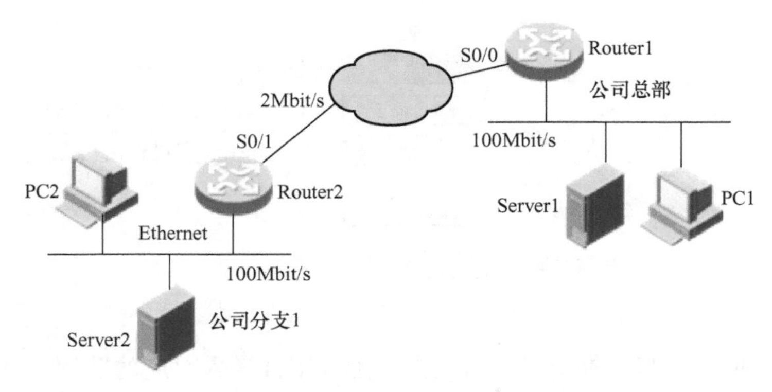

图 3-26　实际应用中的拥塞实例

2）PQ（Priority Queuing，优先队列），示意图如图 3-28 所示。

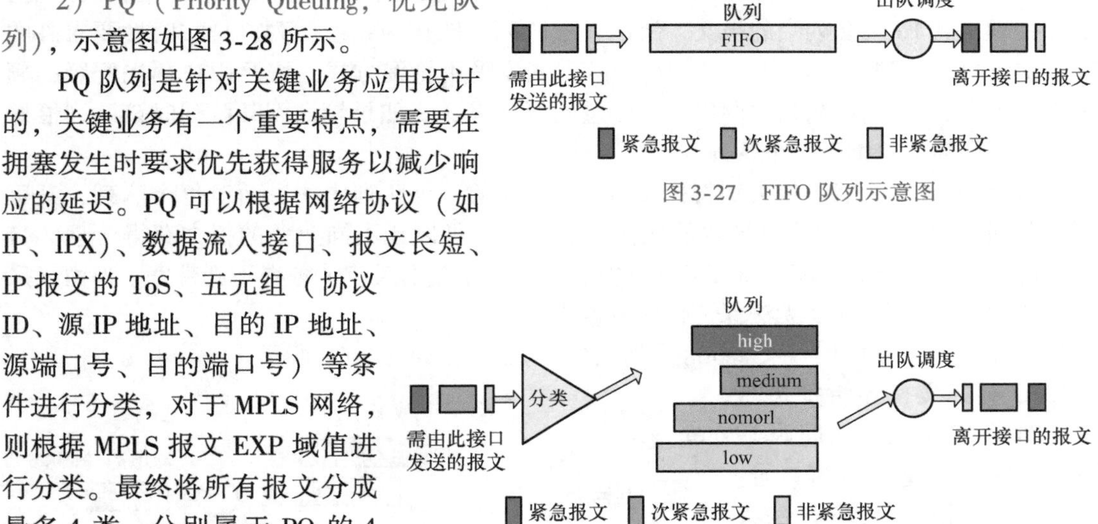

图 3-27　FIFO 队列示意图

图 3-28　PQ 队列示意图

PQ 队列是针对关键业务应用设计的，关键业务有一个重要特点，需要在拥塞发生时要求优先获得服务以减少响应的延迟。PQ 可以根据网络协议（如 IP、IPX）、数据流入接口、报文长短、IP 报文的 ToS、五元组（协议 ID、源 IP 地址、目的 IP 地址、源端口号、目的端口号）等条件进行分类，对于 MPLS 网络，则根据 MPLS 报文 EXP 域值进行分类。最终将所有报文分成最多 4 类，分别属于 PQ 的 4 个队列中的一个，然后，按报文所属类别将报文送入相应的队列。

PQ 的 4 个队列分别为高优先队列、中优先队列、正常优先队列和低优先队列，它们的优先级依次降低。在报文出队的时候，PQ 首先让高优先队列中的报文出队并发送，直到高优先队列中的报文发送完，然后发送中优先队列中的报文，同样，直到发送完，然后是正常优先队列和低优先队列。这样，分类时属于较高优先级队列的报文将会优先发送，而较低优先级的报文将会在发生拥塞时被较高优先级的报文抢占。这样会使得实时业务（如 VoIP）的报文能够得到优先处理，非实时业务（如 E－Mail）的报文在网络处理完关键业务后的空闲间隙得到处理，既保证了实时业务的优先，又充分利用了网络资源。

PQ 的缺点是，当较高优先级队列中总有报文存在时，则低优先级队列中的报文将一直得不到服务，出现队列“饿死”现象。

3）CQ（Custom Queuing，定制队列），示意图如图 3-29 所示。

CQ 的分类方法和 PQ 基本相同，不同的是它最终将所有报文分成最多 17 类，每类报文

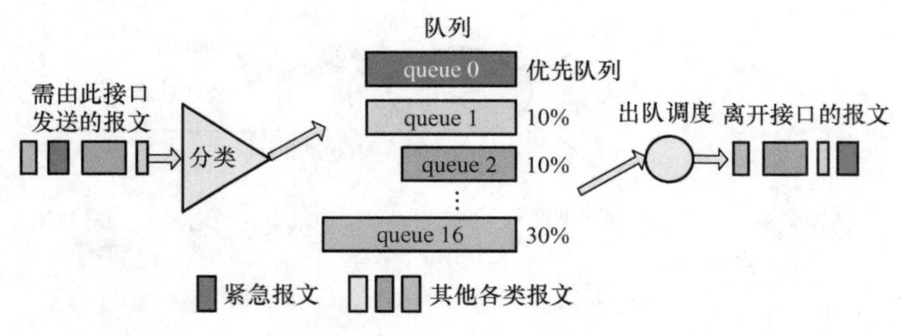

图 3-29　CQ 队列示意图

对应 CQ 中的一个队列。接口拥塞时，报文按匹配规则被送入对应的队列；如果报文不匹配任何规则，则被送入缺省队列（缺省队列默认为 1，可配置修改缺省队列）。

CQ 的 17 个队列中，0 号队列是优先队列，路由器总是先把 0 号队列中的报文发送完，然后才处理 1 到 16 号队列中的报文，所以 0 号队列一般作为系统队列，把实时性要求高的交互式协议报文放到 0 号队列。1 到 16 号队列调度采用轮询方式，按照用户预先配置的额度依次从 1 到 16 号用户队列中取出一定数量的报文发送。如果轮询到某队列时该队列恰好为空，则立即转而轮询下一个队列。

CQ 把报文分类，然后按类别将报文分配到 CQ 的一个队列中去，而对每个队列，又可以规定队列中的报文所占接口带宽的比例，这样，就可以让不同业务的报文获得合理的带宽，从而既保证关键业务能获得较多的带宽，又不至于使非关键业务得不到带宽。但由于采用轮询调度各个队列，CQ 无法保证任何数据流的延迟。

4）WFQ（Weighted Fair Queuing，加权公平队列），如图 3-30 所示。

WFQ 对报文按流特征进行分类，对于 IP 网络，相同源 IP 地址、目的 IP 地址、源端口号、目的端口号、协议号、ToS 的报文属于同一个流，而对于 MPLS 网络，具有相同的标签和 EXP 域值的报文属于同一个流。每一个流被分配到一个队列，该过程称为散列，采用 HASH 算法来自动完成，这种方式会尽量将不同特征的流分入不同的队列中。每个队列类别可以视为是一类流，其报文进入 WFQ 中的同一个队列。WFQ 允许的队列数目是有限的，用户可以根据需要配置该值。

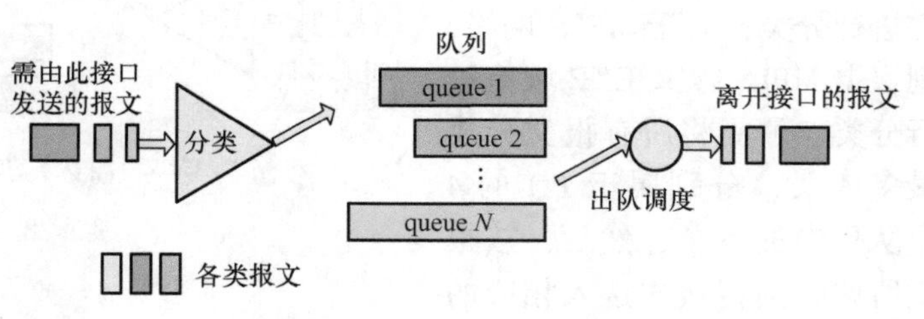

图 3-30　WFQ 队列示意图

在出队的时候，WFQ 按流的优先级（precedence）来分配每个流应占有出口的带宽。优先级的数值越小，所得的带宽越少。优先级的数值越大，所得的带宽越多。这样就保证了相同优先级业务之间的公平，体现了不同优先级业务之间的权值。

WFQ 优点在于配置简单，有利于小包的转发，每条流都可以获得公平调度，同时照顾高优先级报文的利益。但由于流是自动分类的，无法手工干预，故缺乏一定的灵活性，且受资源限制，当多个流进入同一个队列时无法提供精确服务，无法保证每个流获得的实际资源量。WFQ 均衡各个流的延迟与抖动，同样也不适合延迟敏感的业务应用。

5）CBQ（Class Based Queuing，基于类的队列），示意图如图 3-31 所示。

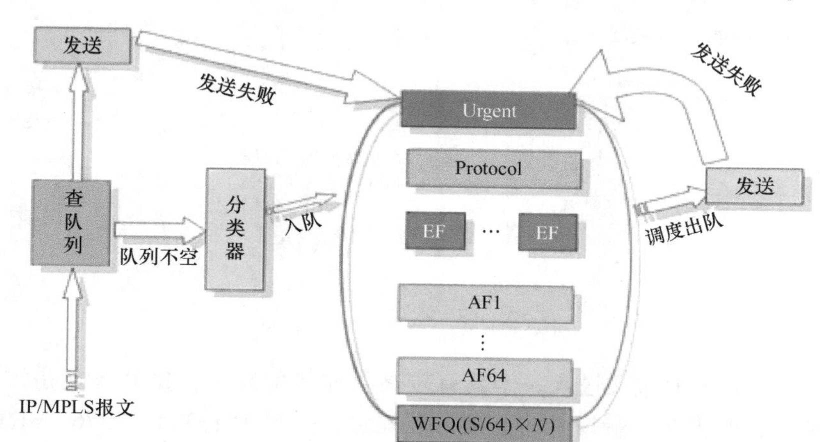

图 3-31 CBQ 队列示意图

CBQ 首先根据 IP 优先级或者 DSCP、输入接口、IP 报文的五元组等规则来对报文进行分类，对于 MPLS 网络的 LSR，主要根据 EXP 域值进行分类，然后让不同类别的报文进入不同的队列。对于不匹配任何类别的报文，报文被送入系统定义的默认类。

CBQ 包括一个 LLQ（Low Latency Queuing，低时延队列），用来支撑 EF（Expedited Forwarding，快速转发）类业务，被绝对优先发送，保证时延。进入 EF 的报文在接口没有发生拥塞的时候（此时所有队列中都没有报文），所有属于 EF 的报文都可以被发送。在接口发生拥塞的时候（队列中有报文时），进入 EF 的报文被限速，超出规定流量的报文将被丢弃。

另外有 64 个 BQ 队列（Bandwidth Queuing，带宽保证队列），用来支撑 AF（Assured Forwarding，确保转发）类业务，可以保证每一个队列的带宽及可控的时延。系统调度报文出队列的时候，按用户为各类报文设定的带宽将报文出队发送。这种队列技术应用了先进的队列调度算法，可以实现各个类的队列的公平调度。当接口中某些类别的队列没有报文时，BQ 队列的报文还可以公平地得到空闲的带宽，和时分复用系统相比，大大提高了线路的利用率。同时，在接口拥塞的时候，仍然能保证各类报文得到用户设定的最小带宽。

最后还有一个 WFQ 队列，对应 BE（Best Effort，尽力传送）业务，使用接口剩余带宽进行发送。

CBQ 可根据报文的输入接口、满足 ACL 情况、IP Precedence、DSCP、EXP、Label 等规则，对报文进行分类，使其进入相应队列。对于进入 EF 和 AF 的报文，要进行测量。考虑到链路层控制报文的发送、链路层封装开销及物理层开销（如 ATM 信元头），建议 EF 与 AF 占用接口的总带宽不要超过接口带宽的 75%。

CBQ 可为不同的业务定义不同的调度策略（如带宽、时延等），由于涉及复杂的流分类，高速接口（GE 以上）启用 CBQ 特性时，系统资源存在一定的开销。

6）RTP（Real Time Protocol，实时协议）优先队列，示意图如图 3-32 所示。

RTP 优先队列是一种保证实时业务（包括语音与视频业务）服务质量的简单队列技术。其原理就是将承载语音或视频的 RTP 报文送入高优先级队列，使其优先发送，保证时延和抖动降低为最低限度，从而保证了语音或视频这种对时延敏感业务的服务质量。

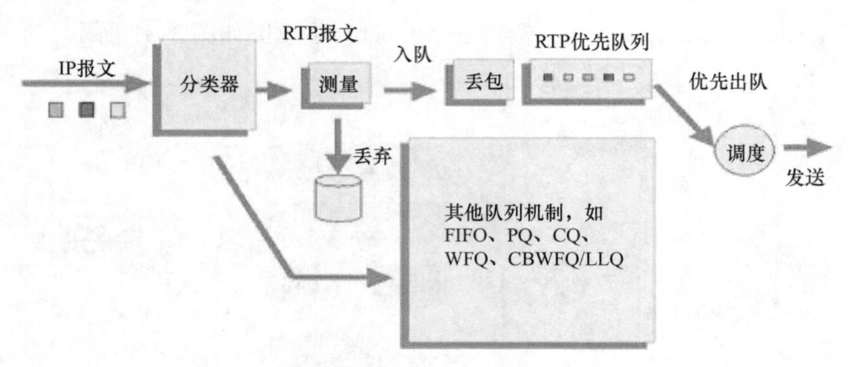

图 3-32 RTP 优先队列示意图

RTP 优先队列将 RTP 报文送入一个具有较高优先级的队列，RTP 报文是端口号在一定范围内为偶数的 UDP 报文，端口号的范围可以配置，一般为 16384～32767。RTP 优先队列可以同前面所述的任何一种队列（包括 FIFO、PQ、CQ、WFQ 与 CBQ）结合使用，它的优先级是最高的。由于 CBQ 中的 EF 完全可以解决实时业务，所以不推荐将 RTP 优先队列与 CBQ 结合应用。

由于对进入 RTP 优先队列的报文进行了限速，超出规定流量的报文将被丢弃，这样在接口拥塞的情况下，可以保证属于 RTP 优先队列的报文不会占用超出规定的带宽，保护了其他报文的应得带宽，解决了 PQ 的高优先级队列的流量可能“饿死”低优先级流量的问题。

2. 拥塞控制

受限于设备的内存资源，按照传统的处理方法，当队列的长度达到规定的最大长度时，所有到来的报文都被丢弃。对于 TCP 报文，如果大量的报文被丢弃，将造成 TCP 超时，从而引发 TCP 的慢启动和拥塞避免机制，使 TCP 减少报文的发送。当队列同时丢弃多个 TCP 连接的报文时，将造成多个 TCP 连接同时进入慢启动和拥塞避免，称之为 TCP 全局同步。这样多个 TCP 连接发向队列的报文将同时减少，使得发向队列的报文的量不及线路发送的速度，减少了线路带宽的利用。并且，发向队列的报文的流量总是忽大忽小，使线路上的流量总在极少和饱满之间波动。

为了避免这种情况的发生，队列可以采用加权随机早期检测（Weighted Random Early Detection，WRED）的报文丢弃策略（WRED 与 RED 的区别在于前者引入 IP 优先权、DSCP 值和 MPLS EXP 来区别丢弃策略）。采用 WRED 时，用户可以设定队列的阈值（threshold）。当队列的长度小于低阈值时，不丢弃报文；当队列的长度在低阈值和高阈值之间时，WRED 开始随机丢弃报文（队列的长度越长，丢弃的概率越高）；当队列的长度大于高阈值时，丢弃所有的报文。

WRED 的队列机制如图 3-33 所示。

3. 流量监管

流量监管 TP（Traffic Policing）通过监督进入网络的某一流量的规格，把它限制在一个合理的范围之内，保护网络资源和运营商的利益，通常使用 CAR（Committed Access Rate，承诺访问速率）来限制进入某一网络的某一连接的流量与突发。在报文满足一定的条件时，如某个连接的报文流量过大，流量监管就可以对该报文采取不同的处理动作，例如丢弃报

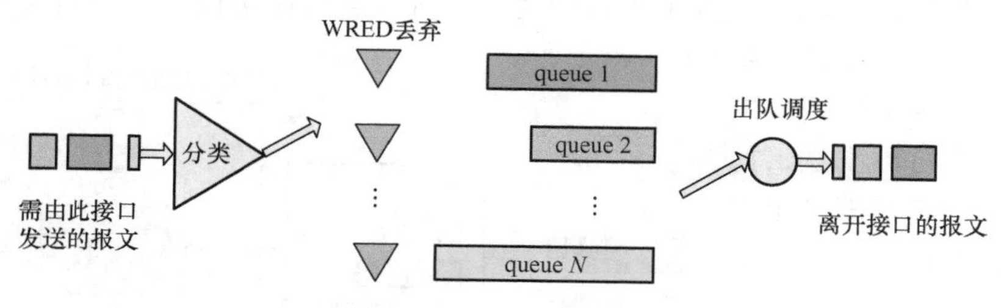

图 3-33　WRED 的队列机制

文，或重新设置报文的优先级等。通常是使用 CAR 来限制某类报文的流量，例如限制 HTTP 报文不能占用超过 50% 的网络带宽。

CAR 利用令牌桶（Token Bucket，TB）进行流量控制。流量控制的基本处理过程如图 3-34 所示。

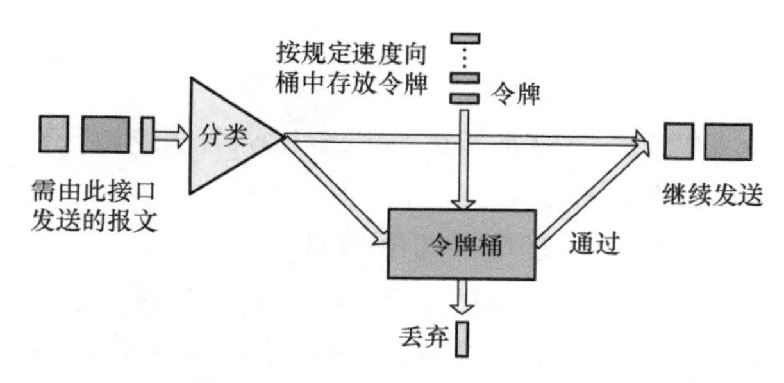

图 3-34　CAR 处理过程示意图

首先，根据预先设置的匹配规则来对报文进行分类，如果是没有规定流量特性的报文，就直接继续发送，并不需要经过令牌桶的处理；如果是需要进行流量控制的报文，则会进入令牌桶中进行处理。如果令牌桶中有足够的令牌可以用来发送报文，则允许报文通过，报文可以被继续发送下去；如果令牌桶中的令牌不满足报文的发送条件，则报文被丢弃。这样，就可以对某类报文的流量进行控制。

在实际应用中，CAR 不仅可以用来进行流量控制，还可以进行报文的标记（mark）或重新标记（re - mark）。具体来讲就是 CAR 可以设置 IP 报文的优先级或修改 IP 报文的优先级，达到标记报文的目的。

4. 流量整形

通用流量整形（Generic Traffic Shaping，GTS）可以对不规则或不符合预定流量特性的流量进行整形，以利于网络上下游之间的带宽匹配。

GTS 与 CAR 一样，均采用了令牌桶技术来控制流量。GTS 与 CAR 的主要区别在于：利用 CAR 在接口的出、入方向进行报文的流量控制，对不符合流量特性的报文进行丢弃；而 GTS 只在接口的出方向对于不符合流量特性的报文进行缓冲，减少了报文的丢弃，同时满足报文的流量特性，但增加了报文的延迟。

GTS 的基本处理过程如图 3-35 所示，其中用于缓存报文的队列称为 GTS 队列。

5. 物理接口限速

利用物理接口总速率（Line Rate，LR）限制可以在一个物理接口上，限制接口发送报文（包括紧急报文）的总速率。

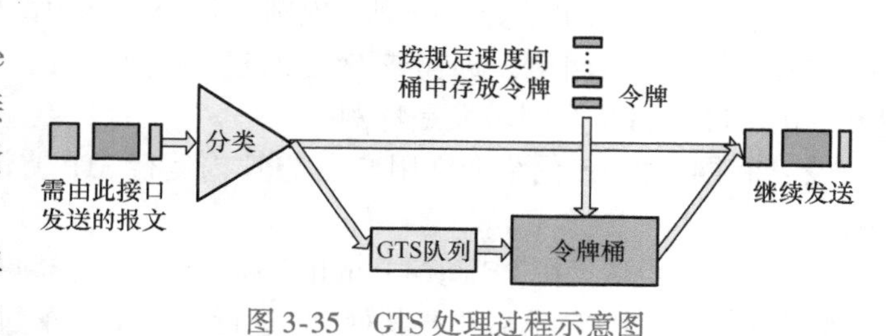

图 3-35　GTS 处理过程示意图

LR 的处理过程仍然采用令牌桶进行流量控制。如果用户在路由器的某个接口上配置了 LR，规定了流量特性，则所有经由该接口发送的报文首先要由 LR 的令牌桶进行处理。如果令牌桶中有足够的令牌可以用来发送报文，则报文可以发送。如果令牌桶中的令牌不满足报文的发送条件，则报文入 QoS 队列进行拥塞管理。这样，就可以对通过该物理接口的报文流量进行控制。LR 的基本处理过程如图 3-36 所示。

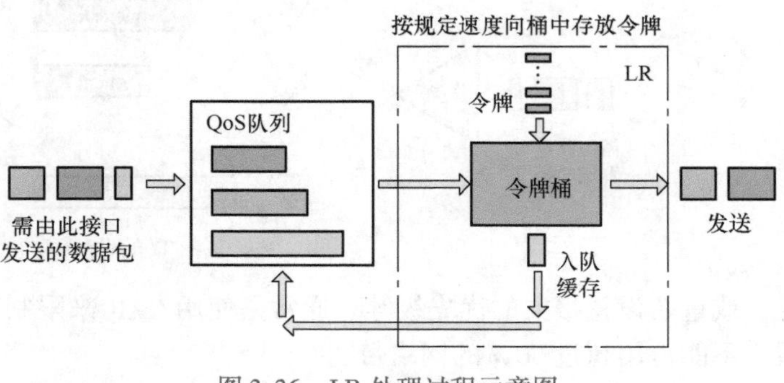

图 3-36 LR 处理过程示意图

二、VPLS

VPLS 是一种典型的 MPLS L2VPN 技术，整个 MPLS 网络就是一个二层的交换网络，VPLS 工作过程如下：

1. MAC 地址的学习和老化

（1）与 PW 关联的远程 MAC 地址学习　当 PE 设备在入方向的 VC LSP 上收到本 VPLS 内的数据包后将进行 MAC 学习，然后 PW 将此 MAC 地址与出方向的 VC LSP 形成映射关系，这与二层交换机将学习的 MAC 地址与出端口对应类似。

（2）与用户相连端口的本地 MAC 地址学习　对于从 CE 设备转发上来的二层报文，需要将报文的源 MAC 学习到 VSI 的对应端口上。

（3）MAC 地址老化　PE 学习到的不再使用的 MAC 地址需要有老化机制来删除。老化机制使用了 MAC 地址对应的老化定时器。在接收到报文并处理时，如果报文中的源 MAC 地址启动了相应的老化定时器，则 PE 重置该老化定时器。

2. 转发和泛洪

1）转发：VPLS 中的数据转发是通过查找 VSI 的 MAC 地址转发表来完成的。

2）泛洪：设备从 VSI 中的一个端口上收到未知单播、多播、广播报文时，采用泛洪的方式向 VSI 本地和所有 VSI 对端转发；从 PW 上收到未知单播、多播、广播报文时，则只向 VSI 本地泛洪，而不再向其他对端 PE 泛洪（即水平分割原则）。

3. PE 全连接与环路预防

非全连接拓扑需要多个 PE 之间数据转发，容易形成环路；另外可能需要使用 STP，而在运营商核心网络里是不使用 STP 的。

全连接网络仍然有可能存在环路，因此仍然需要想一些办法来预防公网和私网环路的发生。

1）公网：使用水平分割原则，规则是从公网侧 PW 收到的数据包不再转发到其他 PW 上，只能转发到私网侧。即全连接后通过不使数据在 PE 间二次转发来避免环路（分层 VPLS 的 UPE、SPE 之间转发是特例）。

2）私网：VPLS 网络允许用户在 VPN 内运行 STP 协议，BPDU 报文只是在 ISP 的网络上透传。

为了防止环路，在 PE 间建立 full mesh LSP，这样将导致出现了两个问题：①当新增加一台 PE 时，该台 PE 都需要与其他 PE 进行全连接的配置，这样当 PE 很多的时候，配置工作量就会相当大；②广播包的复制将会使 PE 设备间产生洪泛，影响带宽。

将 PE 分层的 H-VPLS 模型可以在一定程度上解决上面的问题。H-VPLS 的核心思想是把网络分级，NPE 与其他 NPE 建立全连接，且转发遵循水平分割，但数据可以向 NPE 下挂的 UPE 转发。UPE 间无须建立全连接，UPE 与 NPE 间数据转发不遵循水平分割。分层 PE 间的设备可以通过 QinQ 或者 PW 来连接，基于 LDP 的分层 VPLS 模型如图 3-37 所示。

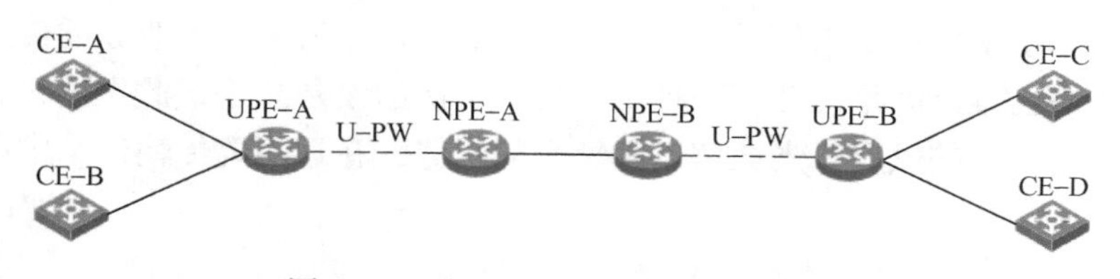

图 3-37 基于 LDP 的分层 VPLS 模型

UPE-A 作为汇聚设备，它只与 NPE-A 建立一条虚连接 U-PW，跟其他所有的对端都不建立虚链接。数据转发流程如下：

1）UPE-A 负责将 CE-A 上送的报文发给 NPE-A，同时打上 U-PW 对应的 MPLS 标签。

2）NPE-A 收到报文后，根据数据包携带的 MPLS 标签来判断报文所属的 VSI。

3）根据用户报文的目的 MAC 打上对应的 VC 私网标签和在公网 LSP 转发的公网标签，然后转发报文。

4）NPE-B 收到报文后，根据 VC 私网标签判断数据包所属的 VSI。

5）查找 VPLS 转发表后转发出去。

6）如果 CE-A 与 CE-B 为本地 CE 之间交换数据，由于 UPE-A 本身具有桥接功能，UPE-A 直接完成两者间的报文转发，而无须将报文上送到 NPE-A。不过对于未知单播、广播和多播报文，UPE-A 在进行桥广播的同时，仍然会通过 U-PW 转发给 NPE-A，由 NPE-A 来完成报文的复制并转发到各 PW 对端。

3.3 传输与容灾网络集成

3.3.1 案例引入

数据中心间需要建设大容量、高速的传输网，以解决信息孤岛，构成更大的云计算资源池。新型的传输网融合了 40Gbit/s、100Gbit/s、大容量 OTN 光电交叉、PID、ASON 等先进技术，就像“云计算”那样，形成一个超大容量、动态共享、快速接入、智能可靠的网络，实现各地的应用系统之间协同工作、各系统间的互备、数据动态迁移等功能，传输网的建设需求如下：

1）40Gbit/s、100Gbit/s 技术构建超大容量管道，同时 OTN 交叉技术让全网共享 40Gbit/s、100Gbit/s 大带宽通道。

2）大容量的 OTN 可实现多业务端到端调度，传输能力大幅度地提升。

3）大容量的 OTN 可实现远距离的传输。

4）大容量的 OTN 可实现数据中心之间的实时数据灾备。

3.3.2 案例分析

一、传输网的本质

传输网络的本质是提供真正优质的管道，满足业务传送需求，而业务的传送需求变得越来越高，传统网络已难以满足，任何一种单一技术层次的设备总是顾此失彼，无法真正满足需求。随着光通信技术的发展，光通信以其特有的优势，在远距离传输体系中脱颖而出，成为主流技术。

在云计算时代，由于 OTN 技术的发展，各数据中心之间由传统的裸光纤联网（专用光纤联网）逐步演变为彩光联网（OTN 联网），使得传输网络的建设成本断崖式下跌，从而推动了云计算的普及，以及数据中心的覆盖密度。

二、OTN 的优势

OTN 以光纤为传输介质，光纤具有大带宽、不受外界电磁干扰等特性的，并且本身也不向外辐射信号，电磁绝缘性能好，因此它适用于长距离的信息传输以及要求高度安全的场合。

通过新型 OTN 的建设，使得各数据中心之间高速互联互通，在两个数据中心间实现负载均衡和灾难自动切换，为了满足多个数据中心间协同工作、数据灾备等需求，各云计算公司相继推出了端到端双活数据中心解决方案，使得多个数据中心协同工作形成云计算系统。

3.3.3 技术解析

一、光缆

光缆是数据传输中最高效的一种传输介质，主要依靠光纤进行信号的传输。实物图如图 3-38 所示。

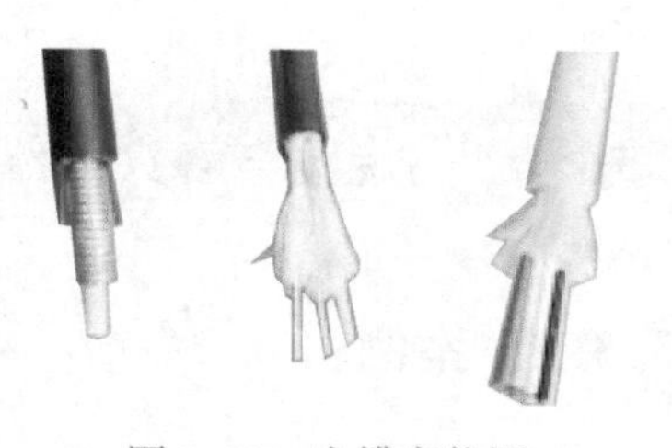

图 3-38 光缆实物图

光纤是一种传输光束的细而柔韧的媒质，是由石英玻璃制成的、横截面积较小的双层同心圆柱体。光纤由纤芯和包层组成，折射率高的中心部分称为纤芯，折射率低的外围部分称为包层。

光纤有以下几个优点：

1）到目前为止，光纤带宽最高可达 1000Mbit/s、10Gbit/s、100Gbit/s，具有非常大的带宽。

2）光纤中传输的是光束，而光束是不受外界电磁干扰影响的。

3）衰减较小，在较大的传输速率范围内，光的衰减基本保持稳定。

4）增设光中继器的间隔距离大，通道中继器的数目可大大减少。

根据光线在光纤中传输特点的不同，光纤分为单模光纤（Single Mode Fibre，SMF）和多模光纤（Multi Mode Fibre，MMF），单模光纤与多模光纤工作原理如图 3-39 所示。

单模光纤的纤芯直径很小，采用固体激光器做光源，在给定的工作波长上基本上只能以单一的模式进行传输，传输时，频带宽，传输容量大。单模光纤按照有关规范中的规定，纤芯直径为 8 ~ 10μm，外包层直径为 125μm，通常在建筑物之间或地域分散时使用，实现远距离或超远距离通信。

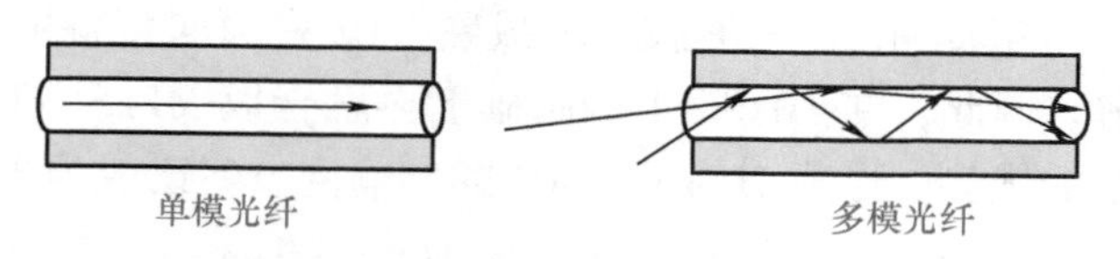

图 3-39　单模光纤与多模光纤工作原理

多模光纤采用发光二极管做光源，在给定的工作波长上，能以多个模式同时传输，从而形成模分散，限制了带宽和距离，因此，传输速度低，距离短，成本低。多模光纤的纤芯直径一般为 50 ~ 200μm，而包层直径的变化范围为 125 ~ 230μm，国内计算机网络常用的纤芯直径为 62.5μm，包层为 125μm，也就是通常所说的 62.5/125μm 规格。

光缆中的纤芯必须成对出现，用于发送和接收信号，从而实现全双工通信，并且单模光纤与多模光纤不能混用，其传输原理如图 3-40 所示。

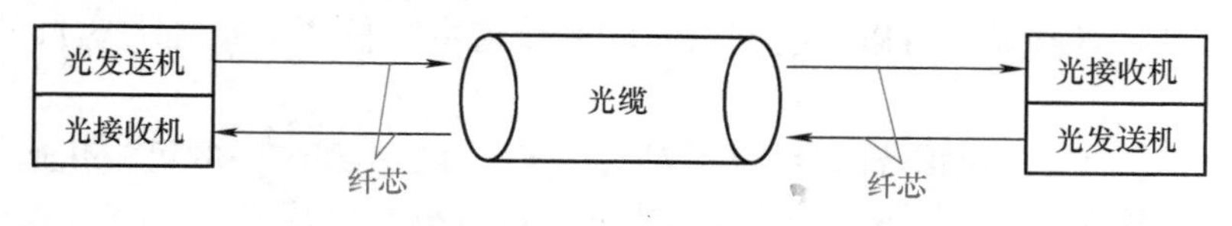

图 3-40　光缆传输原理

光纤在实际应用中需要使用各种连接器进行光纤的续接，实现信号的延续传输，常用光纤连接器如图 3-41 所示。

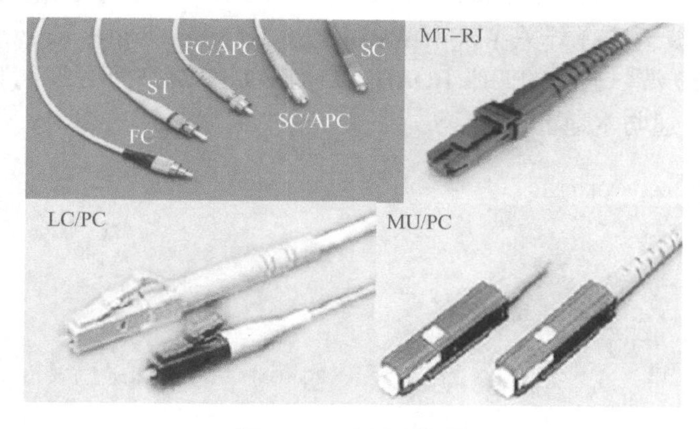

图 3-41　光纤连接器

二、MS - OTN 架构与实施

传送设备需要融合 L0（光层）/L1（TDM 层）/L2（ETH/MPLS 层），取众家之长并专注于提升传送效率，方能提供更大带宽、更高品质和更低成本的传输网络。从传送管道角度看，L0、L1 和 L2 的特点如下：

1）L0 和 L1 层提供以满足波长和 ODUk 的刚性需求为代表的“硬”管道，大带宽是其主要优势。

2）L2 层能够提供弹性的“软”管道，管道带宽与业务完全匹配，且随业务流量的变化而变化，灵活是其主要优势。

随着 MPLS - TP 技术的成熟，L2 在面向传输网时产生的可管理性差等问题也已迎刃而解。因此，在 L0 和 L1 的基础上再融合以 MPLS - TP 为核心的 L2，充分利用各层次传送技术的优势，形成 L0 + L1 + L2 的传输网方案已成为现实。

MS - OTN（Multi - Service Optical Transport Network，多业务光传输网）顺应传输网络的发展趋势，融合 OTN、TDM 和分组三个平面的技术，使 L0/L1/L2 协同工作，可完全满足带宽、品质与成本方面的综合要求，是构建面向未来的传输网络的理想选择。

MS - OTN 是继 NGWDM 之后的新一代 OTN 产品，其标志性能力是支持 MPLS - TP。换句话说，只有支持 MPLS - TP 和分组交换的 OTN 设备才能称之为 MS - OTN 设备。MS - OTN 的核心理念是“All in One”。MS - OTN 有四大特点：

1）多业务接入：能够接入任意速率的任意业务（SDH、SONET、PDH、ETH、FC、SDI、PON、SAN、CPRI、…）。

2）统一交叉：融合 L0 + L1 + L2 技术，可提供基于 λ（波长）、PKT、ODU 和 VC 的统一交叉调度。

3）统一传送：各种业务可以映射到最匹配的管道中，任意汇聚到大容量的波长中统一传送。

4）统一维护：统一的网络管理系统，对 L0、L1、L2 实现统一的可视化运维。

MS - OTN 的系统架构如图 3-42 所示，其交叉可以分为电层交叉和光层交叉两个部分。电层交叉调度能够处理 PKT、ODU 和 VC 平面任意颗粒的业务，这也就要求 MS - OTN 必须具备足够大的交叉容量，以保障海量业务无阻自由调度。

光层交叉使用 ROADM（Reconfigurable Optical Add/Drop Multiplexer）技术实现波长的动态调度。ROADM 由波长选择开关 WSS（Wavelength Selective Switching）组成，支持调度的波长数量最多可达 80 波。典型的四维 ROADM 结构图如图 3-43 所示，可以实现东南西北四个维度任意波长的穿通与本地上下波。

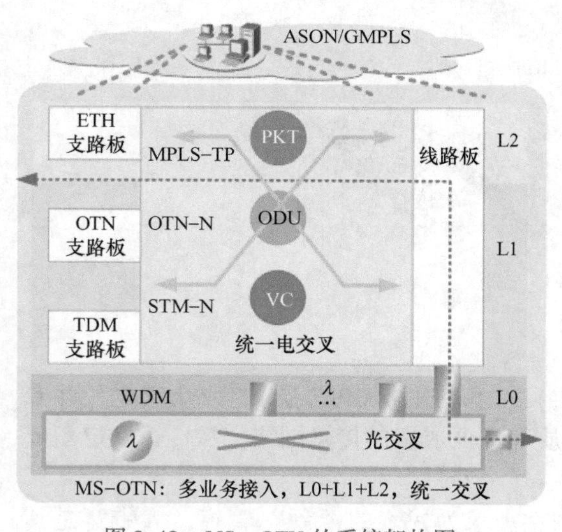

图 3-42　MS - OTN 的系统架构图

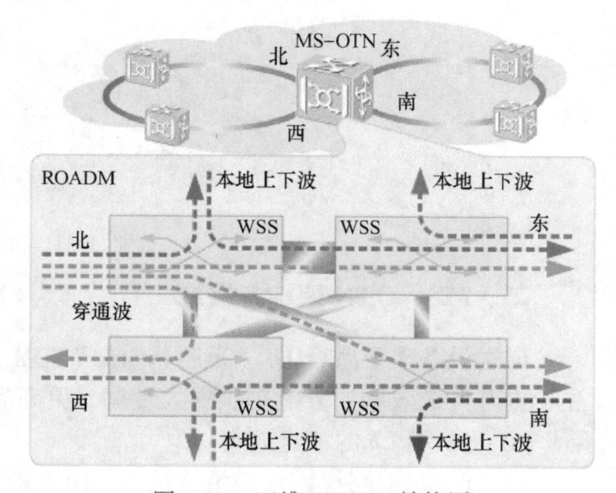

图 3-43　四维 ROADM 结构图

1. 业务处理

MS - OTN 对多业务的处理非常灵活，可以根据业务的属性提供不同粒度的处理方式，最终匹配到最合适的 ODUk 管道中传送，如图 3-44 所示。

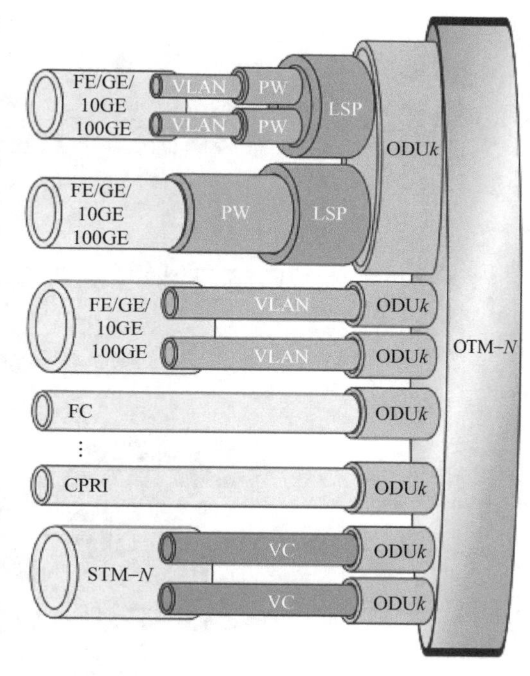

图 3-44　MS－OTN 多业务处理图

2. 系统部署

随着云计算数据中心的快速发展，专线网络正在向 FE/GE 业务占主流的方向发展，多种不同类型、不同速率的专线业务将长期并存。MS－OTN 设备能够通过刚柔并济的管道技术实现线路带宽灵活调整，高效地承载任意颗粒的专线。这就有效地解决了不同类型的专线业务需要不同类型的设备承载的设备堆叠和运维难题。

MS－OTN 可以根据业务的交叉平面为各种业务提供专线承载方案，以满足专线用户的差异化需求。在 MS－OTN 中，基于不同平面的专线最终都可以封装到不同的低阶 ODUk 中，然后映射到相同的高阶 ODUk，实现统一传送。系统架构按应用场景不同，分为以下几种：

（1）基于 OTN 平面的专线　基于 OTN 平面的专线主要将接入的业务直接封装为 ODUk 的颗粒，在 MS－OTN 网络中传送，通过 ODUk 交叉完成业务调度。以 GE 业务为例，基于 OTN 平面的专线方案如图 3-45 所示。

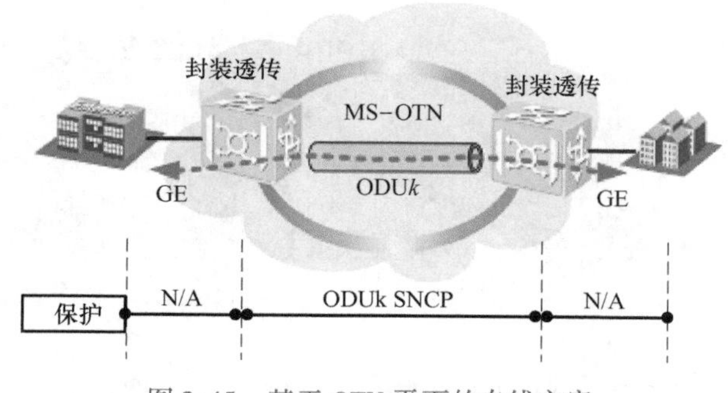

图 3-45　基于 OTN 平面的专线方案

（2）基于 PKT 平面的专线　基于 PKT 平面的专线主要对接入的业务进行 L2 交换，之后经 PWE3 封装后进入 MPLS Tunnel，通过 PKT 交叉完成业务调度。基于 PKT 平面的专线可以开启 QoS 功能，对不同的专线提供不同的服务质量，并通过 OAM 功能对网络故障进行有效检测、识别和定位。该架构方案是数据中心实现云计算的常用方案，基于 PKT 平面的专线方案有如下几种：

1）基于 PKT 平面的 P2P（点对点）专线，拓扑结构如图 3-46 所示。

2）基于 PKT 平面的 P2MP（点对多点）专线，拓扑结构如图 3-47 所示。

3）基于 PKT 平面的 MP2MP（多点对多点）专线，拓扑结构如图 3-48 所示。

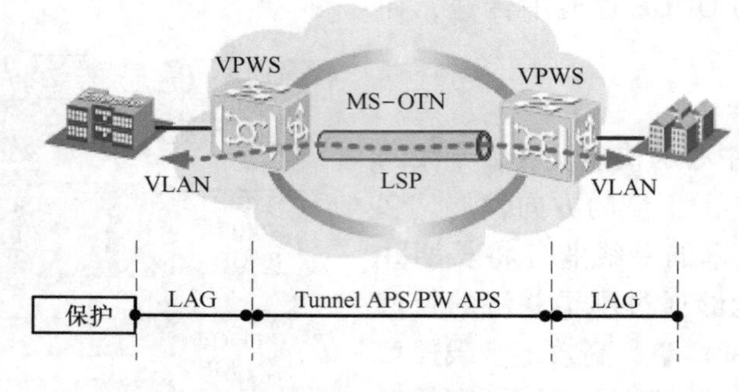

图 3-46 P2P 专线拓扑结构

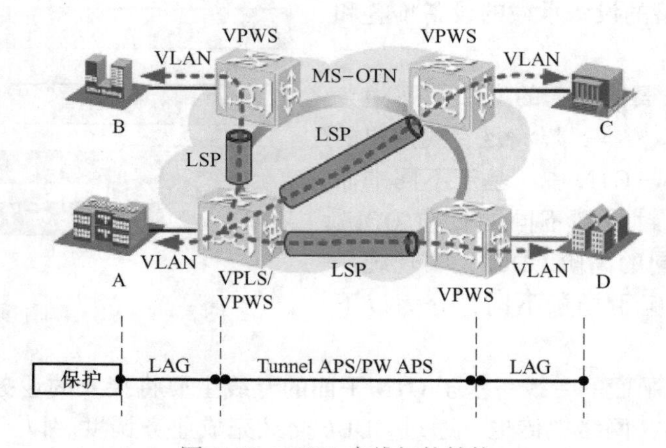

图 3-47 P2MP 专线拓扑结构

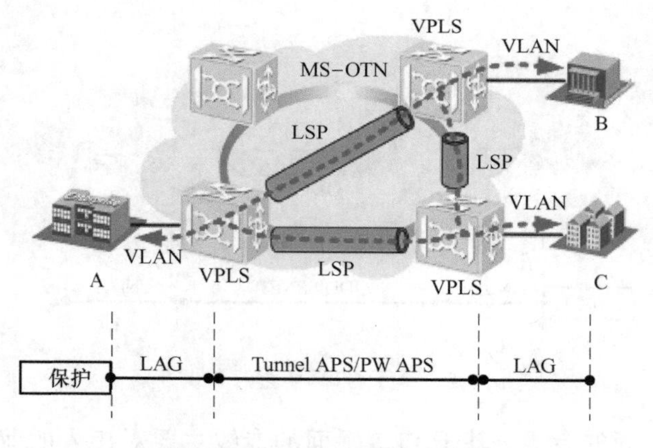

图 3-48 MP2MP 专线拓扑结构

（3）基于 TDM 平面的专线 基于 TDM 平面的专线主要将接入的业务直接封装为 VC 的颗粒，通过 VC 交叉完成业务调度，拓扑结构如图 3-49 所示。

3. MS-OTN 关键技术

（1）统一线卡 统一线卡是 MS-OTN 实现统一传送的关键部件，不仅能够像常规线卡一样提供 40G/100G 及更高的线路速率，而且具有更加灵活高效的业务承载方式。统一线卡的特点是：

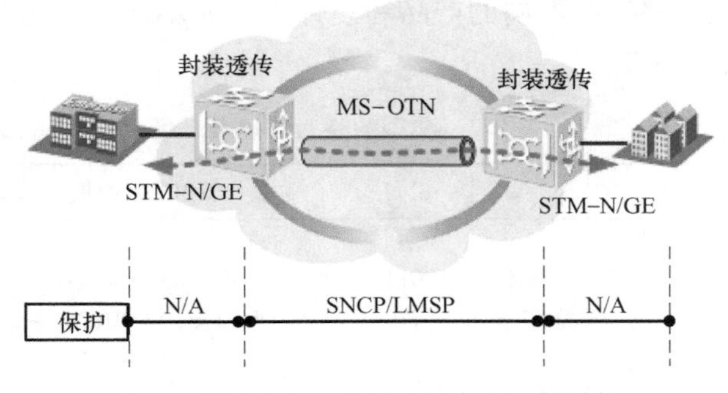

图 3-49　基于 TDM 平面的专线拓扑结构

1）能够在同一个波长中统一承载 OTN、SDH、PKT 等业务，而且可以自由灵活地为不同业务分配带宽。

2）能够提供多种不同类型和容量的管道以适配多种业务。

统一线卡集成了 PKT（Packet）、SDH 和 OTN 的处理模块，其功能框图如图 3-50 所示。

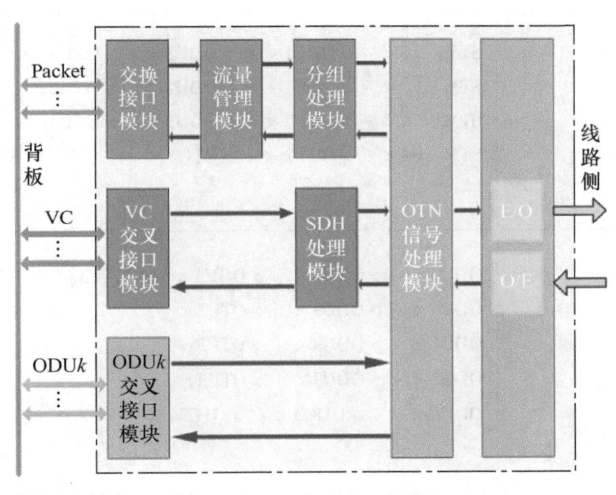

图 3-50　统一线卡功能框图

其中各部件的功能见表 3-6。

表 3-6　统一线卡各部件的功能表

模　　块	主 要 功 能
交换接口模块	分组（PKT）业务报文与集中交换报文格式转换，与交叉板配合完成报文交换
流量管理模块	流量整形、队列调度和拥塞管理等
分组处理模块	分组（PKT）报文的路由查找、地址匹配、标签交换等功能，以及业务的保护、OAM、QoS 等 L2 功能的处理
VC 交叉接口模块	与交叉板配合实现 VC 信号交叉调度
SDH 处理模块	SDH 信号的映射、复用及开销处理
ODUk 交叉接口模块	与交叉板配合实现 ODUk 信号交叉调度
OTN 信号处理模块	完成分组（PKT）、SDH 业务往 ODUk 的封装以及 OTN 信号的映射、复用及开销处理

（2）映射路径　映射路径在不同的产品和硬件上有所不同，这里只列举一些典型的映射路径以帮助理解，见表3-7。

表3-7　典型的映射路径表

域	映射路径举例
分组(PKT)	100GE < - > GFP - F < - > ODU4 < - > OTU4; 10GE < - > GFP - F < - > ODU2 < - > ODU3 < - > OTU3; 10GE < - > GFP - F < - > ODU2 < - > OTU2; GE < - > GFP - T/GFP - F < - > ODU0 < - > ODU3 < - > OTU3; GE < - > GFP - T/GFP - F < - > ODU0 < - > ODU2 < - > OTU2; n x GE < - > GFP - F < - > ODUflex < - > ODU2 < - > OTU2; n x GE < - > GFP - F < - > ODUflex < - > ODU3 < - > OTU3; n x GE < - > GFP - F < - > ODUflex < - > ODU4 < - > OTU4; …
SDH	STM - 16 < - > ODU1 < - > ODU3 < - > OTU3; STM - 16 < - > ODU1 < - > ODU2 < - > OTU2; STM - 64 < - > ODU2 < - > ODU3 < - > OTU3; STM - 64 < - > ODU2 < - > OTU2; …
OTN	ODU0 < - > ODU1 < - > ODU3 < - > OTU3; ODU0 < - > ODU3 < - > OTU3; ODU1 < - > ODU3 < - > OTU3; ODU2 < - > ODU3 < - > OTU3; ODUflex < - > ODU3 < - > OTU3; …

（3）MPLS - TP　MPLS - TP技术是一种面向连接的分组交换网络技术，利用MPLS标签交换路径，省去MPLS信令和IP复杂功能，支持多业务承载，独立于客户层和控制面，并可运行于各种物理层技术，具有强大的传送能力（QoS、OAM和可靠性等）。综合起来，MPLS - TP技术的特点为：

1）继承MPLS面向连接的特性，增强网络安全性，减少网络延时。

2）支持类似SDH的环形、线性保护，满足电信级保护倒换要求。

3）支持类似SDH的层次化OAM，实现分层快速故障检测和定位，提升网络可靠性。

4）具有高的网络生存性和可扩展性。

5）支持网管集中管理设备和静态配置，无须了解复杂的三层协议，符合传统运维习惯。

MPLS - TP基于现有的MPLS技术实现简单高效的分组传送，是MPLS的一个子集，简化了MPLS技术中与传送无关的三层技术，去掉了无连接基于IP的转发，增强了端到端的

OAM 和保护机制，弥补了其不足以支撑传输网络的缺点，MPLS－TP 可以用一个简单公式表述：MPLS－TP＝ MPLS＋OAM－IP。

（4）OAM　为了协助客户快速定位和处理故障，MS－OTN 提供层次化、端到端的 OAM 方案，保证网络故障定位、倒换和性能检测需求。MS－OTN 网络的运维除了继承传统 OTN/TDM 丰富的开销外，还支持通过 MPLS－TP OAM 和 ETH－OAM 实现分组网络的端到端运维。MPLS－TP OAM 用于 MPLS－TP 网络的运维管理，可以有效检测、识别和定位 MPLS－TP 网络的故障，在链路出现缺陷或故障时迅速进行保护倒换，从而有效降低网络维护的成本，具体功能见表 3-8。

表 3-8　MPLS－TP OAM 的功能

OAM 类型		OAM 操作
主动 OAM（Proactive）	故障管理	连续性检测 CC（Continuity Check）
		远端故障指示 RDI（Remote Defect Indication）
		告警指示信号 AIS（Alarm Indication Signal）
按需 OAM（OnDemand）	故障管理	环回 LB（LoopBack）
		链路跟踪 LT（LinkTrace）
	性能监测	丢包测量 LM（Loss Measurement）
		时延测量 DM（Delay Measurement）
		锁定 LCK（Locked signal function）和测试 TST（Test）

三、云灾备架构与实施

各行业普遍通过异地建设灾备中心的手段来保护生产数据的安全，进而保证关键应用的业务连续性。这种部署方式为一个生产中心对应一个灾备中心，灾备中心平时不对外提供业务访问。一旦生产中心发生灾难，业务中断，无法短时间恢复时，灾备中心才应需启动，对外提供业务。这种灾备系统面临以下挑战：

1）当生产中心遭遇供电故障、火灾、洪灾、地震等灾难时，需要手动将业务切换到灾备中心，有可能需要专业的恢复手段和长时间调试，业务中断时间长。

2）灾备中心平时不能对外提供业务，常年处于闲置状态，资源利用率低。

在这种情况下，双活数据中心解决方案帮助客户解决以上的问题，双活数据中心解决方案是指两个数据中心同时处于运行状态，同时承担业务，提高数据中心的整体服务能力和系统资源利用率。两个数据中心的数据实时保持一致，当单设备故障甚至一个数据中心故障时，业务自动切换，数据零丢失，业务零中断。

在以前的内容中阐述了双活数据中心的部署，这里主要阐述双活数据中心解决方案的关键技术如下：

1）存储层：通过 HyperMetro 实现存储层的双活。

2）计算层：通过 FusionSphere、VMware 等虚拟化技术，提供虚拟机 HA 特性，故障时自动恢复。

3）应用层：通过应用集群和数据库集群技术实现双活。

4）网络层：通过DWDM、EVN等二层互联技术，实现低时延、高可靠的二层网络互联；通过网络设备的双活网关、RHI等路径优化技术，以及全局负载均衡器、服务器负载均衡器实现双活就近接入或高可用网络切换。

5）传输层：通过设备冗余及板卡冗余构建可靠的双活传输网络。

6）安全层：通过防火墙和安全策略的规划和设计保证访问安全，通过传输层加密特性，保证跨数据中心数据传输安全。

双活数据中心中的存储层、计算层、部分网络层的技术已经在前面的有关集群技术、网络技术的第1章、第2章中阐述完毕；应用层、安全层将在有关虚拟化的第4章中阐述，本模块重点阐述部分网络层、传输层的相关技术。

1. 网络层的实施

为保障方案的可靠性，本方案采用数据传输链路与心跳链路分离设计的原则。通过VXLAN或VRF隔离端到端流量，同时分配独立的物理互联链路，做到业务流量与集群心跳分离流量，互不影响。涉及跨数据中心传输的业务有：

1）采用FC链路实现同城双数据中心间的数据实时同步，连接示意图如图3-51所示。

2）采用二层以太网络实现双数据中心间主机应用集群的心跳、同步互联链路通信，如果两个数据中心间链路距离≤25km，则裸光纤数量≥4对。

3）4台核心交换机建议10GE级联，需要2对裸光纤。

4）4台FC交换机建议FC采用一对一级联，需要2对裸光纤。

5）采用二层以太网络实现双数据中心间主机应用集群的心跳、同步互联链路通信。

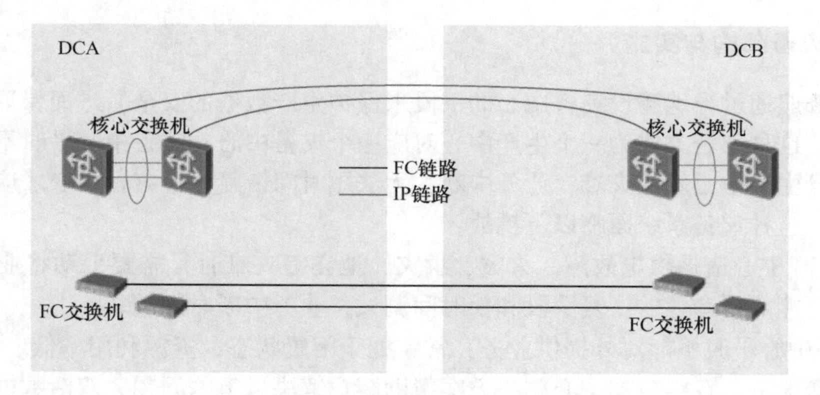

图3-51 同城双数据中心裸光纤连接示意图

如果两个数据中心间链路距离>25km或裸光纤数量小于4对，建议使用OTN波分设备来构建两数据中心的同城网络。以太网交换机和FC交换机同时连接到OTN波分设备，两个数据中心的OTN波分设备直接级联，需要2对裸光纤，如图3-52所示。

2. 传输层的实施

MS-OTN系列波分产品采用了先进的低时延处理技术，针对时延问题进行了优化，可应用于对时延要求较高的数据中心互联。

例如：华为OTN产品采用了先进的GMP封装技术，具有超低的电层处理时延，可以根

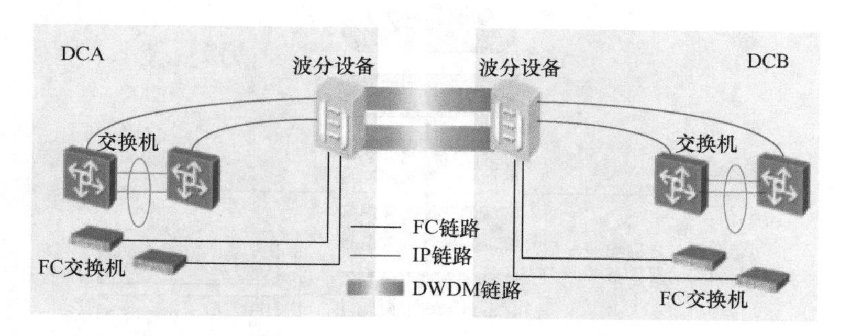

图 3-52　同城双数据中心彩光连接示意图

据需要采用不同的 FEC 方式，以减少 FEC 引入的延时。在满足传输需求的情况下，可以关闭 FEC 或者采用时延较小的 FEC 方式，最大化地缩小系统时延。针对系统色散补偿引入的延时，华为通过以下方式来减小时延。

1）华为可以提供基于 FBG（Fiber Bragg Grating，光纤布拉格光栅）的色散补偿方案，与传统的色散补偿光纤相比，FBG 本身基本不引入延时（小于 0.1μs），具有非常大的低时延优势。

2）针对需要使用传统色散光纤补偿的场合，华为提供一系列模块化的色散补偿模块，可以针对需要进行精确的色散补偿，尽量减少色散补偿光纤的长度。

3）华为 40G/100G 系统，采用先进的 DSP 算法，无需色散补偿，彻底消除色散补偿光纤对时延的影响。同时华为率先支持 100G 二代软判技术，时延得到大幅下降。

4）针对光纤路径时延，华为提供 OTN 时延测量功能，当存在多个光纤路径可以选择时，可以选择最优的传输路径。

波分设备的配置应满足以下要求：

1）每个数据中心建议部署两台波分设备，跨数据中心两两级联，组成数据中心间的双传输平面。

2）如果每个数据中心只部署一台波分设备，则每台至少部署两块合波卡，保证板间冗余。

3）在满足系统误码率要求和性能要求的情况下，可以关闭 FEC（Forward Error Correction，前向纠错）功能或者采用 GFEC（General Forward Error Correction）功能，以获得较小的传输时延。

4）如果双活数据中心间裸光纤物理距离大于 40km 或线路色散较大，则采用 FBG 色散补偿方案。如果采用 40Gbit/s 或 100Gbit/s 波分系统，则可以配置 DSP（Digital Signal Processing）算法，彻底消除色散补偿光纤对时延的影响，无需色散补偿。

5）端口要求：

① 每台设备至少提供两个 FC 端口（2Gbit/s 及以上），用于连接存储层的 FC 交换机。

② 每台设备至少提供两个 IP 端口，用于连接网络层的核心交换机。

3. MS－OTN 调试流程

在进行双活数据中心解决方案配置前，请了解配置流程，以确保配置操作顺利进行。双活数据中心解决方案 MS－OTN 调试流程如图 3-53 所示。

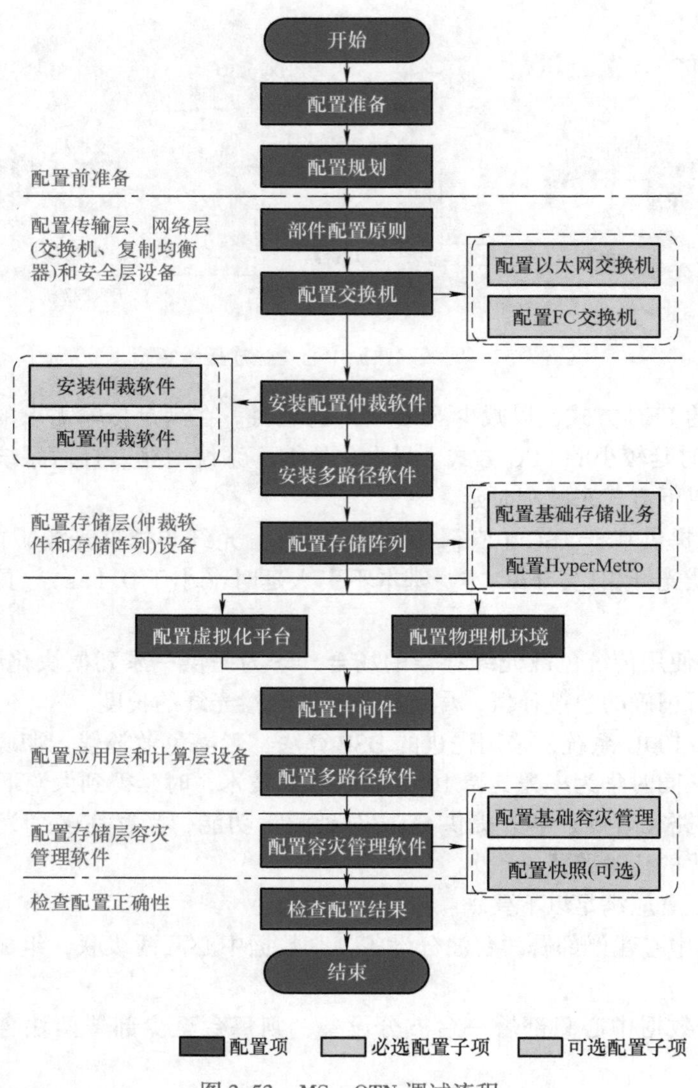

图 3-53　MS - OTN 调试流程

3.3.4　能力拓展

一、MS - OTN 保护

为充分保证容灾网络的自愈能力，实现无人值守，无需人为干预，使网络能够在极短的时间内从失效故障中自动恢复自身所携带的业务，使用户感觉不到网络已经出现了故障。MS - OTN 设备提供分层、完善的业务保护方案，支持的保护方案如图 3-54 所示。

通常采用如下的方案：

1. L0 层保护

L0（光层）保护主要在光缆线路以及光传输设备的层面进行，重点强调通道保护。通道保护是最常用的简单快速的保护方式，采用“双发选收或也称为并发优收”的机制进行，业务传输时采用主用路径与备用路径相结合构成传输环路，按照保护的内容不同，主要有以下几种：

1）光线路保护（OLP）是对一段光缆进行保护，保护对象是整个合波后的线路信号，原理就是以主备两条光缆线路路由为基础，将合波后的放大信号通过OP板（光保护板）一分为二，主备信号分别在两条线路路由上传输，接收端自行选择接收线路，其原理图如图3-55所示。OP板是OTN保护的重要部分，其主要功能就是双发双收，其中双发部分是无源的，将信号一分为二，分成两路完全相同的信号，接收方根据信号的功率、信噪比等指标决定接收哪路信号。

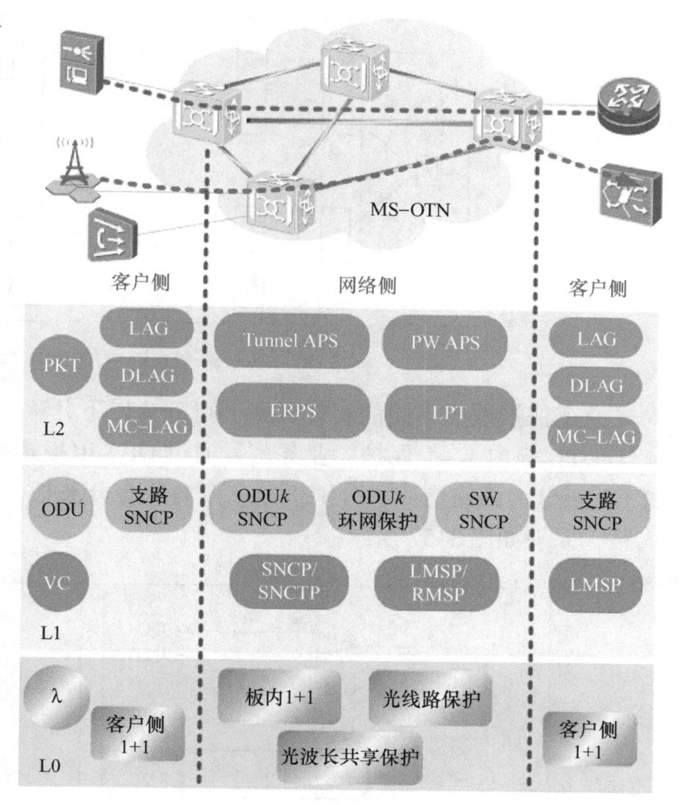

图3-54　MS-OTN保护方案

2）光通道保护（OCP）：以波长为对象的保护，采用并发选收的原理，对客户侧或者线路侧光通道进行保护，一般称为光通道1+1保护。在光通道1+1保护系统中，复用器/解复用器、线路光放大器、光缆线路等都需要有备份，如果是对客户侧光通道进行保护，则业务接口也需要备份。业务信号在发送端被永久桥接在工作系统和保护系统，在接收端监视从这两个线路通道收到的业务信号状态，并选择更合适的信号。这种保护方式不需要APS协议，每一个通道的倒换与其他通道的倒换没有关系，倒换速度快（50ms以内），可靠性高，其原理如图3-56所示。

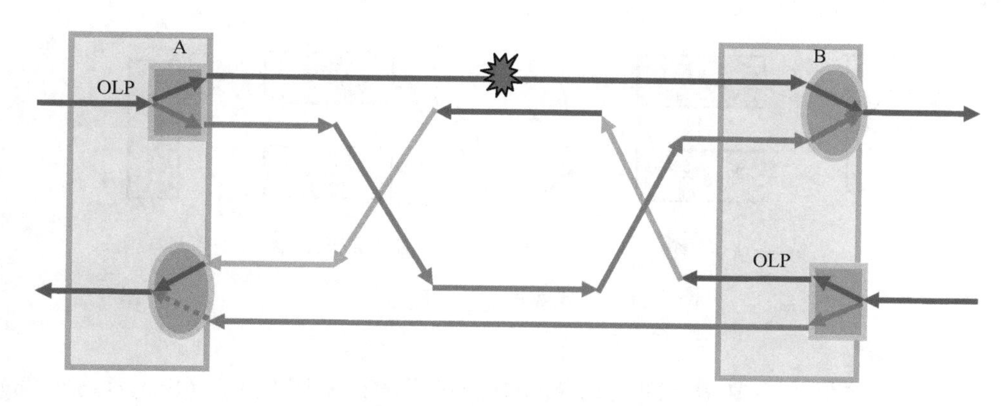

图3-55　光线路保护原理图

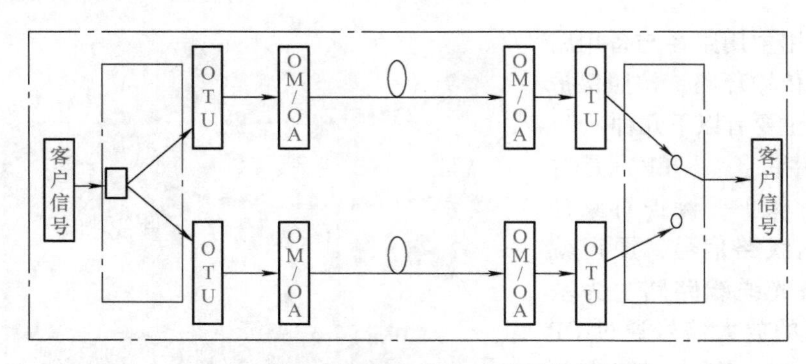

图 3-56　基于单个光通道的 1 +1 保护原理图

光通道保护按照不同的实现方式，可分为以下几种：

① OTU 板内 1 +1 保护。业务信号通过 OUT 单板转换波长之后，在送入合分波板之前，经过 OP 板分为两路信号，分别送给东西向的合分波板，一路用于工作线路，另一路用于冗余线路，原理如图 3-57 所示。

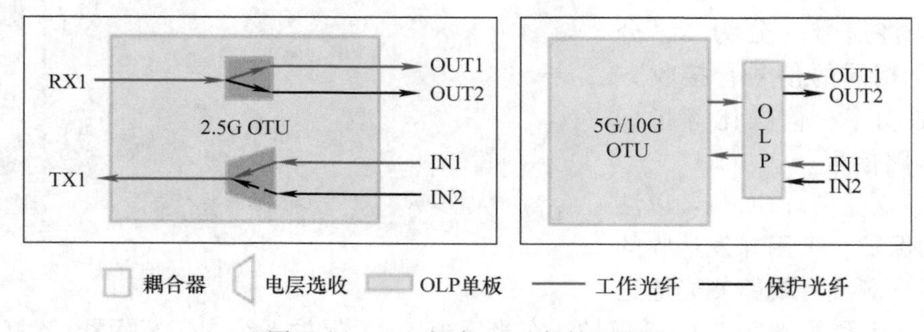

图 3-57　OUT 板内 1 +1 保护原理图

② OUT 板间 1 +1 保护。客户信号在送入 OUT 板之前经过 OP 板复制成两路客户信号，分别送给两块 OUT 板，分别经过波长转换之后，送给东西向的合分波板。由于使用两块 OUT 板，既能保护东西向光缆路由，又能防止单块 OUT 板的故障，而且两块 OUT 板可以将信号调制为两个不同或相同波长的信号，所以 OUT 板间 1 +1 保护也可称为光通道波长保护，其原理如图 3-58 所示。

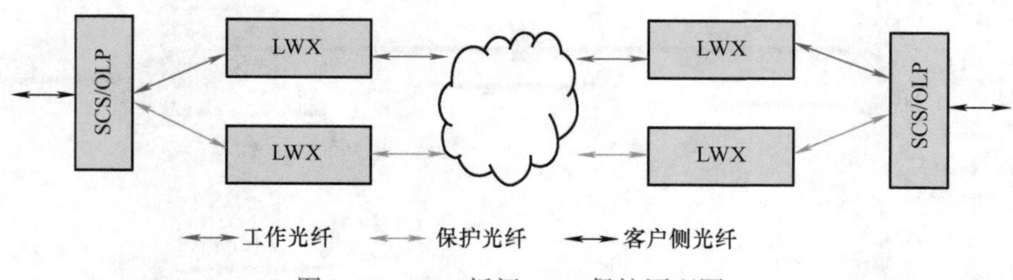

图 3-58　OUT 板间 1 +1 保护原理图

2. L1 层保护

L1（TDM）层保护主要是针对网络传输机制进行的，采用 SNCP（Subnetwork Connection Protection，子网连接保护）技术进行实施。SNCP 是指某一子网连接预先安排专用保护路由，一旦子网发生故障，专用保护路由便取代子网承担整个网络中的传送任务，其中子网是网络中的一部分，可以是链状环、网状网、环状网等网络通道中的某个部分。实质上 L1 层是通道保护的一个特例，通道保护是一个环的东西两个方向，是特殊的子网，主备业务并发优收，收、发两端的站点均在一个环上，而 SNCP 对网络结构没有限制，主备业务经过两个“子网”时，忽略中间端到端的传输保护。按照保护方式不同，L1 层保护分为以下几种：

1）ODU*k* SNCP：保护对象是 ODU*k* 颗粒，也就是在 40×10Gbit/s 的 OTN 系统里可以以 GE、2.5G 业务为单位保护，ODU*k* 不通过 OP 板复制，而是通过电交叉单元进行电信号复制，然后分别打包进东西向的 OTU*k* 中，在接收端进行选收，其结构如图 3-59 所示。

其中：从右方向左方传输时，右方为源端，源端从支路波长转换板接入的信号，经过 ODU*k* 电交叉单元双发到两个线路波长转换板，经过不同的光纤送向宿端；从左方接收右方的传输，右方是宿端，经过不同的光纤送到宿端的两路信号送到两个线路波长转换板，经过 ODU*k* 交叉单元选收其中 1 路，送到支路波长转换板。

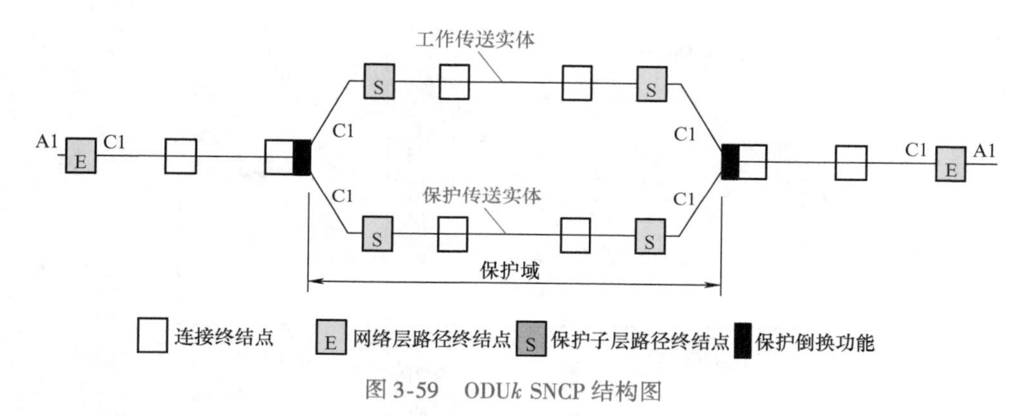

图 3-59　ODU*k* SNCP 结构图

2）ODU*k* SPRing：基于 OTN 电交叉的 ODU*k* 共享环网保护，类似 SDH 网络的复用段共享保护环，可以充分保护通道共享，提高资源利用率，结构如图 3-60 所示。

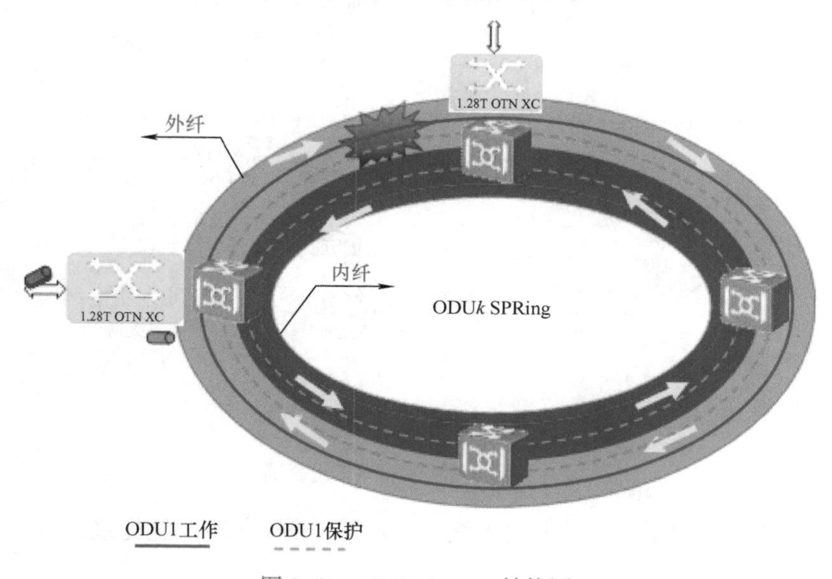

图 3-60　ODU*k* SPRing 结构图

其中：保护倒换由源、宿节点实施；工作和保护时隙按照1:1任意配置，工作和保护时隙可灵活分配在同纤或异纤；倒换机制基于ODUk电层检测，实施方便，倒换效率高，保护通道在正常情况下可以传送低优先级的业务，适合于均匀型的环网业务分布模式。

二、MS-OTN多业务支持

分组网络通过QoS（Quality of Service）对网络资源进行合理分配与监控，在网络拥塞时最大限度地减少网络延迟和抖动，确保关键业务的质量。

传统的分组网络中，所有报文均采用FIFO（First in First out，先入先出队列）和尽力转发（Best-Effort）的方式进行处理。但这种方式无法满足新业务对带宽、延迟、延迟抖动和丢包率等方面的要求。MS-OTN提供的端到端带宽保证QoS方案可以针对各种业务（如语音、视频以及数据等）的不同需求，提供有差异的服务质量，如图3-61所示。

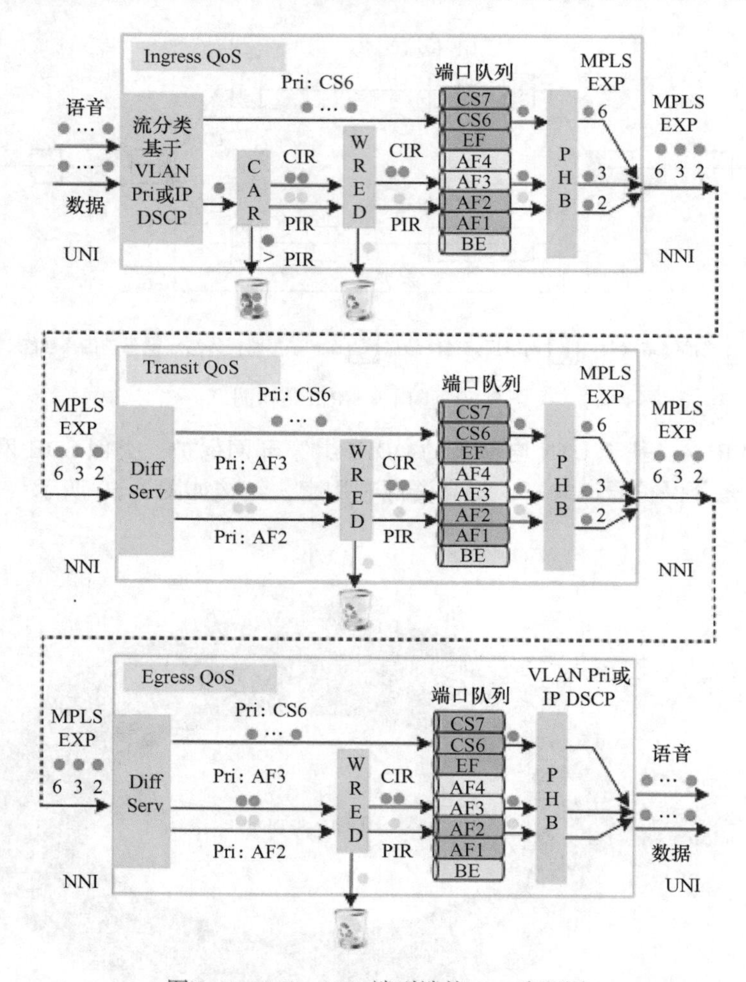

图3-61 MS-OTN端到端的QoS流程图

其中：报文的颜色用于标识转发优先级，“绿色”的报文转发优先级最高，其次是“黄色”，最后是“红色”。

1. Ingress 节点

1）报文进入时，根据 IP DSCP 或 Vlan Pri（Vlan 优先级）将业务映射至不同队列。

2）配置 CAR（流量监管），指定业务的 CIR（约定信息速率）和 PIR（Peak Information Rate，峰值速率）。

3）针对有突发的业务配置队列带宽比例，为 WFQ 队列配置 WRED（Weighted Random Early Detection，加权随机先期检测）报文丢弃策略。

4）报文离开时，将队列优先级映射到 MPLS 报文的 EXP 值中，传递各业务的颜色信息。

2. Transit 节点

1）报文进入时，根据 MPLS EXP 值进行流分类，恢复各业务的颜色信息。

2）针对有突发的业务配置队列带宽比例，对 WFQ 队列配置 WRED 报文丢弃策略。

3）报文离开时，将队列优先级映射到 MPLS 报文的 EXP 值中，传递各业务的颜色信息。

3. Egress 节点

1）报文进入时，根据 MPLS EXP 值进行流分类，恢复各业务的颜色信息。

2）针对有突发的业务配置队列带宽比例，对 WFQ 队列配置 WRED 报文丢弃策略。

3）报文离开时，将队列优先级映射回 IP DSCP 或 VLAN Pri 中，恢复原始报文。

传统的 QoS 技术是基于端口进行调度的，一个物理端口上属于同一优先级的流量，都使用同一个优先级队列，彼此之间竞争同一个队列资源，无法将各个客户、各条业务区分开来。为了解决这个问题，满足运营商向多用户、多业务提供带宽保证的需求，出现了 HQoS 技术。HQoS（Hierarchical Quality of Service）即层次化 QoS，是一种按照业务分层模型，对业务逐层进行流量控制的 QoS 技术。

HQoS 通过层次化的方式，在端口、V - UNI、PW 等不同层级上分别进行 QoS 控制，可以做到为每个客户、每条业务都提供精细化的 QoS 服务。

在现有技术条件下，OTN 有两种方式来支持数据业务：

1）通过 GFP 适配数据业务，例如多个 GE 通过 GFP 封装后再封装到 OTN 净荷中，此方式适用于低速的 GE 业务。

2）采用更高速率的 OTN 帧（Over Clock）将以太网直接作为净荷封装到 OTN 中，适用于高速以太网业务，例如 10GE LAN 速率为 10.3125Gbit/s，可以将其映射到 11.1Gbit/s 的 OTU2 帧中实现完全透传。MS - OTN 以太网组网如图 3-62 所示。

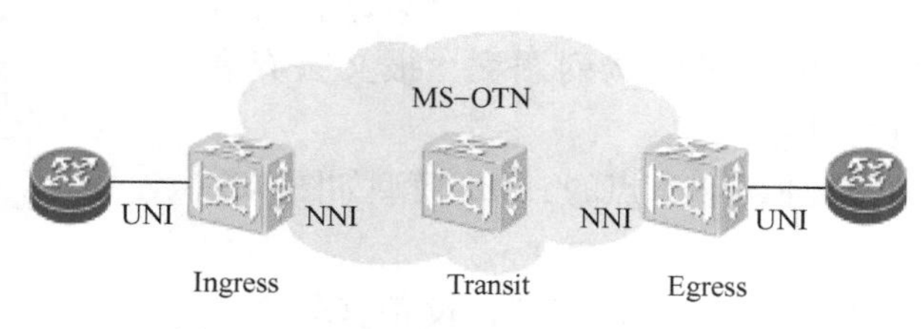

图 3-62 MS - OTN 以太网组网拓扑图

各节点对应的 HQoS 模型如下。

1）Ingress 节点的 HQoS 模型如图 3-63 所示。

业务报文进入 Diff Serv 域（DS 入映射）时，设备首先会对报文进行流分类，以实现外部优先级和 PHB 服务等级之间的映射，并可以对于属于不同分类的报文，进行预定义的转

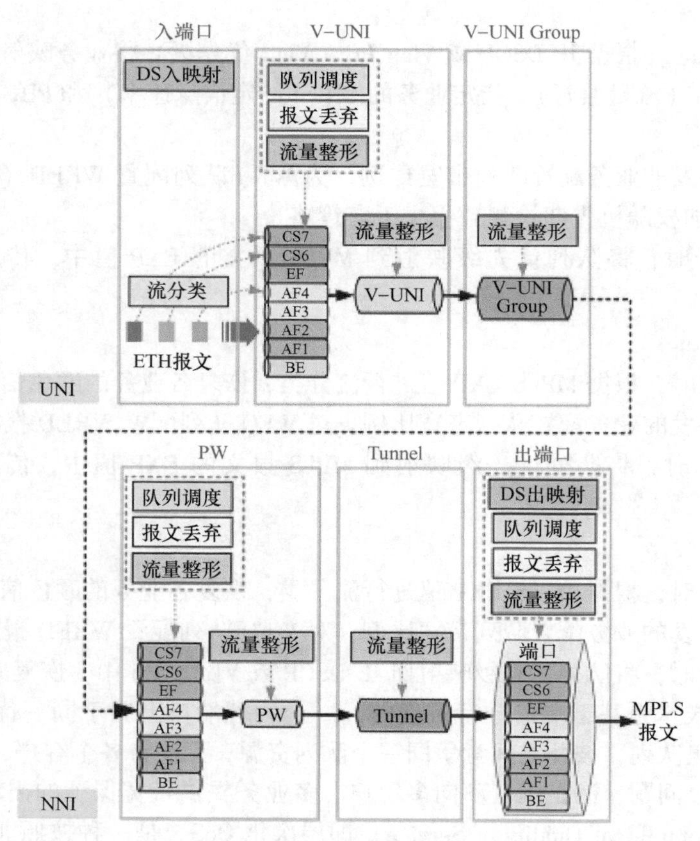

图 3-63　Ingress 节点的 HQoS 模型图

发动作处理。然后在业务各个分层上，设备可以逐层进行队列调度、报文丢弃和流量整形，以避免或减轻网络拥塞。

2）Transit 节点的 HQoS 模型如图 3-64 所示。

从 NNI 入端口到 NNI 出端口方向，设备首先在入端口处对报文进行简单流分类，然后按照 Tunnel 的带宽设置对报文进行流量整形，在出端口上应用端口策略，对各个 CoS 队列进行队列调度、报文丢弃和流量整形。

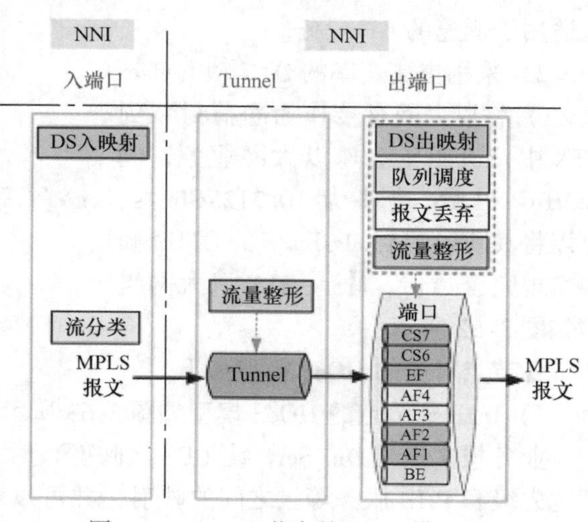

图 3-64　Transit 节点的 HQoS 模型图

3）Egress 节点的 HQoS 模型如图 3-65 所示。

从 NNI 到 UNI 方向，设备首先在入端口处对报文进行简单流分类，即按照 Diff Serv 域设置的入方向映射规则将 PW 报文的 MPLS EXP 值映射成 PHB 服务等级。然后，在业务各个分层上，设备可以逐层进行队列调度、报文丢弃和流量整形。

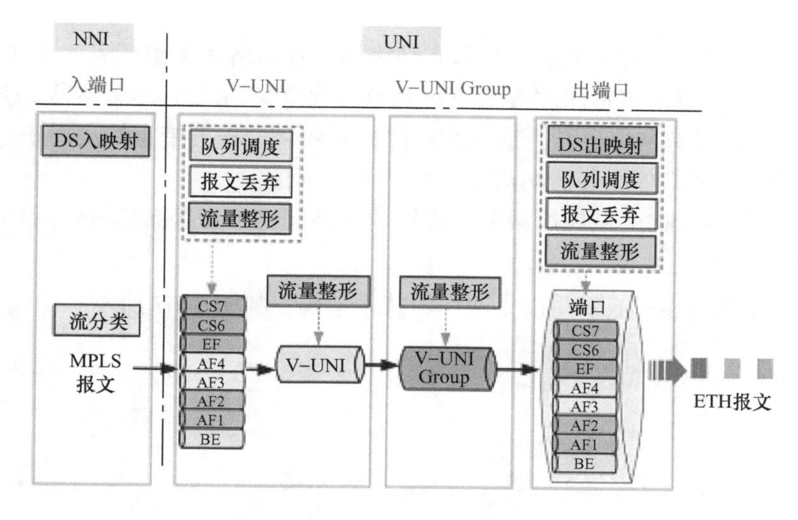

图 3-65 Egress 节点的 HQoS 模型图

三、MS - OTN 网络架构

MS - OTN 的总体网络架构与原有的 OTN 网络基本类似，涉及三个站点的部署规划，数据中心 A、数据中心 B 和第三方仲裁站点，相关建议如下：

1）建议两个数据中心距离不超过 100km，并具备裸光纤资源。

2）第三方仲裁站点同时连接至数据中心 A 和数据中心 B，无距离限制要求。

基于 MS - OTN 双活数据中心的总体网络架构如图 3-66 所示。

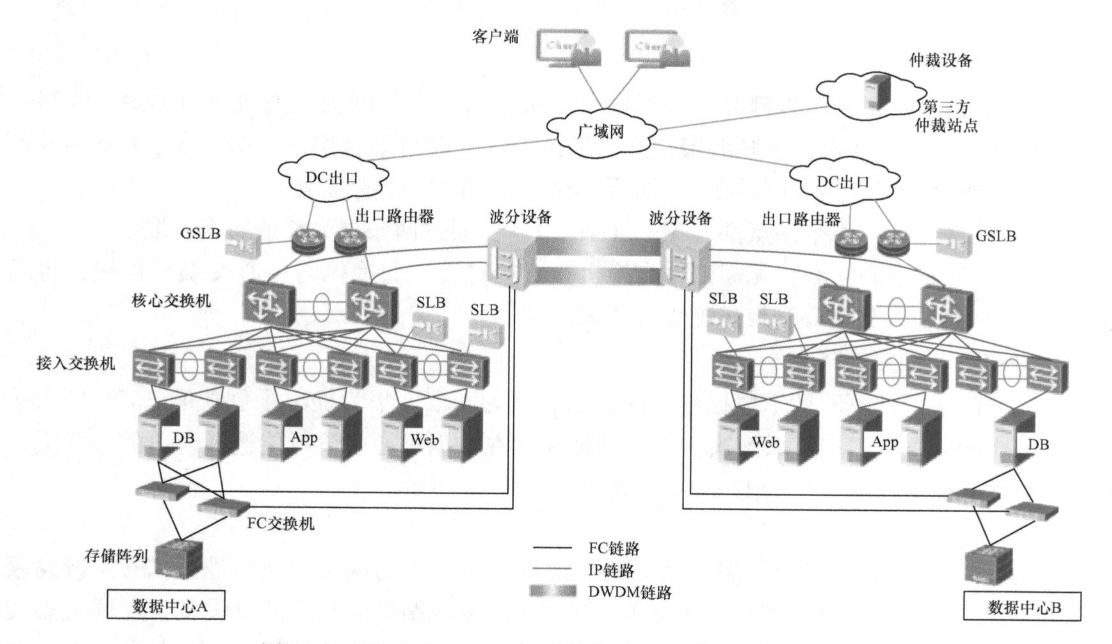

图 3-66 基于 MS - OTN 双活数据中心的总体网络架构图

其中：

1）核心交换机中，公有网络应当与私有网络及仲裁网络采用逻辑隔离方式。

2）波分设备中，应采用不同波分通道承载这几类网络（尤其是大规模组网场景），最低要求是公有网络与私有网络分开，达到物理隔离的效果。根据带宽的利用率，公有网络可以与其他业务流量（如其他服务器间流量）共用波分通道。

3）数据库一般用于向上层应用服务器提供业务访问，不直接向广域网用户提供访问。

1. 普通以太网互联架构

目前，双活数据中心普遍采用以太网作为技术架构，如图3-67所示。

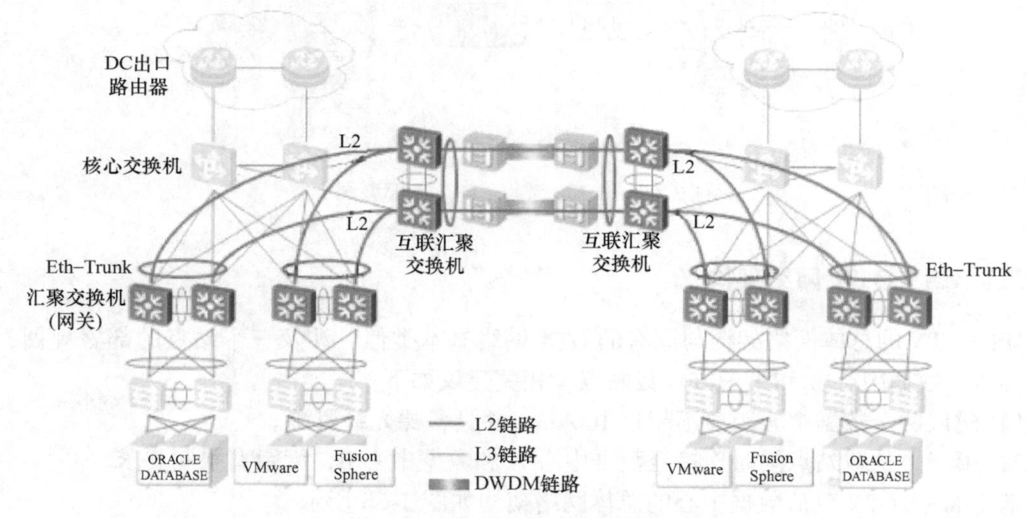

图3-67 普通以太网技术架构图

其中：

1）互联接入：每个站点部署互联汇聚交换机，站点内的网关交换机通过CSS+链路聚合接入该互联汇聚交换机，互联汇聚交换机通过CSS+链路聚合接入波分设备，CSS+链路聚合保证整网无二层环路，同时在互联汇聚交换机配置二层风暴抑制。

2）传输网连接：每个站点部署MS-OTN设备，通过两条裸光纤或彩光互联。

3）小型数据中心互联，无需汇聚交换机，直接将接入交换机与核心交换机连接，再通过MS-OTN互联，在核心交换机配置二层风暴抑制。

2. 华为EVN互联架构

为充分满足云计算时代下数据中心间二层互联的需求，华为提出了创新的EVN（Ethernet Virtual Network）二层互联解决方案，帮助用户在数据中心建设时能选择合适的方案更好地满足云计算业务需求，华为EVN互联架构如图3-68所示。

其中：

1）互联接入：每个站点部署互联汇聚交换机，站点内的网关交换机通过CSS+链路聚合接入该互联汇聚交换机，互联汇聚交换机通过CSS+链路聚合接入波分设备，互联汇聚交换机运行EVN PE，EVN PE间形成EVN二层通道。DC间三层互通，二层域完全隔离ARP广播，未知单播限制在本DC。

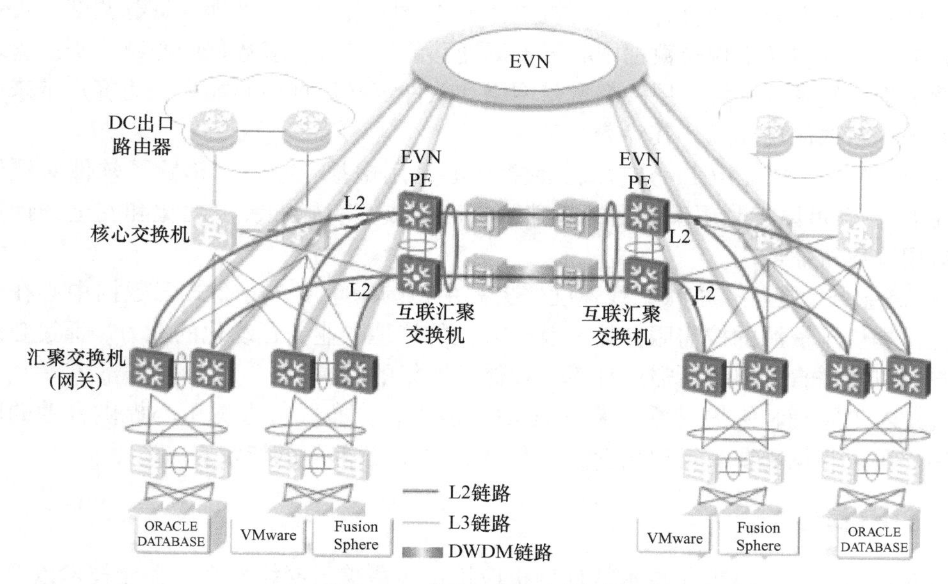

图3-68　华为EVN互联架构

2）传输网连接：每个站点部署MS－OTN设备，通过两条裸光纤或彩光互联。

3）中小型数据中心的互联，无需汇聚交换机，直接将接入交换机与核心交换机相连，再通过MS－OTN互联，其他保持一致。

3.4　虚拟化系统集成

3.4.1　案例引入

数据中心建设要以双活云数据中心为理念，充分实现物理分散、逻辑统一、业务驱动、云管协同、业务感知等业务需求，其建设要求如下：

1）云数据中心以虚拟化融合架构（计算、存储、网络融合）作为资源池的基础单元，构建SDN业务感知网络，通过自动化管理和虚拟化平台来支撑IT服务精细化运营。

2）各系统间采用虚拟化技术，使各地的应用系统能够根据需要实现各系统之间协同工作，实现无限资源的商业服务。

3）计算虚拟化，为用户提供快速、便捷的数据服务。

4）存储虚拟化，为用户提供无限空间的存储服务。

5）网络虚拟化，为用户提供稳定、高质量的网络服务。

6）接入虚拟化，为用户提供快速、安全的接入服务。

3.4.2　案例分析

一、虚拟化的优势

采用虚拟化技术建设的分布式云数据中心不再仅限于提高独立数据中心的效率和用户体

验，而是将多个数据中心融合为一个有机整体，围绕跨数据中心管理、资源调度和灾备进行设计。虚拟化技术包括实现跨数据中心云资源迁移的云平台、多数据中心统一资源管理和调度的运营运维管理系统、大二层的超宽带网络和软件定义数据中心能力，为客户带来前所未有的价值和全新的使用体验，其优势在于：

1）降低TCO，提高ROI。分布式云数据中心采用虚拟化技术，消除了软件对硬件的依赖性，使IT主管可以将利用率不足的基础结构转变成富有弹性、自动化和安全的计算资源池，供应用程序按需使用。

2）提高业务敏捷性，加快上线速度，提高用户的满意度。分布式云数据中心在虚拟化技术之上，提供了资源的按需服务能力及全方位的管理、业务自动化的能力。通过自助式服务，用户可以按需自助申请所需的计算、存储、网络的资源。

3）减少IT管理和维护资源，提高IT治理能力。分布式云数据中心提供自助的服务能力，而用户可以根据需要自己申请业务，降低对IT运营部门的依赖。

二、VDC简介

随着技术的发展，虚拟化技术从计算机应用逐步覆盖至网络技术、存储技术以及大部分IT领域。采用虚拟化技术建设的分布式云数据中心，我们可以重新定义为VDC（Virtual Data Center，虚拟数据中心）。

云数据中心解决方案通过灾备服务和基于资源负载均衡的跨数据中心应用迁移来提升应用的可用性和资源利用率，可用性的提高和宕机时间的缩短使企业在无形成本方面节省了大量资金。虚拟机可以通过诸如虚拟机迁移之类的服务来提供更高的可用性。此外，虚拟机和虚拟磁盘的封装属性以及获取虚拟机状态的能力，还使虚拟机进行备份和恢复的速度得到提高。

通过为事件管理、问题管理、变更管理以及发布管理等标准化流程创建自动化的工作流，让IT的管理更加有效。集中的运营与运维，主动式的管理，利用简化和标准化的工作流将业务要求与IT流程连接起来，帮助消除代价高昂的错误，并降低对手动任务的依赖，从而使得多个多数据中心的运营与运维效率大大提升。

3.4.3 技术解析

VDC（Virtual Data Center，虚拟数据中心），是一种逻辑隔离的技术，可以对物理资源进行逻辑隔离，形成虚拟数据中心。VDC总体架构是基于OpenStack作为云管理平台，部门或组织可以向全局业务管理员申请使用虚拟数据中心，一次性获得所需的计算、存储和网络资源配额，本节以华为分布式云数据中心部署方案为例，全面阐述VDC的技术。

一、虚拟数据中心的优势

采用VDC技术，VDC业务管理员可以自由支配计算、存储和网络资源，适时调整资源配额，并且通过OpenStack对异构虚拟化的支持能力，实现对多种虚拟化平台的统一管理和调度，实现云数据中心统一管理能力，虚拟数据中心的优势如下：

1. 为租户提供DCaaS服务

VDC为租户提供DCaaS服务，是软件定义数据中心（SDDC）的一种具体实现。VDC

的资源可以来自于多个物理数据中心的不同资源池，资源类型分为虚拟化的计算、存储和网络资源等。VDC 提供的服务模式如下：

1）VDC 支持 IaaS 层的多种计算、存储、网络服务，网络可以由管理员自助定义，将 VDC 划分为多个 VPC（Virtual Private Cloud，虚拟私有云），VPC 包括多个子网。

2）VDC 的资源容量在创建时由 VDC 管理员申请或系统管理员指定，在申请审批后提供给 VDC 用户使用。

3）VDC 管理员的管理范围包括服务审批、服务模板、服务管理、资源配置、资源发放、自助运维等权限，负责对 VDC 内提供的服务进行全生命周期的管理，可以定义服务并发布到服务目录供用户申请，可以审批用户申请，可根据用户身份进行资源访问的权限控制。VDC 用户在使用 VDC 内的资源时，需要提交由 VDC 管理员审批的申请。

4）VDC 服务提供部分自助运维能力，包括查看 VDC 告警、性能、容量、拓扑信息。VDC 提供 VDC 级别的资源使用计量信息，方便租户计算计费信息。

2. 优化的云基础设施，适合多种应用场景

VDC 解决方案针对不同应用场景提供了不同的基础设施，以满足上层应用的差异化需求，提高基础设施效率和快速交付能力，目前主要针对四大场景：

1）标准虚拟化场景，提供普通应用虚拟化以及桌面云等虚拟化方案的基础设施。

2）高吞吐场景，主要针对 OLAP 分析型应用的支持，在存储和网络方面提供了优化，支持 InfiniBand 等高性能网络连接。

3）高扩展场景，对于需要快速水平扩展的应用，采用计算存储一体机方案提供快速扩展能力。

4）高性能场景，主要针对 OLTP 应用，服务器提供了多种 RAS 技术，可增强其可靠性、提高微秒级稳定响应能力等。

3. VDC 超强的管理能力

VDC 的资源来自于多个物理数据中心，资源类型多样，管理需求复杂。针对这种情况，分布式云数据中心提出了统一管理，包括：

1）多数据中心统一管理，支持对多个数据中心资源的统一接入和管理。

2）物理虚拟统一管理，为物理服务器、存储、网络资源和上面虚拟化出来的资源提供一致性的管理和拓扑对应关系，并在同一个管理界面上呈现。

3）多种虚拟化平台统一管理，现有虚拟化技术多种多样，需要提供统一管理的能力。

4. 提供不同 SLA 的灾备服务能力

VDC 基于 OpenStack 云环境架构，目前可以提供云硬盘备份服务、主备容灾服务两大灾备服务，基于租户 SLA 按需提供/分配灾备服务资源，实现云数据中心多租户自助的虚拟机数据安全保护和业务连续性容灾能力。

二、VDC 技术架构

VDC 通过构建跨数据中心的统一运营与运维管理平台，实现架构目标，自下而上由基础设施、资源池、服务域、管理域和业务域组成，如图 3-69 所示。

VDC 各层功能见表 3-9。

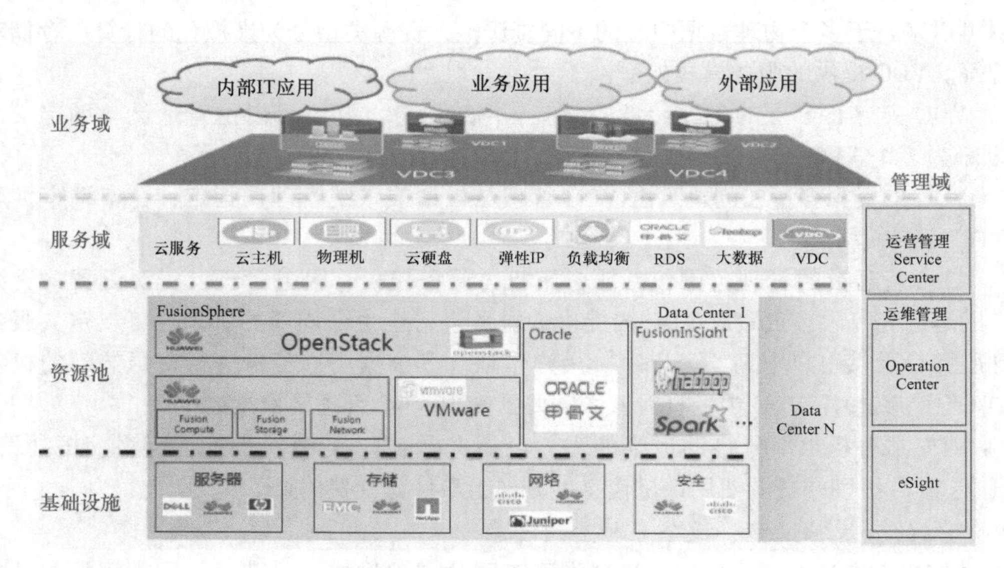

图 3-69 VDC 总体架构图

表 3-9 VDC 各层功能表

功能层	功能
基础设施	由服务器、存储、网络等物理基础设施构成融合资源池的基础架构，提供构建数据中心计算、存储和网络的资源池能力，基于物理资源构建了虚拟计算、虚拟存储、虚拟网络资源池
资源池	基于管理层提供的对虚拟计算、存储、网络的资源管理能力而构建的，具有对异构虚拟化平台的管理能力，例如 VMware 等多种虚拟化平台；也能够对物理资源池提供管理能力
服务域	基于管理层提供的运营和运维能力，匹配业务场景，通过服务目录实现资源的二级运营服务；通过 VDC 服务的形式进行资源的灵活分配，实现 VDCaaS；VDC 内部通过云主机服务、云磁盘服务，实现 IaaS
管理域	提供对多个云数据中心的统一管理调度能力，提供以 VDC 为核心的 DCaaS，VDC 内提供多种云服务能力。该层也提供对虚拟物理资源的统一运维能力
业务域	基于分布式云数据中心提供的服务，构建用户的业务系统，满足客户业务需求

三、VDC 部署

VDC 解决方案基于 OpenStack 作为云管理平台，通过 OpenStack 对异构虚拟化的支持能力，实现对多种虚拟化平台的统一管理和调度，实现分布式云数据中心的统一管理能力。在这个基础上，通过构建跨数据中心的统一运营与运维管理平台，实现分布式云数据中心的架构目标，华为分布式云数据中心部署方案如图 3-70 所示。

在 OpenStack 架构下各部件的部署及连接关系如图 3-70 所示，其中 KeyStone 部署在管理域，实现对多个 OpenStack 实例的统一认证管理。OpenStack 平台提供了适配异构虚拟化平台能力，支持 VMware/FusionSphere 等多种虚拟化平台，各部件的功能见表 3-10。

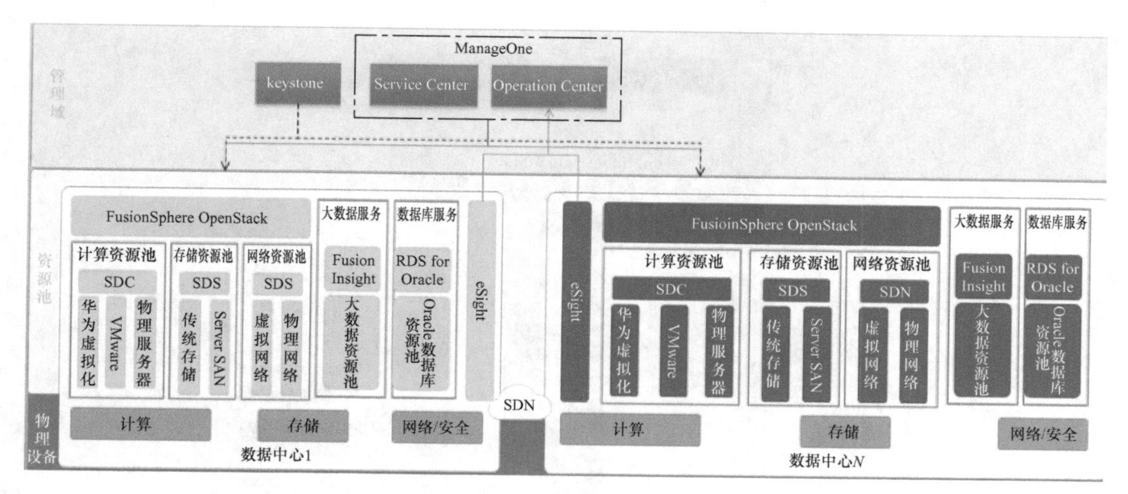

图 3-70　华为分布式云数据中心部署方案

表 3-10　OpenStack 各部件功能表

部 件 名 称	功 能 描 述
ManageOne	包括服务中心（SC）和运维中心（OC） SC：服务中心，具有资源池提供的云和非云资源统一编排和自动化管理能力，包括可定制的异构、多资源池策略和编排、可定制的企业服务集成、可通过集成第三方系统补足资源池的管理能力，特别是异构的传统资源自动化发放能力 OC：运维中心，面向数据中心业务，进行场景化运维操作和可视化的状态/风险/效率分析，基于分析能力提供主动和可预见的运维中心
eSight	提供 region 级硬件设备告警、性能、监控、TOPO 等运维能力
AgileController	作为 SDN 控制器，提供网络虚拟化能力
FusionCompute	提供网络、存储和计算资源的虚拟化，从而实现资源的池化
FusionSphere OpenStack	FusionSphere OpenStack 是开源云管理系统的华为商用版，由多个部件构成，采用 REST 接口和消息队列实现部件解耦，支持对异构虚拟化平台（VMware、UVP 等）的管理，主要部件包括 Nova（虚拟计算）、Glance（镜像）、Cinder（虚拟磁盘）、Neutron（虚拟网络）、Swift（对象存储）、KeyStone（认证）、Ceilometer（监控）等
FusionInsight	作为大数据资源池，具有大数据服务资源提供能力
RDS for Oracle	提供 Oracle 数据库服务能力

1. 虚拟化管理平台部署

华为云管理平台基于 OpenStack 来实现开放的架构，支持分布式云数据中心，适用的场景包括：

1）异构虚拟化混合部署：支持异构虚拟化平台的统一管理，具有对华为 FusionSphere、VMware 等异构资源池进行资源发放的能力。

2）物理/虚拟混合管理：在一些云数据中心中，客户需要将高性能、高 IOPS 应用部署在物理服务器上（例如数据库），通用性能的应用部署在虚拟机上（例如中间件应用）。

其整体逻辑架构如图 3-71 所示。

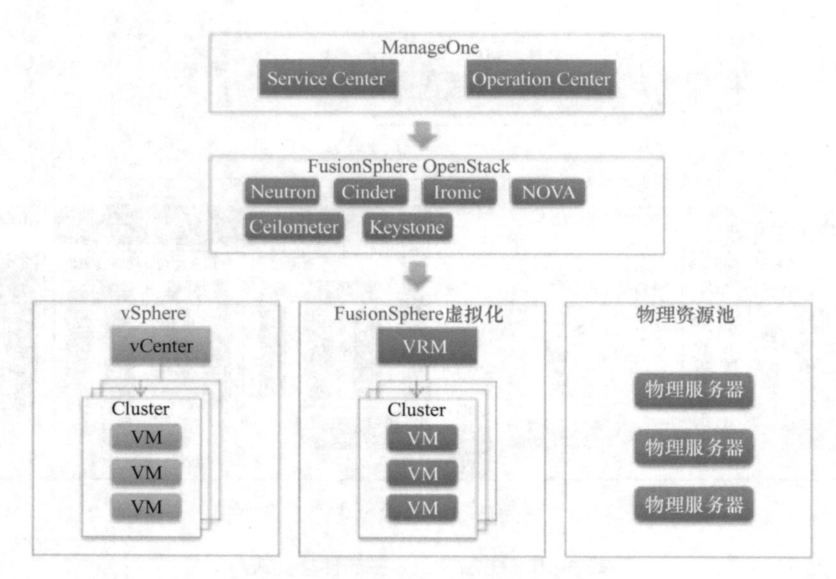

图 3-71 云数据中心整体逻辑架构图

虚拟化管理平台（ManageOne）是面向云数据中心管理的解决方案管理软件组合，包括服务中心 ServiceCenter 和运维中心 OperationCenter 两个部件，结构如图 3-72 所示。

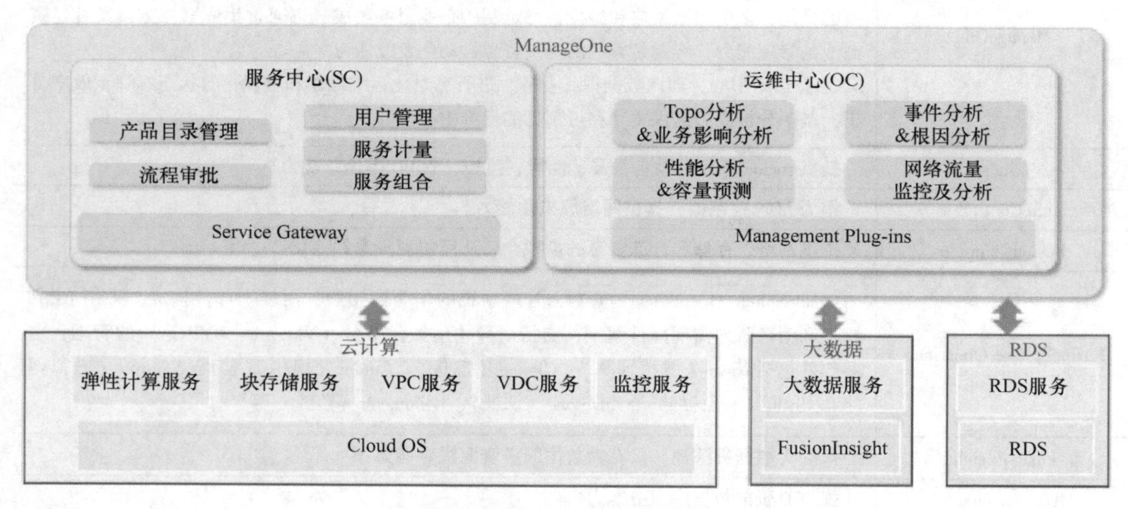

图 3-72 ManageOne 结构图

2. 分布式存储部署

适合使用 FusionStorage 的应用场景如下：

1）云资源池场景：云资源池场景适合于对存储需求量较大的大中型企业或者组织（如运营商、金融、石油等）。存储资源池场景是在大规模云计算数据中心中，将通用 X86 存储服务器池化，建立大规模存储资源池，提供标准的块存储数据访问接口。该场景支持各种虚拟化 Hypervisor 平台和各种云平台集成，如华为 FusionSphere、VMware、开源 OpenStack 等。使用 FusionStorage 建设单一存储资源池，可以为云数据中心获得更大范围的弹性调度能力，提高存储资源利用率，简化管理。

2）数据库场景（高 IOPS、高带宽场景）：FusionStorage 采用分布式设计、P2P 无阻塞交换技术，彻底消除计算与存储间带宽瓶颈；所有 I/O 均可以并行处理，无集中式性能瓶颈；支持分布式 Cache，相比集中式 SAN 机头的 Cache 容量增加 N 倍以上，从而带来热点数据访问命中率与读写效率的提升；支持高速低时延的 Infiniband 网络，可以消除网络瓶颈，适用于 OLAP 需高带宽以及 OLTP 需要高 IOPS 的数据库应用。

FusionStorage 软件需要部署在至少 3 台服务器环境中，部署逻辑架构如图 3-73 所示。

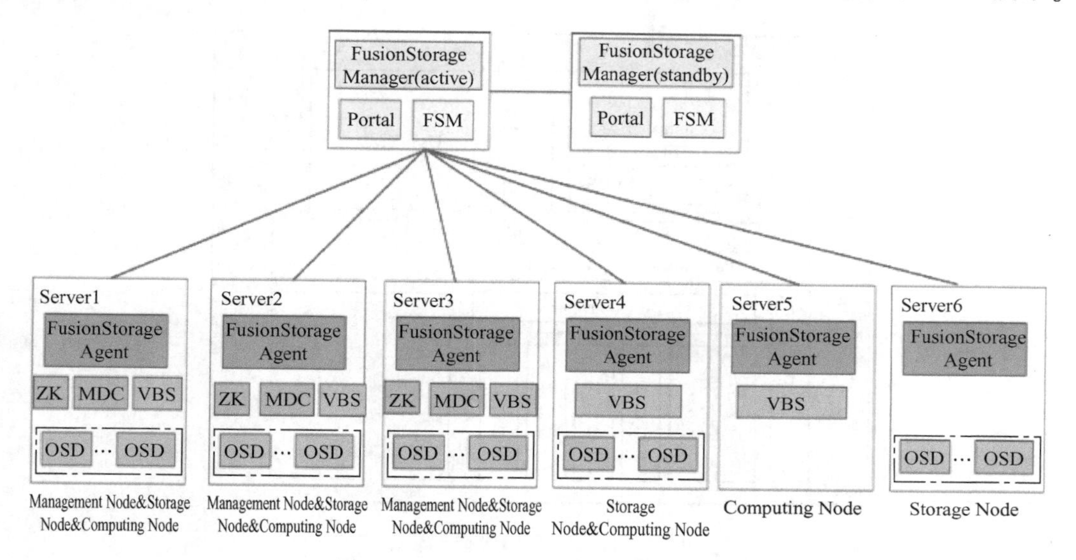

图 3-73　FusionStorage 部署逻辑架构图

各模块功能见表 3-11。

表 3-11　各模块功能表

模块名称	功　能
FusionStorage Manager	FusionStorage 管理模块，提供告警、监控、日志、配置等操作维护功能，一般部署两个分别工作在主备模式下
FusionStorage Agent	代理进程，部署在各节点上，实现各节点与 FusionStorage Manager 通信，可收集各节点的监控与告警信息或在升级本节点软件组件时接收升级包与执行升级
ZK	Zookeeper 缩写，一个系统需部署 3、5、7 等奇数个 Zookeeper 组成 Zookeeper 集群，为 MDC 集群提供选主仲裁，Zookeeper 至少 3 个，必须保证大于总数一半的 Zookeeper 处在活跃可访问状态
MDC	元数据控制软件，实现对分布式集群的状态控制，以及控制数据分布式规则、数据重建规则等。一个系统至少部署 3 个 MDC，形成 MDC 集群，一个系统最多启动 96 个 MDC
VBS	虚拟块存储管理组件，负责卷元数据的管理，VBS 通过 SCSI 或 iSCSI 接口提供分布式存储接入点服务，使计算资源能够通过 VBS 访问分布式存储资源
OSD	对象存储设备服务，执行具体的 I/O 操作。在每个服务器上部署多个 OSD 进程，一块磁盘默认对应部署一个 OSD 进程

在 FusionStorage 软件需要部署时，通常采用 VBS/OSD 部署。VBS/OSD 部署时，OSD 至少需要部署在 3 台服务器中，VBS 不受限制，可以根据业务要求进行部署，VBS/OSD 支持以下几种模式：

1）计算、存储融合部署模式：OSD 和 VBS 模块部署在 Controller VM 中，服务器 PCIE SSD、SCSI Controller 下的硬盘或者 SSD 盘映射到 Controller VM 中的 OSD 进行介质管理，VBS 通过 iSCSI 接口给 ESXi 提供块存储服务，部署模式如图 3-74 所示。

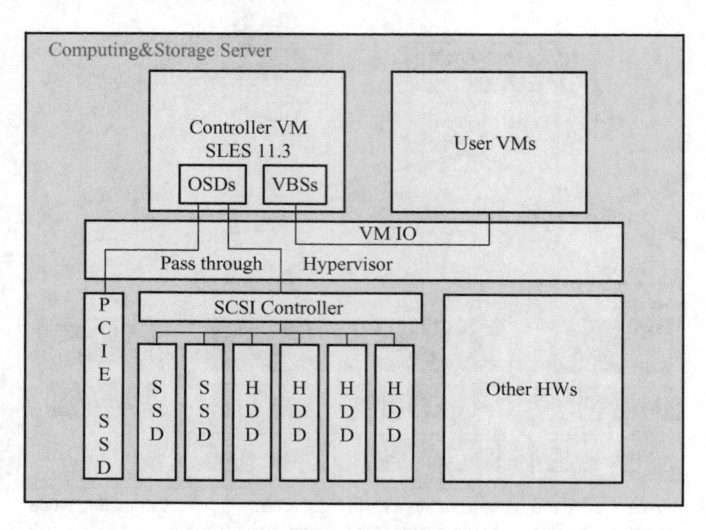

图 3-74 计算、存储融合部署模式

2）计算、存储分离部署模式：OSD 模块部署在独立的存储服务器中，采用 SLES 11.3 OS，负责管理本服务器的 PCIE SSD、SCSI Controller 下的硬盘或者 SSD 盘；VBS 模块部署在 Controller VM 中，ESXi 配置 iSCSI target 端时，优先配置本节点 VBS iSCSI 服务端口，同时配置其他节点的 VBS iSCSI 服务端口作为多路径备份服务端口，部署模式如图 3-75 所示。

3. 软件定义网络

软件定义网络（Software Define Network，SDN）是一种新的网络框架，其本质是网络的可编程，SDN 框架给用户提供最大的控制网络灵活度；随着移动互联、大数据等技术的发展，越来越多的 IT 业务迁移到数据中心，而在云数据中心 NaaS（Network as a Service）已经成为一种基本的 IT 服务，租户可以灵活地申请所需的虚拟网络资源来满足自己的 IT 业务。在云数据中心，SDN 框架的网络可以使用于如下场景：

1）网络自动化：由于应用的发展要求网络快速提供业务所需求的网络资源，因此要求云数据中心网络实现自动化，大大降低业务部署周期。

2）资源的弹性：为满足资源部署的灵活性和弹性要求，计算资源要求网络可以动态地配置以及任意二三层互通，包括单 DC 单 Zone（POD 分区）的二层互通、单 DC 跨 Zone 的二层互通以及多个 DC 间的三层自动化互通；如果在数据中心中，对于网络自动化以及资源的弹性没有需求，则无需部署 SDN 架构的方案。云数据中心网络子系统采用 SDN 框架的网络，SDN 框架如图 3-76 所示。

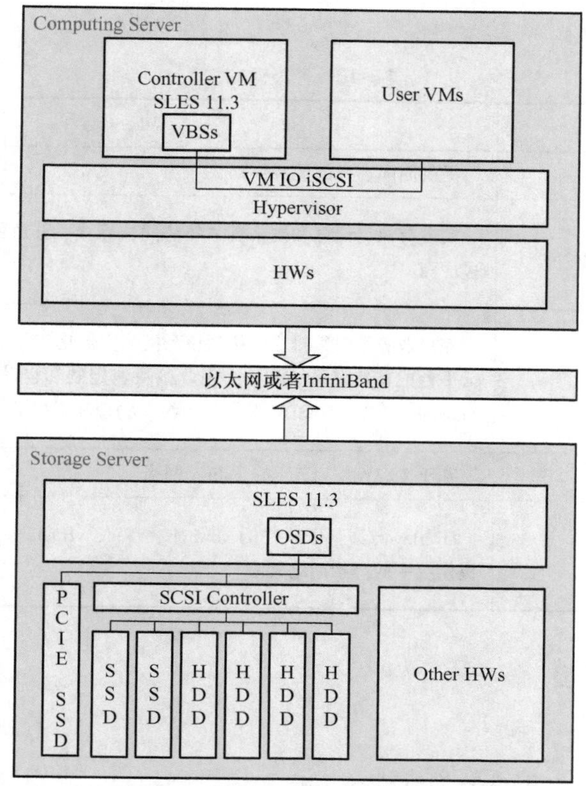

图 3-75　计算、存储分离部署模式

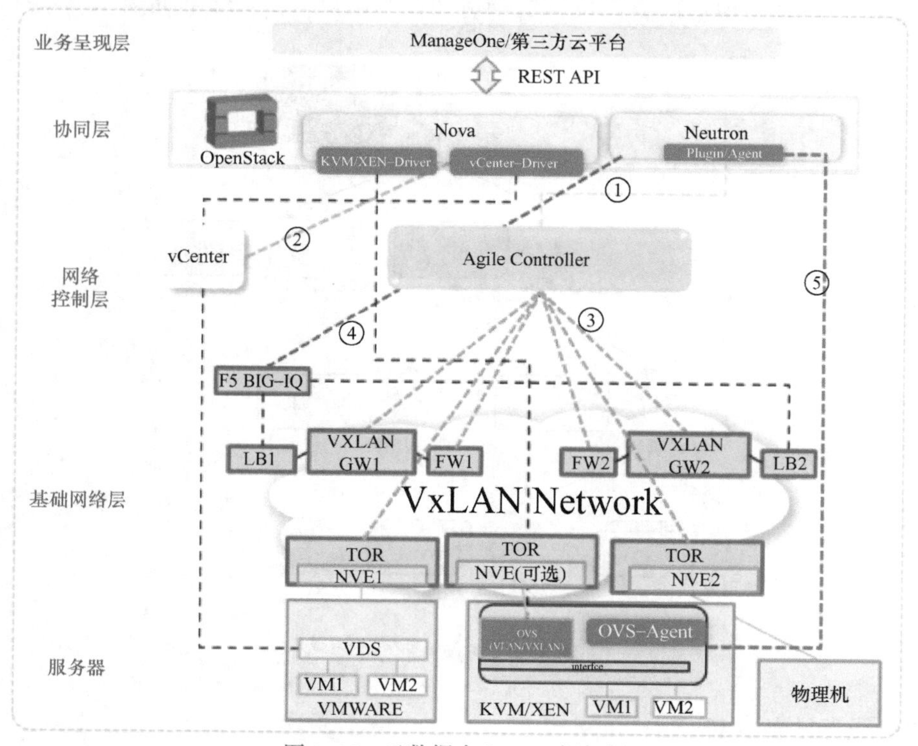

图 3-76　云数据中心 SDN 框架图

各层功能见表 3-12。

表 3-12　模块功能表

层的名称	功　能
业务呈现层（ManageOne）	提供面向客户的业务界面
协同层（FusionSphere OpenStack）	实现存储、计算和网络资源的协同，标准、开放的 OpenStack 架构，并兼容多厂商
网络控制层（AC）	完成业务策略编排、网络建模和网络实例化；北向支持开放 API 接口，对接云平台或其他应用 APP，实现业务快速定制和自动发放；南向支持 Openflow、Netconf、BGP、OVSDB 等接口，统一物理和虚拟网络管理
基础网络层	基于 VXLAN/VLAN 的 Fabric 网络
服务器	Overlay 方案基于软件的 vSwitch、vFW、vRouter、vLB 等虚拟网络组件组成，提供统一的虚拟网络管理

四、VDC 权限管理

1. 角色划分

在云服务运营模块将用户分为管理侧用户和用户侧用户，其中管理侧有系统管理员角色，用户侧用户包含组织管理员、VDC 管理员和业务用户，角色模型如图 3-77 所示。

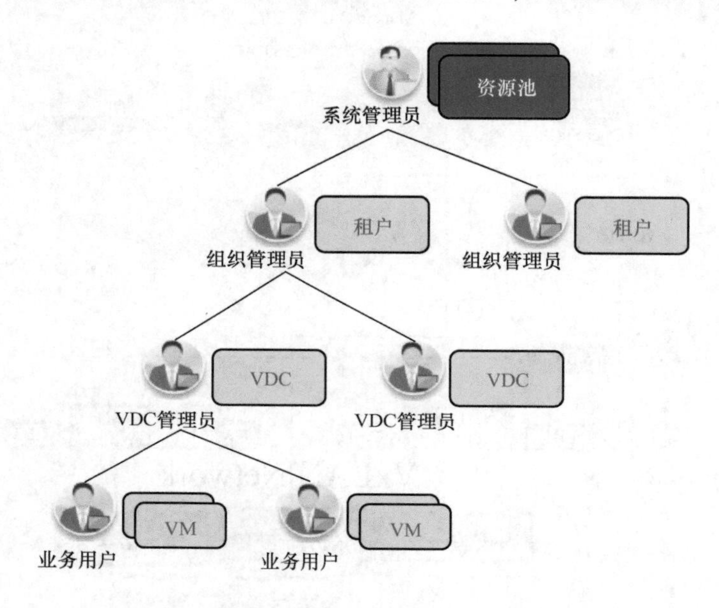

图 3-77　VDC 角色模型

各角色职责见表 3-13。

表 3-13　各角色职责表

角　色	职　责	层　次	部　件
系统管理员	负责总体的业务运营管理 1）组织管理，包括创建组织、组织管理员等 2）全局服务目录维护，可以服务定义、服务目录权限管理等 3）资源池管理，包括资源池接入、可用分区管理等 4）系统用户管理 5）系统参数配置 6）查看操作日志	Domain	Service Center
组织管理员	VDC 管理包括 1）VDC 服务的审批、创建 VDC 等 2）组织服务目录维护，可以服务定义、服务目录权限管理等 3）组织用户管理 4）查看操作日志	VDC	Service Center
VDC 管理员	1）VDC 申请 2）已申请 VDC 的管理，包括 VDC 容量监控、VDC 扩容申请及 VDC 释放 3）VDC 用户管理 4）VDC 网络管理 5）VDC 服务目录维护 6）服务申请、审批、延期、变更、释放 7）VDC 内已申请的资源使用、维护 8）查看 VDC 操作日志	VDC	Service Center
业务用户	1）服务申请、延期、变更、释放 2）申请单管理 3）已申请的资源使用、维护	VDC	Service Center

2. 权限管理

VDC 是一种对物理资源进行逻辑隔离的技术，VDC 业务管理员可以自由支配计算、存储和网络资源。部门或组织可以向全局业务管理员申请使用虚拟数据中心，一次性获得批量的计算、存储和网络资源配额。在资源配额内，VDC 业务管理员可以自由支配计算、存储和网络资源，VDC 权限管理图如图 3-78 所示，各 VDC 的功能见表 3-14。

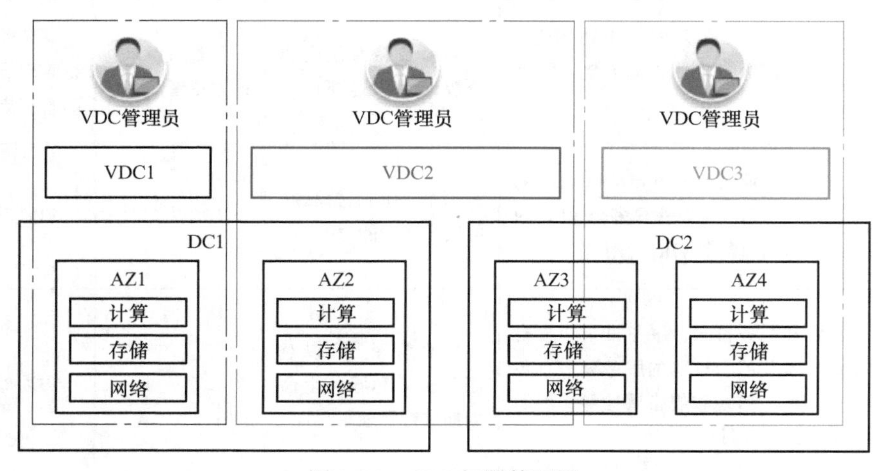

图 3-78　VDC 权限管理图

表 3-14 各 VDC 的功能

VDC	对应主机	相应的资源	功能	发布人员
VDC1	DC1 的 AZ1	云主机、云硬盘等资源	VDC1 对 AZ1 的独占	VDC1 业务管理员
VDC2	DC1 的 AZ2 和 DC2 的 AZ3	云主机、云硬盘等资源	云主机、云硬盘等资源发放在 AZ2 和 AZ3 中	VDC2 业务管理员
VDC3	DC2 的 AZ3 和 AZ4	云主机、云硬盘等资源	云主机、云硬盘等资源发放在 AZ3 和 AZ4 中	VDC3 业务管理员

其中，VDC2 和 VDC3 对 AZ3 资源使用得多少，取决于 VDC2 和 VDC3 的配额。

VDC 的规划见表 3-15。

表 3-15 VDC 的规划

规划项目	功能	规划人员
配额	配额用于限制 VDC 能够使用最大资源上限	VDC 管理员或组织管理员
用户	用户包括 VDC 管理员和业务用户，VDC 管理员负责 VDC 下的用户管理以及服务审批，业务用户是资源的最终使用者	
VPC	虚拟个人云，是一个逻辑隔离的网络环境，包括虚拟路由器、网络、ACL、VPN 等子功能	
服务目录	VDC 用户可以申请的服务列表，系统提供开箱即用的常用服务，包括云主机、云硬盘、弹性 IP、物理机、VLB、备份、容灾、大数据	
资源	用户申请的服务资源，包括云主机、云硬盘、弹性 IP 等，用户可以对资源进行维护和监控	

3. VDC 虚拟化实施

VDC 虚拟化实施涉及流程节点、实施内容、交付成果、实施负责人等，见表 3-16。

表 3-16 VDC 实施工作表

流程节点	实施内容	交付成果	申请者	审批者
配额管理	VCPU 个数、内存大小、VLAN 个数、VPC 个数、子网个数、VM 个数、网络带宽等	VDC 支持对使用的资源进行配额控制	创建 VDC 时的申请者	系统管理员或系统管理员创建 VDC 时直接指定配额
用户管理	用户可以登录该 VDC 并申请该 VDC 的服务，或一个用户可以获得多个 VDC 的授权，从而成为多个 VDC 的用户	每个 VDC 支持独立的用户管理能力	VDC 用户	VDC 管理员
服务管理	可以定义服务目录，服务目录包含当前已经发布并可以订购的服务列表，包括服务名称、描述和规格属性等，然后可以发布到服务目录中	VDC 管理员可以对服务目录和服务生命周期进行管理		VDC 管理员

（续）

流程节点	实施内容	交付成果	申请者	审批者
模板管理	系统支持多种服务模板，服务模板可以帮助快速定义新服务。服务模板中可以定义服务的配置规格项和默认值等	使得管理员实现服务快速地创建部署		系统管理员
网络管理	VDC的自助网络管理利用了虚拟化层提供的基础能力，提供的主要网络服务包括VPC，在物理数据中心上为VDC虚拟出逻辑隔离的虚拟网络环境	通过SC（服务中心）的租户界面，VDC管理员可以轻松定义属于VDC自己的网络环境		系统管理员

五、VPC管理

VPC（虚拟个人云）是SC提供的功能，OpenStack并没有VPC这个对象，只是为了管理方便，每创建一个VPC，SC都会在OpenStack Neutron上创建一个vRouter，当VDC管理员在VPC内创建虚拟路由器时，SC才会激活该vRouter，可以结合需求，构建多个网络平面，VPC的网络就对应到OpenStack Neutron的相应子网络，典型的VPC结构如图3-79所示。

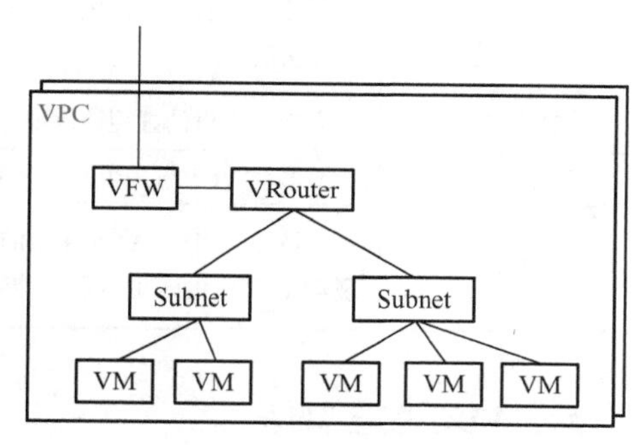

图3-79 典型的VPC结构图

网络平面分为如下三种，VPC模型映射如图3-80所示。

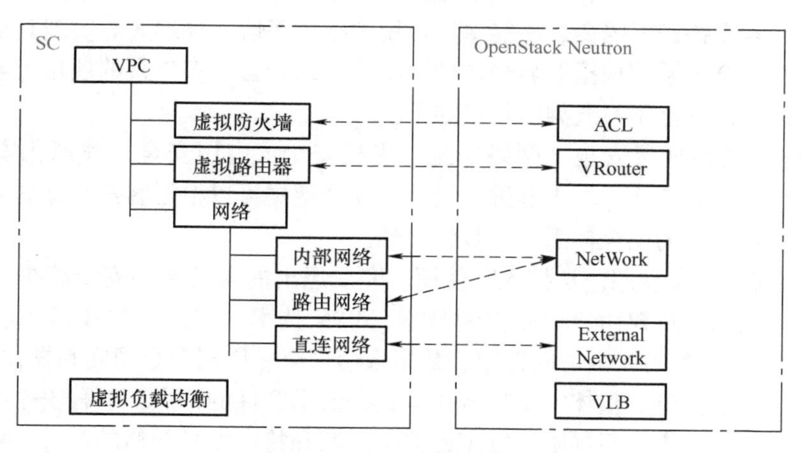

图3-80 VPC模型映射图

1）内部网络：内部网络不提供网关。这种网络仅有二层，不提供三层访问的能力。这种网络一般用于内部使用，不允许与外部互通的网络，如数据库，就建议部署在内部网络中。

2）路由网络：提供VLAN和三层网关。对于一个VPC下的所有路由网络，SC会自动打通这些路由网络之间的路由，即同一个 VPC 内的路由网络默认是互通的。这种网络用于与外界互通，如 Web 应用的 Portal 部件，就建议部署在路由网络中。

3）直连网络：提供将虚拟机直接接入到外部网路的能力，其网关和路由不属于 VDC 管理的网络平面。

VDC 管理员可以结合需求，部署虚拟路由器、弹性 IP、SNAT、安全组、ACL、VPN 等服务，各自的功能见表 3-17。

表 3-17 VPC 各项服务的功能表

服务项目	功能
虚拟路由器	为 VPC 网络提供路由功能
弹性 IP	弹性 IP 地址是一个静态、公有 IP 地址，可与云主机相关联，租户可以从互联网访问云主机，也可以自由地在主、备云主机之间切换
SNAT	源地址转换，其作用是将 IP 数据包的源地址转换成另外一个地址，主要用于内部共享公网 IP 地址访问外部
安全组	充当云主机的虚拟防火墙，以控制网络消息的流入流出，只允许授权的消息通过
ACL	ACL 对 VPC 内多个网络之间，以及互联网和 VPC 内网络之间的流量进行过滤
VPN	支持通过 IPsec VPN 连接的方式，使远端通过互联网与 VPC 中的路由网络连接起来，从而实现对 VPC 中的云主机远程访问

六、VDC 安全管理

随着云计算和数据中心的分布式部署的推进，数据中心的组成元素也发生了一些变化，例如虚拟化、边界延伸。因此，一个体系化的云数据中心安全解决方案必然应该覆盖所有组成元素。安全元素支持逻辑隔离，不能单用传统的技术手段、物理边界实现其全部的安全保障。云数据中心安全子系统根据业界最佳社会实践，结合自身多年来的项目积累，提取经验中的精华进行设计，安全子系统架构目标如下：

1）模块化：从物理层安全、网络安全、主机安全、应用安全、虚拟化安全、用户安全、安全管理、安全服务八大块内容进行设计。安全架构可以根据客户实际的需求，任意组合以满足用户实际需求的安全体系，更具针对性。

2）端到端安全：实现用户从接入、使用、完成退出的端到端的安全防护。通过提供基于双因素的认证技术、特权用户权限控制技术、VPN 技术、应用防护技术、事件审计技术等，实现用户对 IT 资源的安全访问控制、数据通信安全、应用安全访问和操作安全审核等，端到端地实现了安全保障。整体安全架构体系具备低耦合性的特点，各种安全技术之间不存在强关联性，各种安全产品不局限于特定的安全厂家和特定型号规格的产品，安全管理策略制定原则不依赖于具体安全的产品等。

3）逻辑隔离：支持网络安全技术，如防火墙、Anti－DDoS、IDS、IPS、网络防病毒、WEB 安全网关等，满足云数据中心无清晰的物理边界的特点，构建安全的逻辑边界，全面保护虚拟数据中心（VDC）的安全。

4）易扩展：提出一个满足用户安全需求的指导性框架。用户可以根据该指导性框架结合其不同时期的安全需求进行相应的安全建设，在满足用户安全需求的同时，又保护了用户的投资价值。

5）合规性：云数据中心安全方案从物理层、网络层、主机层、应用层、数据安全、用户管理、安全管理等方面进行了详实的设计，是建设高安全等级数据中心的最佳指导框架。同时，结合云计算的特点，补齐了虚拟化部分的安全设计，真正实现全面满足合规要求。

分布式云数据中心从分层、纵深防御思想出发，根据层次分为物理设施安全、网络安全、主机安全、应用安全、虚拟化安全、数据保护、用户管理、安全管理等几个层面，全面满足用户的各种安全需求，安全子系统架构如图 3-81 所示，图中蓝色字体的安全模块为分布式云数据中心基础安全模块。

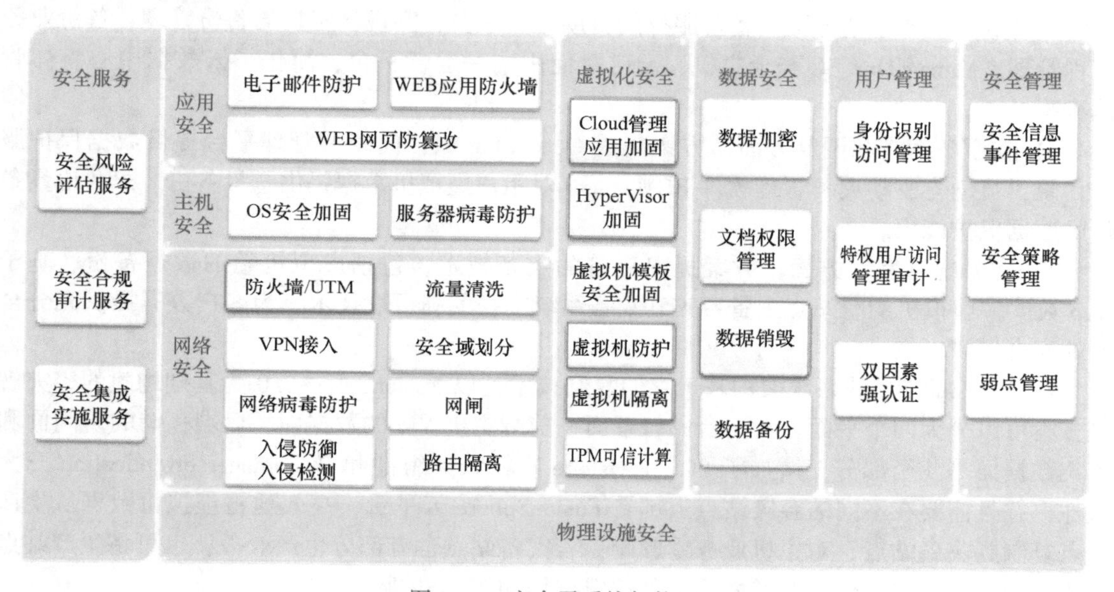

图 3-81　安全子系统架构图

该架构中包含以下安全层面的能力：

1）物理设施安全：通过门禁系统、视频监控、环境监控等实现数据中心环境、物理访问控制等，确保物理设施层面的安全。

2）网络安全：利用防火墙、VPN 接入、网络病毒防护、入侵防御、入侵检测、网闸等技术手段确保 VDC 边界和 VDC 内部系统、数据和通信的隔离和安全，不因偶然的或者恶意的原因而遭受到破坏、更改、泄露，系统连续可靠正常地运行，网络服务不中断。

3）主机安全：保护主机层操作系统的安全，通过 OS 安全加固、服务器病毒防护等技术手段确保主机免受攻击。

4）虚拟化安全：应用 HyperVisor 加固、Cloud 管理应用加固、虚拟机隔离和虚拟机防护等技术手段确保虚拟化的安全。

5）应用安全：应用电子邮件防护、WEB 应用防火墙等技术手段对应用层面的数据进行保护，保障用户的应用数据能够不被破坏、更改、泄漏和篡改。

6）数据安全：利用数据加密、数据备份等技术手段保障数据安全。

7）用户管理：利用特权用户访问管理审计等技术手段加强用户管理。

8）安全管理：利用安全信息与事件管理等技术手段加强。

9）安全服务：从安全集成、安全审计到安全评估，再到阶段性的专业服务，为用户建立更安全的 IT 信息系统。

七、VDC 容灾

VDC 容灾服务主要是为了满足云数据中心场景（即 FusionsPhere OpenStack，云架构）的数据保护及业务连续性的需求，相较于传统的灾备方式，华为的 VDC 灾备可以提供统一的灾备服务运营管理界面、服务编排和调度以及系统可靠性保证，其中：

1）在统一运营管理方面，方案集成华为云运营管理平台 ManageOne SC，向租户提供统一的灾备服务资源申请界面，备份服务的自助运营平台，实现多租户的备份管理、备份业务流程管理。ManageOne SC 与云主机、云磁盘使用同一运营平台，简化了云数据中心整体管理流程。

2）在服务编排和调度方面，方案集成 OceanStor DJ，向统一管理平台提供数据保护服务目录，自动化驱动灾备管理软件 BCManager 对租户虚拟机数据提供全量备份、永久增量备份的数据保护能力。

3）在系统可靠性方面，方案提出完善的灾备技术，包括虚拟机卷的数据备份、基于 App 粒度多虚拟机的跨站点主备容灾和灾备系统本身的高可靠技术，为客户数据提供充分全面的安全保障。

FusionCloud BC 的系统架构基于存储复制技术，以 FusionSphere6.0 为基础构建的容灾解决方案可以分为四个平面：云平台的管理面、前端主机 VM 的数据面、后端存储的访问面和容灾数据面等几个部分，增加了 SC、Keystone 鉴权认证组件和 BCManager eReplication 三大组件，并且需要在不同的容灾站点上部署 FusionSphere 云平台，高效地将虚拟机数据从生产站点复制到灾备站点，对主机业务零影响，若灾备站点也有部分生产业务，也可将生产站点作为它的容灾站点，形成互备模式，其逻辑架构如图 3-82 所示。

1. KeyStone

KeyStone 是云的鉴权认证组件，通过 KeyStone 的管理，可使站点间共用一个认证鉴权系统，逻辑上各站点资源均在一个统一的空间中。通过 KeyStone 认证和鉴权后，均可以访问到各站点的资源，实现资源与容灾服务发放和统一管理。云内资源和接口的访问必须通过 KeyStone 认证后才能进行，因此 KeyStone 必须具备 HA 和容灾的能力，在 FusionCloud BC 方案中，KeyStone 采用主备方式进行部署，主 KeyStone 部署在主站点，备 KeyStone 部署在备站点。KeyStone 的主备部署需要在 OpenStack 3Controller 的基础上，再增加一个计算节点，在主备端形成 4Controller 的结构，主中心故障后，通过手动方式将 KeyStone 切换到备中心。

2. ManageOne SC

负责容灾服务的发放，负责计算资源 VM、存储资源 LUN、网络资源 VPC 的发放，灾备资源的申请与维护。ManageOne SC 采用主备部署，主备节点分别部署在 Primary Cloud DC 和 Secondary Cloud DC 里，主节点故障后手工切换到备节点。BCManager 负责处理容灾管理逻辑，它与 OpenStack 交互，调用 OpenStack 的计算接口（Nova API）、存储接口（Cinder API）和容灾管理接口（DRExtend API），实现业务保护配置、故障切换和容灾演练等相关功能，可部署在业务的容灾站点。因此，容灾服务的发放平台也必须具备 HA 和容灾的能力，在本

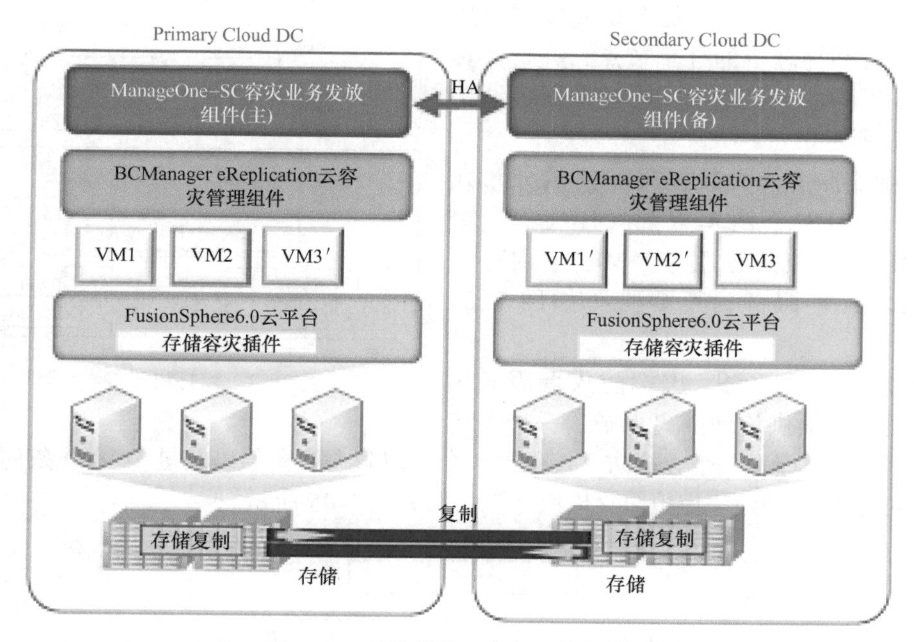

图 3-82 云数据中心灾备逻辑架构图

地 SC 通过双机方式确保高可用，在备中心部署两个节点将数据同步到备中心，当主中心故障后，通过手动方案将 SC 切换到备中心，从备中心发放业务。SC 可以采用虚拟机方式进行部署。

3. BCManager eReplication

负责容灾的配置管理，存储容灾插件负责扩展 OpenStack Cinder 接口，实现 OpenStack 跨站点的容灾。eReplication 可部署在物理机中，也可以部署在虚拟机中（单方向）。

3.4.4 能力拓展

一、VDC 云服务提供

用户登录 VDC 自助服务门户，可以在服务目录中看到多种预置的云服务，包括：

1）云主机服务。虚拟云主机服务提供云托管业务，让用户能够像使用本地物理机一样使用虚拟机云主机。用户登录服务门户来申请云主机服务，选择相应的虚拟机模板，指定规格（存储大小、内存大小等）并提交申请，申请批准后，用户就可以用虚拟机 IP 登录这台云主机。用户可以对云主机进行开机、关机、扩容、减容等操作。

2）云硬盘服务。云硬盘服务即 EBS（Elastic Block Store，弹性块存储）服务，可以为虚拟机动态提供块级存储服务。弹性块存储为虚拟机提供可按需扩展存储空间的块级别存储服务，虚拟机以卷设备的方式访问块存储空间。EBS 服务支持对块存储扩容、减容操作。

3）物理机服务。物理机业务一般用于一些不适合使用云主机的应用，例如一些大数据分析业务直接部署在物理机上，可以获得比云主机更小的磁盘 I/O 时延和网络 I/O 时延。系统管理员定义好物理服务器的业务规格、参数，租户进行业务申请，再由全局业务管理员审批申请。因此，系统管理员需要事先规划好用于发放虚拟机和物理机的计算节点，并把计算节点部署在不同的主机组中，物理机服务结构图如图 3-83 所示。

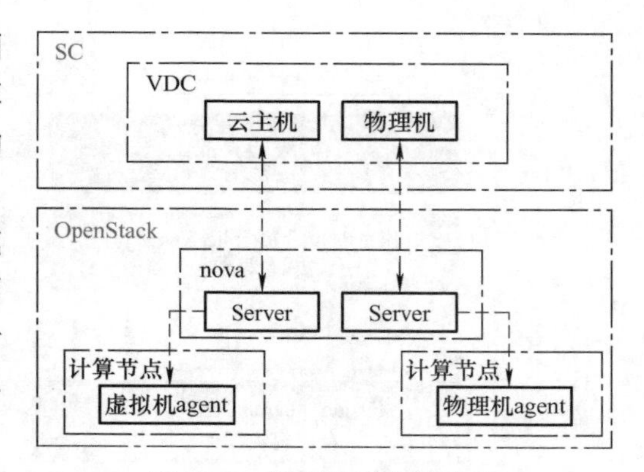

图 3-83　物理机服务结构图

4）大数据服务。大数据服务提供分布式文件存储（HDFS）、清单查询（HBase）、离线分析（Hive）、批处理服务（MR）、内存计算（Spark）五种服务，其结构图如图 3-84 所示。

5）虚拟防火墙服务。虚拟防火墙服务为 VPC 内的虚拟机提供访问隔离保护，一个 VPC 包含一个虚拟防火墙，一个虚拟防火墙包含一个虚拟防火墙实例以及最多 1000 条的 ACL 规则，由 VDC 管理员创建，虚拟防火墙服务流程图如图 3-85 所示。

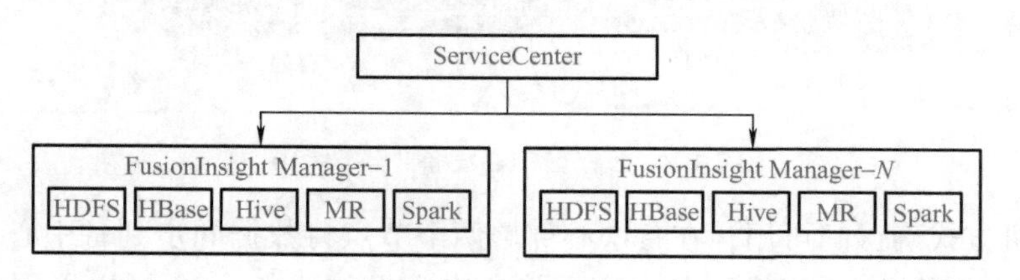

图 3-84　大数据服务结构图

6）虚拟负载均衡服务。虚拟负载均衡器服务（简称 VLB）为用户的应用提供负载均衡能力，将访问流量自动分发到多台虚拟机，扩展应用系统对外的服务能力，实现更高水平的应用程序容错性能。VLB 由 Neutron、F5 插件以及 F5 设备一起提供，VDC 管理员审批通过之后，ServiceCenter 把请求下发给 Neutron，Neutron 通过 F5 插件，在 F5 设备上完成 VLB 的创建，虚拟负载均衡服务流程图如图 3-86 所示。

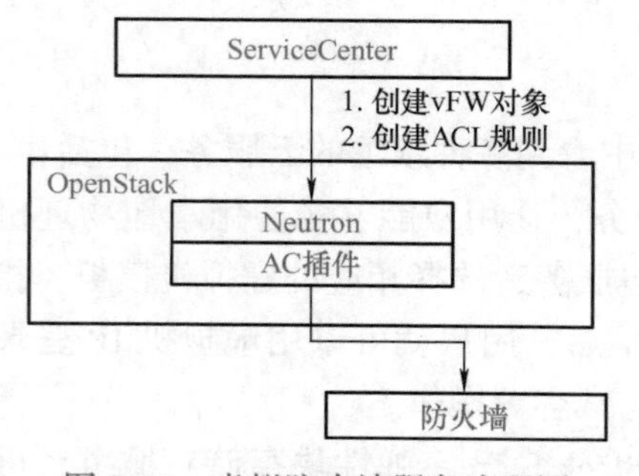

图 3-85　虚拟防火墙服务流程图

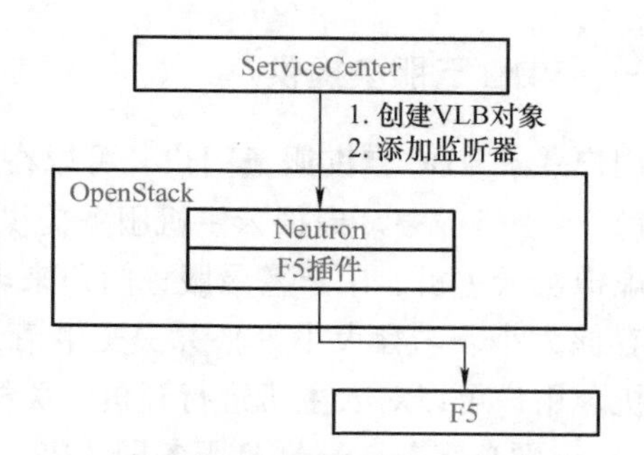

图 3-86　虚拟负载均衡服务流程图

二、VDC 统一管理

1. 运营部署架构

运营管理子系统部署架构图如图 3-87 所示。

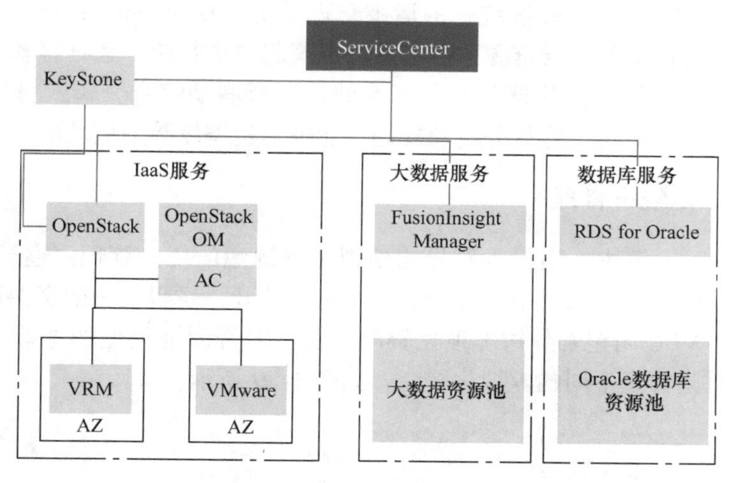

图 3-87 运营管理子系统部署架构图

其中：

1）ServiceCenter：负责租户管理、云服务管理等功能，部署在远端虚拟机中，只在其中一个数据中心部署。

2）OpenStack：负责本地数据中心基础设施资源池的云化，每个数据中心都需要部署一套，所有 OpenStack 和 SC 共用一个 KeyStone。

3）FusionInsight Manager：提供大数据资源池管理，和 SC 对接完成大数据服务的发放。

4）RDS for Oracle：提供 Oracle 数据库服务，需要配套 Oracle Enterprise Manager 使用。

2. 运维部署架构

运维管理子系统部署架构图如图 3-88 所示。

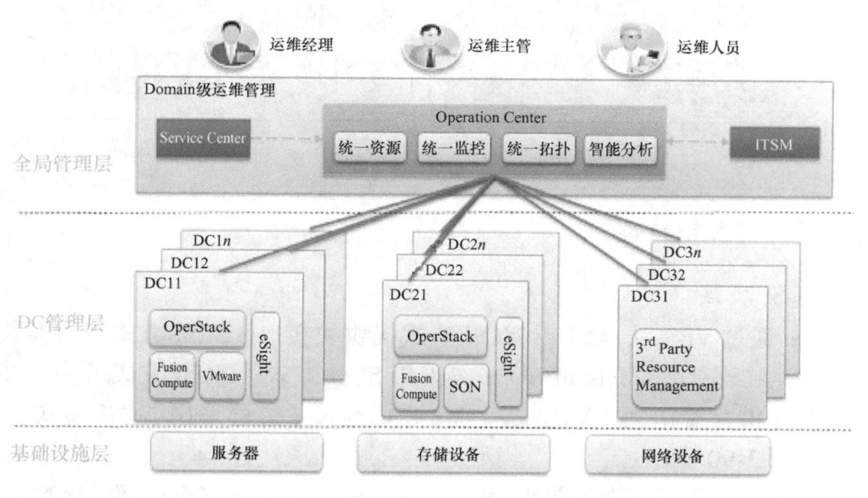

图 3-88 运维管理子系统部署架构图

其中：

1）每个数据中心部署本地云资源管理系统和物理设备运维系统，负责本地的运维操作、配置和监控数据采集。

2）在中心节点部署 Domain 级统一的运维管理系统（OperationCenter，OC），将各个数据中心的云资源监控信息和非云资源监控信息都汇聚起来进行统一运维管理。

3）OC 上可以将运维监控数据与业务相关数据进行联动综合分析，提供根因分析、业务影响分析、流量异常分析、容量分析及规划、业务巡检调度等增值功能。

三、异构资源池统一管理

华为 FusionSphere 解决方案提供对异构虚拟化资源池的统一管理，通过华为 OpenStack 的异构管理能力，将不同虚拟化平台融合为一个物理分开、逻辑统一的资源池。云管理平台 ManageOne 支持在 VDC 内包含异构虚拟化资源，通过对资源池类型的选择，租户可以申请创建不同的虚拟机，管理不同的虚拟化平台，如图 3-89 所示。

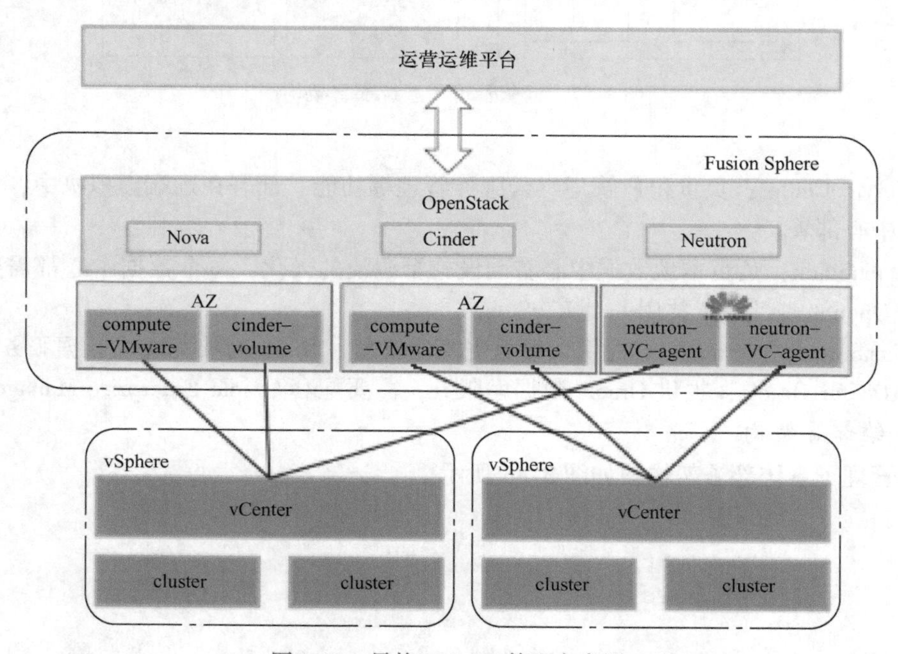

图 3-89 异构 VMware 管理方案图

四、分布式存储关键特性

1. SCSI/iSCSI 块接口

FusionStorage 通过 VBS 以 SCSI 或 iSCSI 方式提供块接口。SCSI 方式可为安装 VBS 的本机提供存储访问，物理部署、FusionSphere 等采用 SCSI 方式。iSCSI 方式可为安装 VBS 以外的虚拟机或主机提供存储访问，VMWare、MS SQL Server 集群采用 iSCSI 模式，SCSI/iSCSI 块接口结构图如图 3-90 所示。

对于 iSCSI 协议需要保证安全访问，FusionStorage 支持以下安全访问的标准：

1）支持 CHAP 身份验证以保证客户端的访问是可信与安全的：该协议可通过三次握手周期性地校验对端的身份，可在初始链路建立时以及链路建立之后重复进行，通过递增改变的标识符和可变的询问值，防止来自端点的重放攻击，限制暴露于单个攻击的时间。

2）支持 Lun Masking 授权 Host 对 Lun 进行访问：将 Lun 与主机的 HBA 地址绑定，通过 Lun Masking 功能保证 Lun 只能被指定的 Host 或 Host 集群访问，未授权的 Host 将无法访问，Lun 映射图如图 3-91 所示。

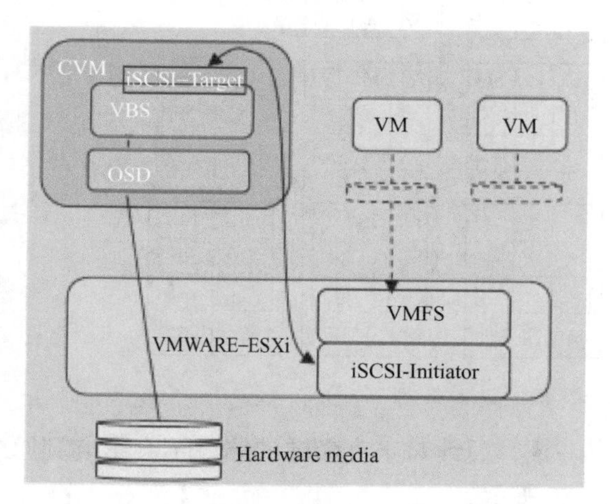

图 3-90　SCSI/iSCSI 块接口结构图

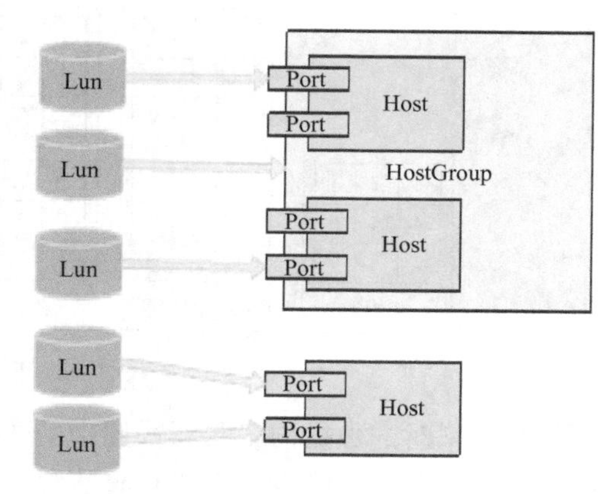

图 3-91　Lun 映射图

2. 快照（Snapshot）

存储网络工业协会（SNIA）对快照的定义是：对指定数据集合的一个完全可用复制，该复制包含源数据在复制时间点的静态影像，快照可以是数据再现的一个副本或者复制。对于文件系统来说，文件系统快照是文件系统的一个即时复制，它包含了文件系统在快照生成时刻所有的信息，本身也是一个完整可用的副本。

快照的一个特性是快，不能在获取的时候才进行文件复制备份。快照采用了全复制快照和差分快照两种设计，其中差分快照又分为 COW（写时复制快照）和 ROW（写时重定向快照）两种。

1）镜像分离快照（属于全复制快照）：这种快照方式比较简单，先创建一个原始卷的镜像卷，每次写磁盘的时候，都会往原始卷和快照卷里同时写入内容，当启动快照时，镜像卷能快速脱离，生成一个快照卷；然后重新创建一个原始卷的镜像卷，等待下次快照。

2）COW（写时复制快照）：使用预先分配的快照空间进行快照创建，在快照时间点之后，没有物理数据复制发生，仅仅复制了原始数据物理位置的元数据。

3）ROW（写时重定向快照）：快照后的写操作会进行重定向，所有的写 I/O 都被重定向到新卷中，所有旧数据均保留在只读的源卷中。这样做的好处是每次生成的快照文件都是放在连续的存储区域，同时解决了 COW 写两次的性能问题。

写时重定向快照方式的灵活性以及使用存储空间的高效性，加上分布式存储的流行，使其逐渐成为快照技术的主流。

FusionStorage 提供了快照机制，将用户的卷数据在某个时间点的状态保存下来，后续可以用于导出数据、恢复数据。FusionStorage 快照数据在存储时采用 ROW 机制，快照不会引起原卷性能下降，其过程如图 3-92 所示。

3. 链接克隆

FusionStorage 提供链接克隆机制，支持基于一个卷快照创建出多个克隆卷，各个克隆卷

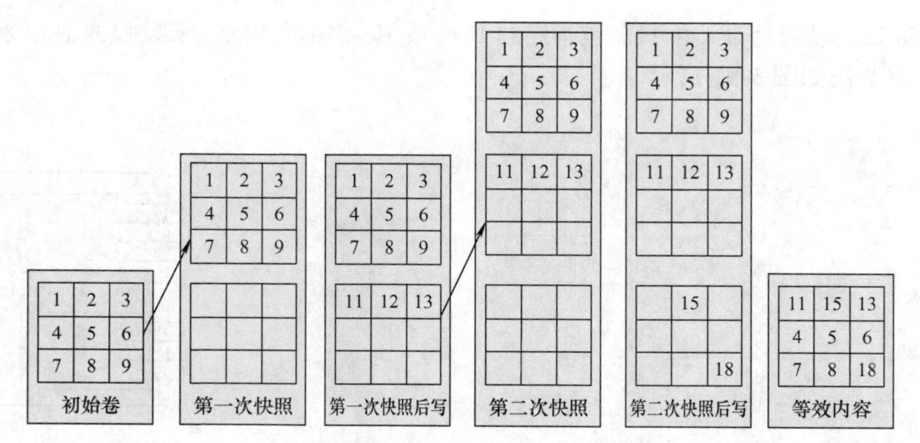

图 3-92　FusionStorage 快照过程图

刚创建出来时的数据内容与卷快照中的数据内容一致，后续对于克隆卷的修改不会影响到原始的快照和其他克隆卷，链接克隆流程图如图 3-93 所示。

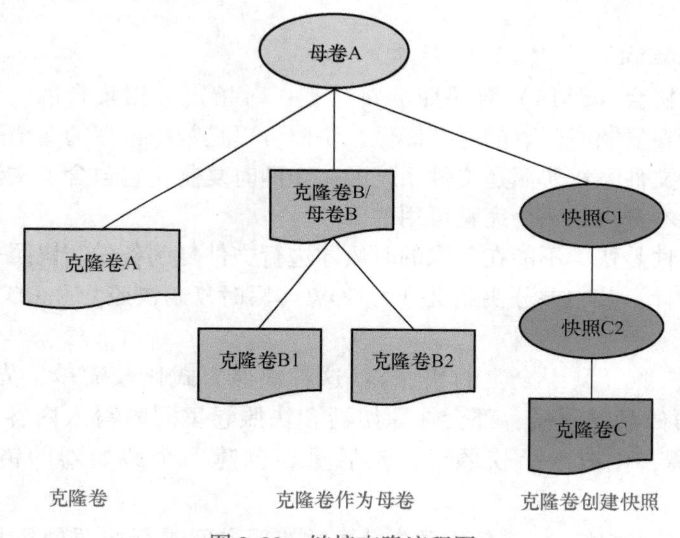

图 3-93　链接克隆流程图

五、安全管理部署方案

DC 内部网络典型安全架构如图 3-94 所示。

1. 不同业务区互访控制 & 安全隔离（东西流量管控）

通过使用 USG 统一安全网关，实现统一安全网关旁挂，实现方式如下：

1）对于需要互访的区域或服务器，将流量牵引至防火墙，并通过安全策略进行访问控制，严格实现最小访问授权。

2）对于互相独立、业务上无互访需要的两个业务区，在防火墙上进行严格的访问隔离策略。

3）通过防火墙虚拟化技术，为不同业务区分配独立的虚拟防火墙，再配合交换机的虚拟化技术实现流量的完全隔离。

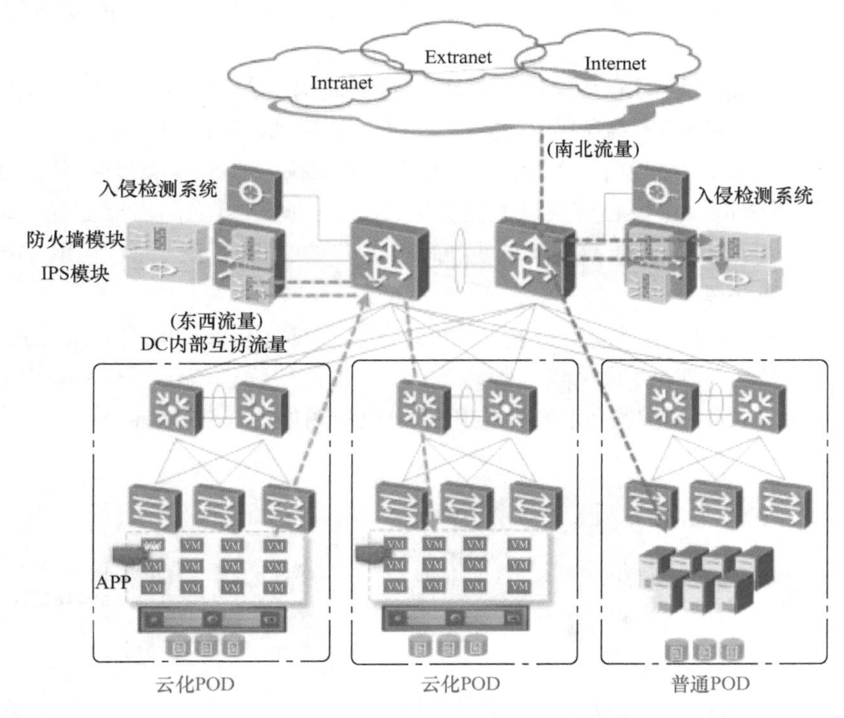

图 3-94　DC 内部网络典型安全架构图

2. 数据中心外部与内部的互访控制（南北流量管控）

通过使用统一安全网关，实现统一安全网关旁挂（防火墙业务板 + 入侵防御系统业务板），实现方式如下：

1）使用防火墙严格控制各地市的访问来源及访问目的。

2）对于进入数据中心业务区的流量启用入侵防御系统进行清洗，尤其是对互联网业务进入的流量做到严格访问授权、攻击防护及恶意代码过滤等。

3. 入侵攻击\恶意渗透的监测取证

通过使用入侵检测系统，将核心交换机镜像流量传输至入侵检测系统，并对入侵攻击进行检测、预警及取证。

4. 虚拟化服务器内部流量管控

通过在 ESXi 平台中部署 DeepSecurity 安全组件，将需要管控的虚拟机流量导入虚拟防火墙中，并按规则进行过滤。

六、双活网关

通过将多台网关设备配置相同的网关地址和相同的隧道端点地址，VM 不感知具体网关设备位置，利用 Underlay 网络对称链路路由负载分担的特征，提升网关可靠性，分为 B/S 应用和 C/S 应用。

1. B/S 应用网络架构

1）采用 Web/App/DB 三层结构，Web/App 采用虚拟机部署，虚拟机只在 DC 内部署集群；DB 采用物理机部署，跨 DC 部署 Oracle RAC 集群。Web/App 层提供双活访问，DB 仅对 Web/App 提供服务。

2）Web/App 层业务访问网络设计：采用 3 层物理网络架构，在汇聚交换机配置 Web/App 层网关；采用二层物理网络架构，在核心交换机配置 Web/App 层网关。

3）DB 层业务访问网络设计：采用三层物理网络架构，在汇聚交换机配置 DB 层网关；采用二层物理网络架构，在核心交换机配置 DB 层网关；两站点之间需要二层互联，每个站点部署双活网关，向 DC 内发布数据库的主机路由，本主机路由不会向广域网发布。

2. C/S 应用网络架构

C/S 应用多为中间件应用，对外提供 IP 访问，无需 GSLB。采用 App/DB 两层结构，App 采用虚拟机部署，虚拟机采用集群部署方式，DB 采用物理机部署。App 层在单个数据中心运行，DB 仅对 App 提供服务，C/S 应用网络架构图如图 3-95 所示。

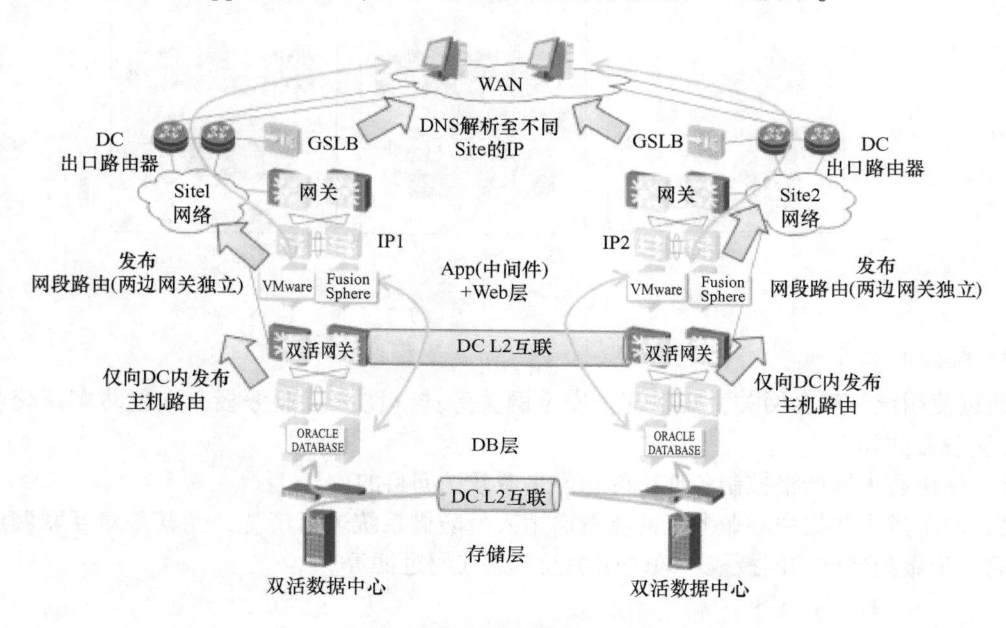

图 3-95　C/S 应用网络架构图

1）DB 层业务访问网络设计：采用三层物理网络架构的，在汇聚交换机配置 DB 层网关；采用二层物理网络架构的，在核心交换机配置 DB 层网关；两站点之间需要二层互联，处于同一网段，每个站点部署双活网关，向 DC 内发布数据库的主机路由，本主机路由不会向广域网发布。

2）App 层业务访问网络设计：采用三层物理网络架构的，在汇聚交换机配置 App 层网关；采用二层物理网络架构的，在核心交换机配置 App 层网关；两站点之间需要二层互联，处于同一网段，网关设计有两种方式：

① 集中网关。App 所在 DC 的网关配置为主 VRRP 网关，发布主路由，另一侧站点网关配置为备网关，发布备路由。如果 VM 跨数据中心迁移，主备网关不会跟随切换，存在跨数据中心访问的情况。C/S 应用通常集中在单数据中心运行，在单数据中心发布网段路由，具备跨 DC 迁移的能力，集中网关迁移前示意图如图 3-96 所示。

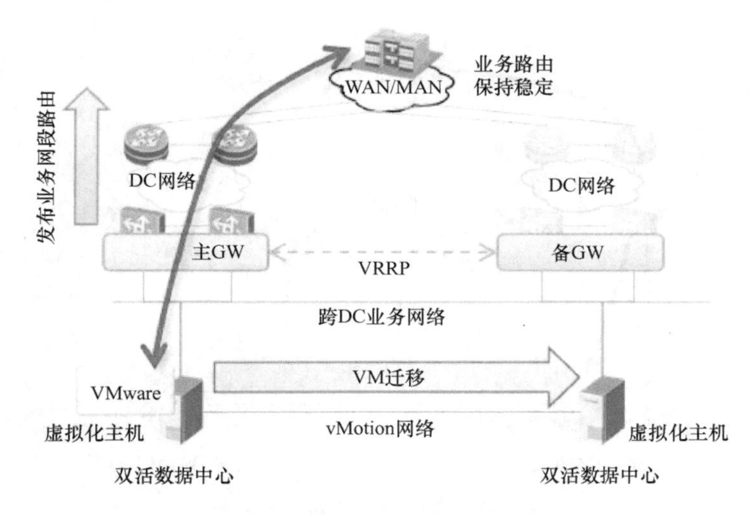

图 3-96　集中网关迁移前示意图

虚拟机迁移后，集中网关不会跟随切换，存在跨数据中心访问的情况。虚拟机迁移后对外路由保持稳定，访问路径清晰，排障、运维较简单，如图 3-97 所示。

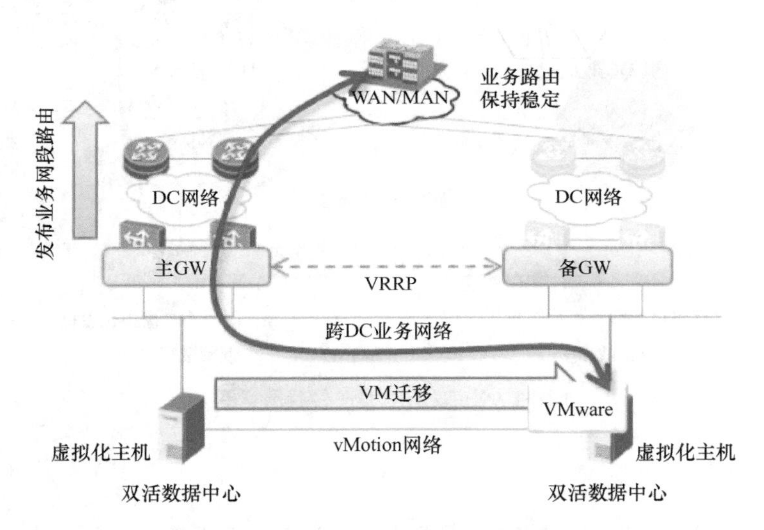

图 3-97　集中网关迁移后示意图

② 双活网关。每个站点部署双活网关，网关动态感知 App 主机的位置，根据 App 主机所在的 DC 位置，由所在的双活网关向 DC 内、广域网发布主机路由，优化访问路径。C/S 应用可随意在数据中心间迁移调度，根据 VM 所在位置，从数据中心就近的网关发布主机路由，双活网关迁移前示意图如图 3-98 所示。

虚拟机迁移后，发布 ARP 广播，双活网关发送 ARP 单播请求，探测、判断虚拟机所在位置。探测成功后，在新的网关位置对外发布虚拟机的主机路由，原有主机路由超时撤销，双活网关迁移后示意图如图 3-99 所示。

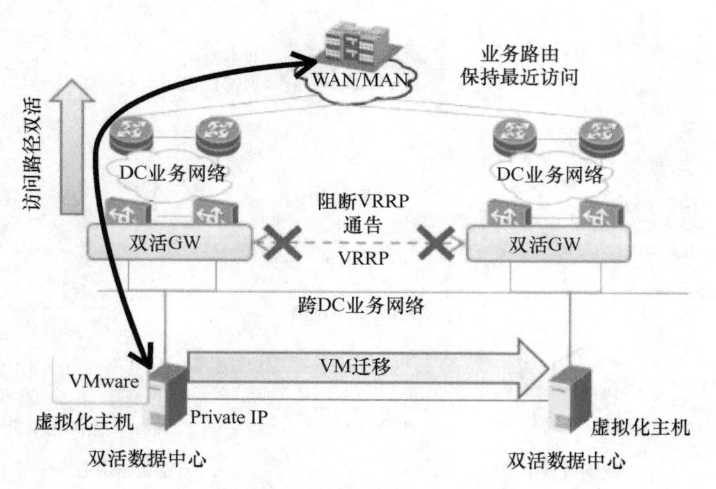

图 3-98 双活网关迁移前示意图

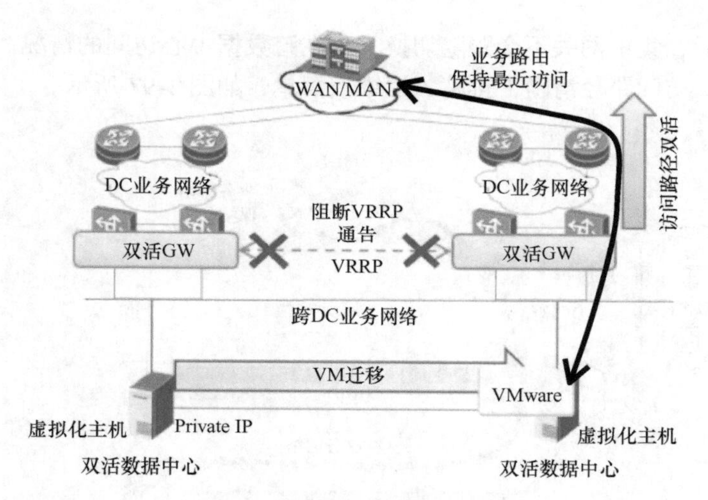

图 3-99 双活网关迁移后示意图

七、双活容灾

本节以华为的双活数据中心的灾备虚拟化系统为例，全面阐述双活数据中心的灾备虚拟化系统建设。OceanStor BCManager 是一款基于华为存储双活、快照、远程复制等数据保护特性的专业容灾管理软件，提供应用保护、管理自动化和管理可视化的服务能力。OceanStor BCManager 可实现生产中心到灾备中心的容灾站点管理，实现业务主机应用、业务存储、灾备存储端到端的容灾资源管理与监控，实现双活容灾方案的拓扑展示，并且在快照和异步远程复制保护时，能保证应用数据的一致性，将人工单点操作转化为一键式自动执行。

1. 部署方式

OceanStor BCManager 基于 B/S 架构，通过浏览器即可进行容灾的管理。它包含两个子系统：BCManager Agent、BCManager Server，其中：

1）BCManager Agent 安装在业务主机上，提供主机、应用的发现功能。

2）BCManager Server 安装在独立服务器上，提供整个容灾管理系统的配置、调度等业务功能。

针对双活解决方案的不同场景，BCManager 有两种部署方式。在双活容灾场景，以及双活 + 快照保护的容灾场景下，BCManager Server 部署在生产中心 1 或者生产中心 2，与业务主机、业务存储连接在同一个管理平面，华为存储双活保护管理部署图如图 3-100 所示。

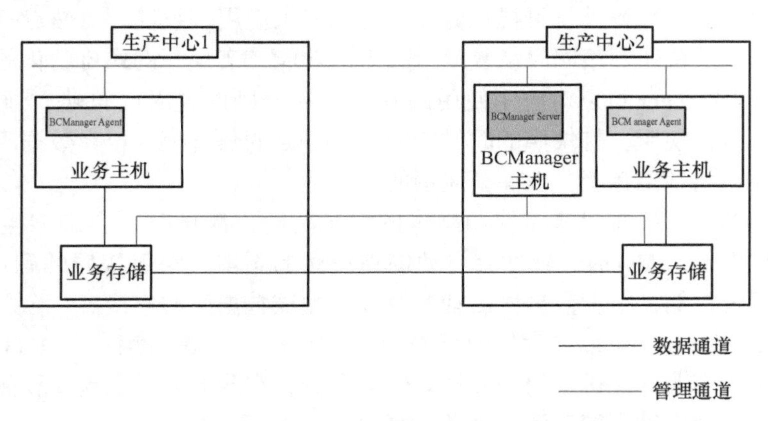

图 3-100　华为存储双活保护管理部署图

在双活 + 异步复制保护的容灾场景下，BCManager Server 部署在灾备中心，与生产中心的业务主机、业务存储，以及灾备中心的灾备主机、灾备存储分别连接在同一个管理平面，其部署图如图 3-101 所示。

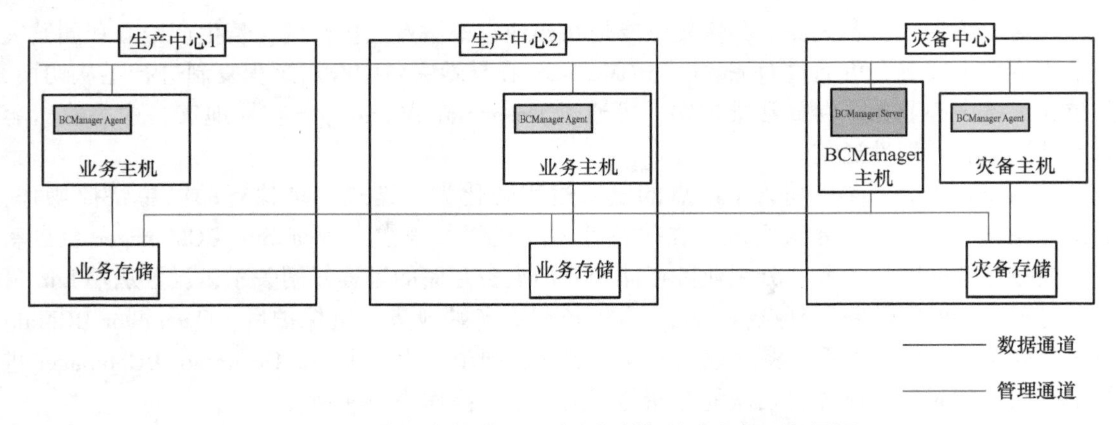

图 3-101　华为存储双活 + 异步复制保护容灾管理部署图

2. 应用场景

1）SAN 双活场景：在双活的容灾环境中，OceanStor BCManager 容灾管理软件能端到端地直观展示从业务主机应用到应用所使用的存储系统，以及业务存储到灾备站点存储之间的容灾关系，对容灾环境进行监控，帮助用户掌握双活数据中心的容灾状态。

OceanStor BCManager 提供物理拓扑和逻辑拓扑两种可视化管理方式。物理拓扑主要是监控容灾环境中的所有网元和链路，不仅能监控业务主机、业务存储和仲裁服务器的故障，还能监控主机到存储系统、存储系统到仲裁服务器之间链路的故障，以及存储双活的状态。同时，在物理拓扑上还能呈现出主机、存储系统、仲裁服务器的名称、IP 地址、状态等基本信息，以及存储系统间所有的FC或者ISCSI链路信息。

逻辑拓扑则是从应用的视角出发，展现应用与主机磁盘、主机磁盘与存储双活Lun之间的逻辑关系。通过逻辑拓扑，可以看到应用（或实例）的信息，以及双活Lun的名称、ID、WWN、容量和状态。

2）SAN双活+快照场景：在双活+快照的容灾场景中，OceanStor BCManager容灾管理软件不仅能对双活容灾环境进行可视化监控，还能提供应用一致性、双站点打快照、基于快照副本的测试，以及快照回滚同时恢复双活关系的功能，实现一键式自动化的管理。

OceanStor BCManager可以对应用使用的双活Lun分别配置时间策略，通过自动或者手动的方式给双站点打快照，打快照的时候能通过Oracle的热备模式或者数据库悬挂I/O的方式将缓存中的数据刷到磁盘上，以保证应用的一致性。

OceanStor BCManager提供基于快照副本的测试功能，测试时不会影响生产业务。执行测试演练的过程中，BCManager软件会自动创建快照的副本，映射快照的副本给测试主机，在测试主机上配置存储，下发数据库启动命令以及测试数据库的连接。

OceanStor BCManager可以对存储快照执行一致性回滚，在回滚过程中自动配置主机与存储的映射关系，在业务主机上扫描和挂载数据存储，在业务主机上启动和测试数据库，并且在回滚成功后重新启动存储双活，自动恢复双活关系。

3）SAN双活+异步复制场景：在双活+异步复制的容灾场景中，OceanStor BCManager容灾管理软件不仅能对两地三中心的容灾环境进行可视化监控，还能支持并联和级联场景下的应用一致性、容灾测试演练、计划性迁移、故障恢复、重保护以及回切等一系列的自动化容灾管理功能。

在这个场景中，容灾测试和恢复主要是在异地灾备站点上执行的。若生产中心和同城灾备中心均发生灾难，可通过OceanStor BCManager在异地灾备中心对远程复制进行主从切换，并拉起灾备中心业务。在日常维护中，可通过OceanStor BCManager在异地灾备中心执行容灾测试演练和计划性迁移。

OceanStor BCManager将人工单点的复杂过程转化为一键式自动执行的简单快捷操作，提供可视化和自动化的容灾管理。在执行计划性迁移过程中，OceanStor BCManager会自动暂停业务存储的双活关系，分裂业务存储和异地灾备存储的远程复制关系，设置从端Lun可写，将灾备端的存储映射到灾备主机，自动拉起灾备端业务。重保护后，OceanStor BCManager会自动重建保护关系，将异地灾备存储的数据同步到生产中心。OceanStor BCManager进行生产回切的时候，还能自动恢复存储的双活关系，操作简单便捷。

习题3

一、多选题

1. Overlay控制平面提供的功能包括（　　）。

A. 服务质量　　B. 服务发现　　C. 路由交换　　D. 地址通告和映射

E. 隧道管理

2. AA双活数据中心采用端到端的解决方案，共分为6层：（　　）、网络层、传输层和安全层。

A. 存储层　B. 计算层　C. 应用层　D. 表示层
E. 物理层

3. QoS 常用的队列技术包括（　　）。
A. FIFO 队列　B. PQ 优先队列　C. CQ 定制队列　D. WFQ 加权公平队列
E. 堆栈

4. 光纤分为（　　）。
A. UTP　B. STP　C. 单模光纤　D. 同轴电缆
E. 多模光纤

5. VDC 管理员的管理范围包括（　　）、资源配置、资源发放、自助运维等权限。
A. 服务管理　B. 系统受理　C. 服务模板　D. 系统更新
E. 服务审批

二、简答题

1. 画图简述 Overlay 隧道管理原理。
2. 画图简述 VXLAN 数据帧结构。
3. 画图简述 AA 双活数据中心层次结构及各层的功能。
4. 简述运营商在广域网链路上采用的 QoS 技术。
5. 画图简述 PTN QoS 规划。
6. 画图简述 VPLS 网络架构实施方案。
7. 简述 MS - OTN 的特点。
8. 简述虚拟数据中心的优势。

第4章

云计算架构的测试与演练

4.1 案例引入

某移动通信公司需要对建成的双活数据中心进行测试与演练，验证各种应用系统的计算力、存储空间和各种软件服务以及系统容灾能力。

数据中心的测试和演练项目如下：

1）可承载运营商内部各业务支撑系统的测试，侧重点为云部署、全面管理监控、安全防护及隔离等。

2）可为客户提供云服务业务的测试，除了虚拟机、云存储等云服务外，还应包括物理主机、云防火墙、虚拟机防病毒、云负载均衡、云数据库、大数据、云桌面等云服务项目。

3）云运营平台可通过北向开放接口测上级云平台、第三方云平台以及运营商自有系统对接，实现更广泛的云服务管理。

4）接入网络满足多业务接入的测试。

5）测试 QoS，提高网络服务质量。

6）测试 VPN，防止隐私泄露。

7）双活数据中心之间的互备与灾备测试。

8）虚拟化测试，为用户提供快速、便捷的数据服务。

9）应急演练。

4.2 案例分析

一、测试范围

本次测试方案应基于各部件，如交换机、服务器集群、磁盘阵列、PTN、OTN 等设备，在测试合格和各种链路测试合格基础上，进行系统联动测试，最后进行整个数据中心故障灾备与恢复的测试，实现业务自动无缝切换。在测试过程中，应预设各种故障场景进行测试。测试合格后，应与用户进行故障场景的演练，使用户能够熟练进行预设方案的执行。

二、测试方案

测试工作在开展之前，应组建专业的测试团队，测试团队可以由建设单位、施工单位、监理单位等相关的技术人员共同组成，针对该内容按照设计文件、设计变更文件、相应的测试验收标准等相关的资料，制订周密的测试计划，以及质量整改计划。

双活数据中心解决方案指两个数据中心均处于运行状态，可以同时承担生产业务，提高数据中心的整体服务能力和系统资源利用率。100km 内的端到端双活数据中心能够确保业务系统发生设备故障、甚至单数据中心故障时，业务无感知自动切换，实现 RPO（Recovery Point Objective，恢复点目标）=0，RTO（Recovery Time Objective，恢复时间目标）=0（RTO 与应用系统及部署方式有关）。

双活数据中心具有实用、灵活、可模块化和可扩充等优点，能够实现任一节点的改变不会影响其他节点的工作，而且易于维护，具有较高的可靠性。

4.3 技术解析

一、基础知识

1. RPO

RPO 是指灾难发生后，容灾系统能把数据恢复到灾难发生前时间点的数据，RPO 是衡量灾难发生后会丢失多少生产数据的指标。RPO 是一种业务切换策略，是数据丢失最少的容灾切换策略。可简单地描述为在对业务造成重大损害之前可能丢失的数据，确保容灾切换所使用的数据为最新的备份数据。

2. RTO

RTO 为使中断给业务带来的冲击最小化，关键业务从中断时间点恢复到正常工作所需要的时间。它表示灾难发生后，从 IT 系统宕机导致业务停顿之刻开始，到 IT 系统恢复至可以支持各部门运作，业务恢复运营之时，此两点之间的时间段。

3. 增量备份

基于存储快照和快照比对技术，通过生产存储直接获取块级数据，无须在被保护的虚拟机中部署备份代理，减轻备份作业对用户业务的影响，同时降低备份方案部署和维护的工作复杂度。

每次备份时，存储系统为备份目标虚拟机卷创建一个快照，备份软件只在首次备份时通过快照数据进行首次全量备份，后续通过对比上一个快照数据进行增量备份，备份完成后删除虚拟机卷快照，仅保留最新的一个快照，用于对比下次备份前快照数据的变化。

4. 容灾测试用途

容灾测试有两个主要用途，一个是用于检查复制到备份云数据中心的数据和 VM 能否顺利地启动和大概需要花费的时间，另一个是将复制到备份云数据中心的数据和 VM 用于查询分析或应用测试，容灾测试无须停止 VM 在主云数据中心的业务。

二、业务内部故障测试

1. GSLB 故障测试方案

两站点各部署一个 GSLB（Global Server Load Balancing，全局负载均衡），一个 DC 中只

须配置一台。上级 DNS 通过轮询方式保证第一台 GSLB 故障时其他的 GSLB 可以接替工作，GSLB 故障测试方案如图 4-1 所示。

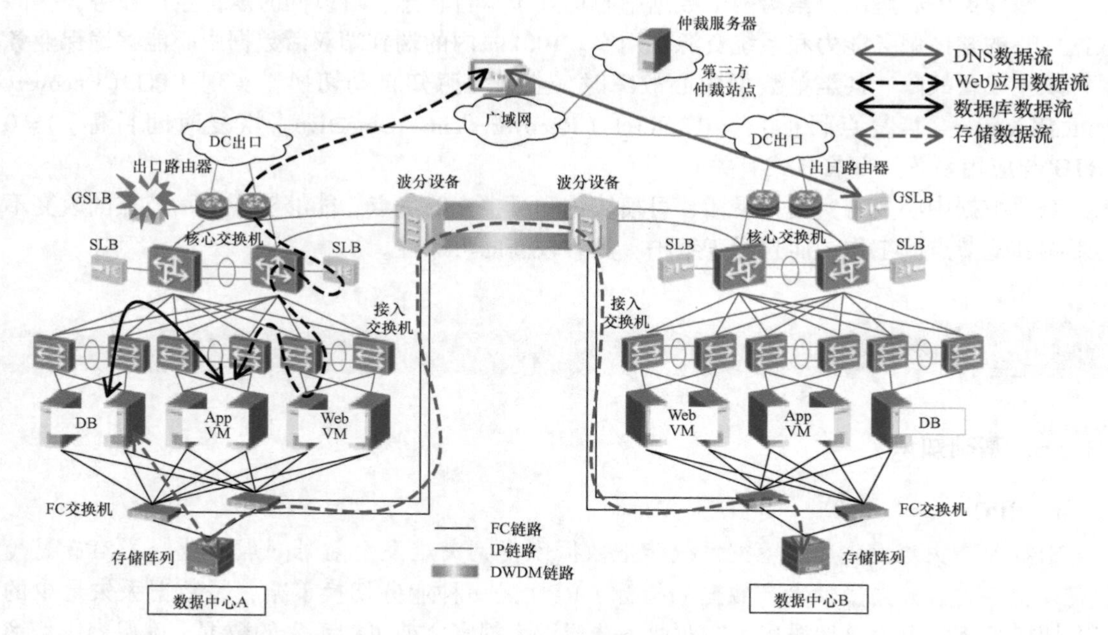

图 4-1　GSLB 故障测试方案

数据中心 A 的 GSLB 故障，原来用户继续使用数据中心 A 的 Web 服务器访问，业务正常运行，针对新用户访问的场景，处理过程如下：

1）新用户发起访问前，查询该域名的 DNS。

2）上级 DNS 通过轮询方式，发现数据中心 A 的 GSLB 故障，访问数据中心 B 的 GSLB，数据中心 B 的 GSLB 根据负载均衡策略返回 IP 地址给用户。

3）用户根据新 IP 地址发起访问。

数据中心 A 的 GSLB 故障恢复后，上级 DNS 将访问数据中心 B 的 GSLB，上层业务无影响，负载均衡策略不变。

2. SLB 故障测试方案

每个站点部署两台 SLB（Server Load Balancing，服务器负载均衡），组成双机 HA 集群，自动同步集群各节点的配置信息，确保所有节点配置文件的一致性；两站点各部署一个集群，各自独立。

1）站点内一台 SLB 故障测试方案，如图 4-2 所示。

站点内 SLB 主节点故障，处理过程如下：

① 站点内部 SLB 备节点接管 Virtual Server IP。

② 客户端将 HTTP 请求依然发至 SLB 的 Virtual Server IP。

③Web 服务器和应用服务器仍然照常工作，不受影响。

数据中心 A 的 SLB 故障恢复后，SLB 自动重组 HA 集群，客户端仍然访问 SLB 的 Virtual Server IP，上层业务无影响，单个客户的 HTTP 会话能够保持。

2）站点内两台 SLB 故障测试方案，如图 4-3 所示。

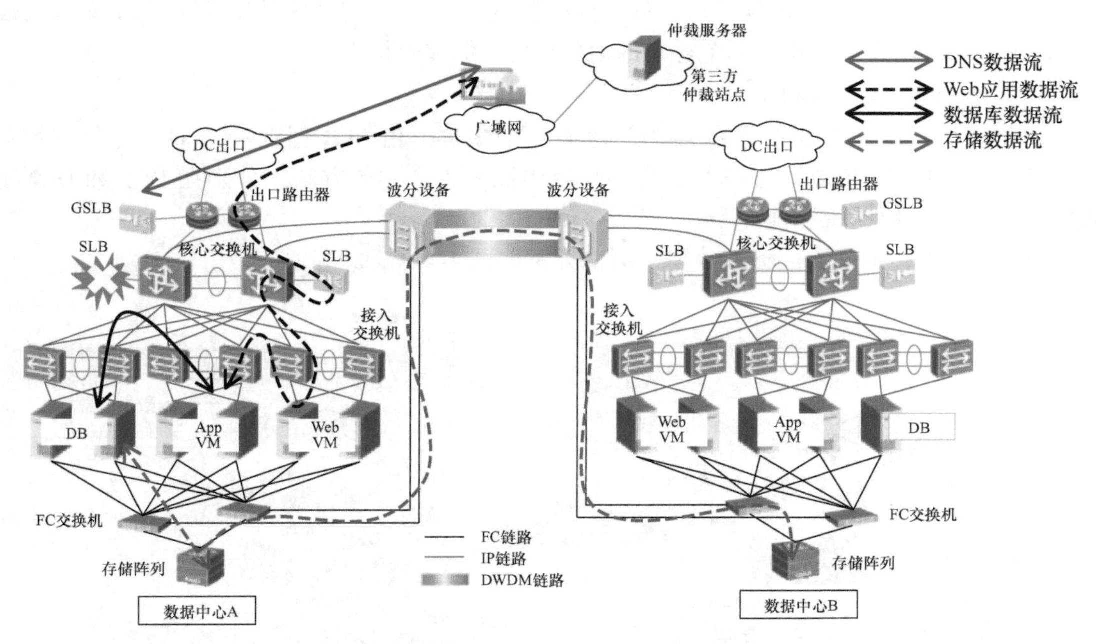

图 4-2　一台 SLB 故障测试方案

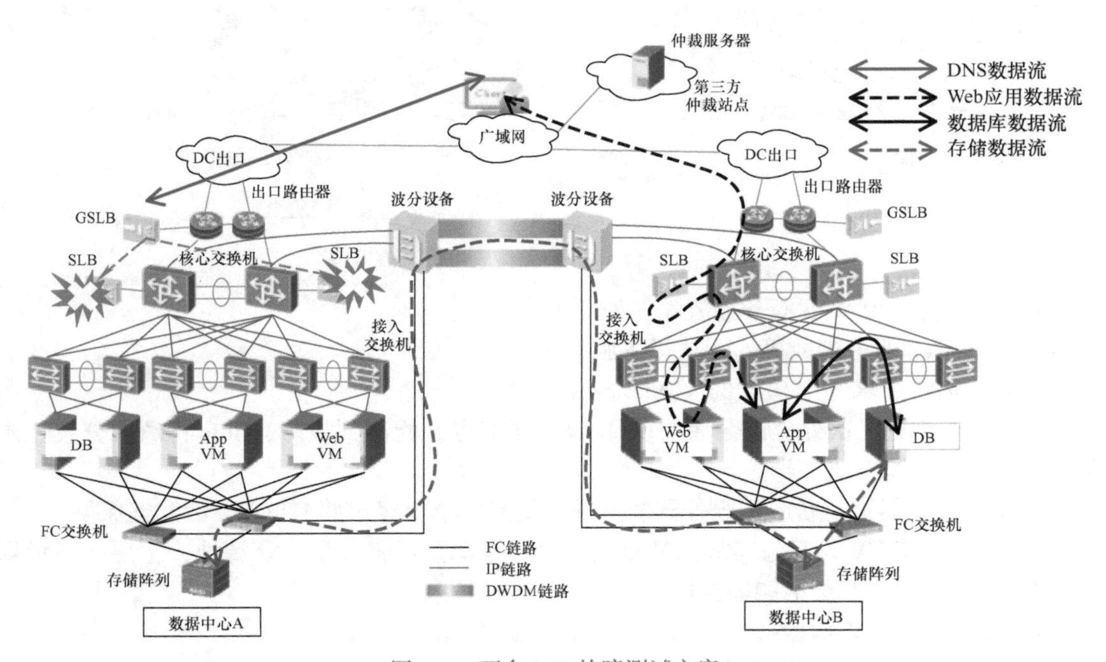

图 4-3　两台 SLB 故障测试方案

站点内 SLB 主节点故障，处理过程如下：

① 站点内部 SLB 备节点接管 Virtual Server IP。

② 客户端将 HTTP 请求依然发至 SLB 的 Virtual Server IP。

③Web 服务器和应用服务器仍然照常工作，不受影响。

数据中心 A 的 SLB 故障恢复后，SLB 自动重组 HA 集群，客户端仍然访问 SLB 的 Virtual Server IP，上层业务无影响，单个客户的 HTTP 会话能够保持。

3. Web 服务器故障测试方案

一个站点部署多台 Web 服务器，创建为一个集群。由 SLB 创建一个 pool（负载均衡池），将站点内的所有 Web 服务器组成一个资源池。按这样的方法，分别在 DC1 和 DC2 上创建 Web 服务器组的资源池。

1）站点内一台 Web 服务器故障，测试方案如图 4-4 所示。

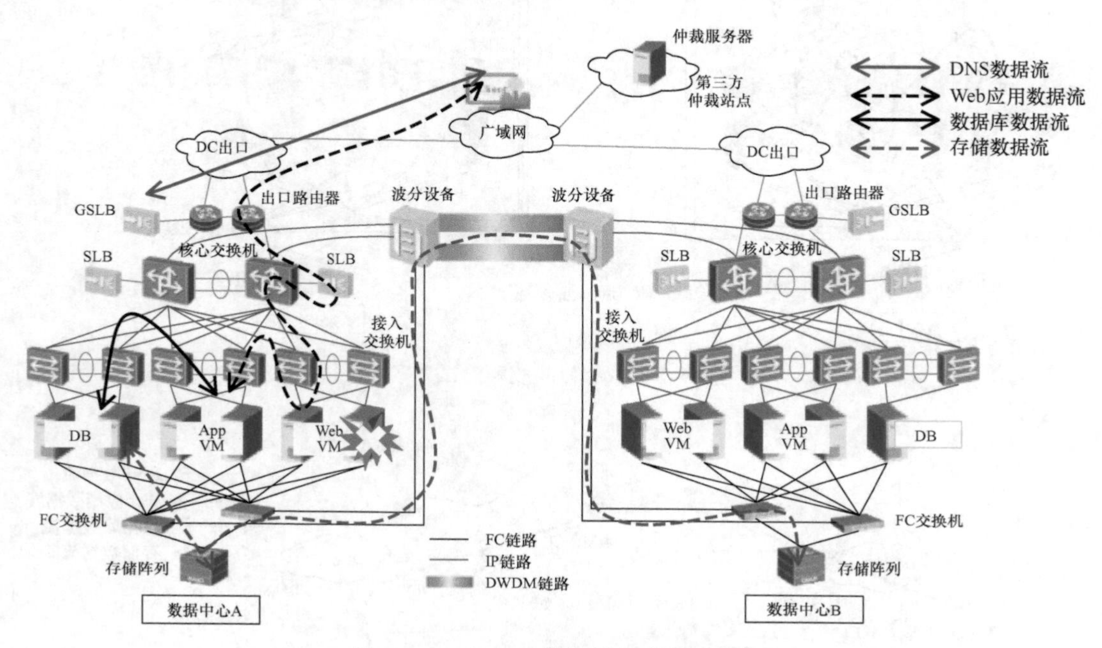

图 4-4 一台 Web 服务器故障测试方案

假如站点内一台 Web 服务器故障，处理过程如下：

① 一台 Web 服务器故障，无法提供服务。

② 客户端将请求发至 SLB 的 Virtual Server IP。

③ SLB 查询到上次处理该会话的 Web 服务器节点，检测到故障，SLB 将请求分发至本站点的另外一台 Web 服务器。

④ Web 服务器指定新应用服务器节点进行访问，单个客户的 HTTP 会话能够保持。

数据中心 A 的 Web 服务器故障恢复后，SLB 自动重新将其加入资源池，上层业务无影响，单个客户的 HTTP 会话能够保持。

2）站点内所有 Web 服务器故障，测试方案如图 4-5 所示。

假如站点内所有 Web 服务器故障，处理过程如下：

① 数据中心 A 的 Web 服务器对外的 IP 将无法访问，无法提供服务。

② 数据中心 A 的 SLB 探测到所有 IP 均无法访问，SLB 的 HTTP 检查失败。

③ GSLB 检测到 SLB 的 HTTP 故障，修改负载均衡策略，分流业务到数据中心 B 的 SLB。

④ 客户端将 HTTP 请求发至 SLB 的 Virtual Server IP。

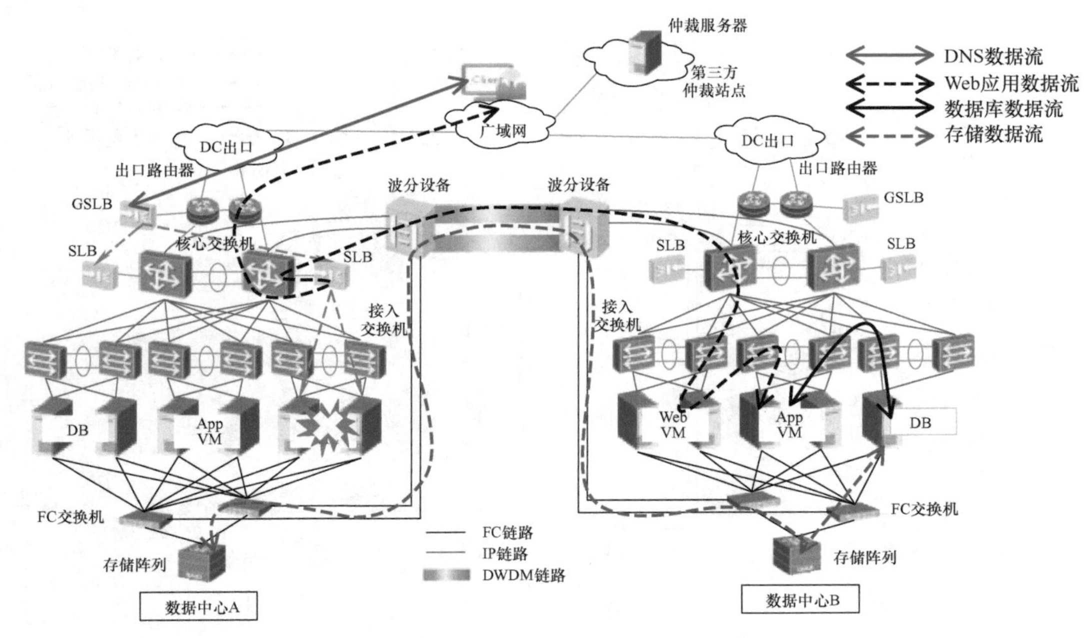

图 4-5 所有 Web 服务器故障测试方案

⑤ SLB 查询不到上次处理该会话的 Web 服务器，SLB 将请求分发至数据中心 B 的一个 Web 服务器。

⑥ 新 Web 服务器查询不到故障节点的会话信息，客户会话（Session）将丢失，要求客户重新登录。

⑦ 连接数据中心 B 的客户业务正常运行，连接数据中心 A 的客户 HTTP 会话不能保持，客户重新登录。

数据中心 A 的 Web 服务器故障恢复，SLB 检测到后自动加入资源池，上层业务无影响，客户的 HTTP 会话能够保持。

4. 应用服务器故障测试方案

一个站点内部署的多台应用服务器可以部署在物理机或者虚拟机上，站点内多台服务器配置为一个集群。

1）站内一台应用服务器故障，测试方案如图 4-6 所示。

假如站点内一台应用服务器故障，处理过程如下：

① 一台应用服务器故障，无法提供服务。

② 客户端将 HTTP 请求发至 SLB 的浮动 IP。

③ SLB 查询到上次处理该会话的 Web 服务器节点，SLB 将请求分发给原来的服务器。

④ Web 服务器检测到应用服务器节点故障，将后续 HTTP 请求发送到正常状态的节点，单个客户的 HTTP 会话能够保持。

数据中心 A 的应用服务器故障恢复后，上层业务无影响，单个客户的 HTTP 会话能够保持。

2）站点内所有应用服务器故障，测试方案如图 4-7 所示。

假如数据中心 A 的应用服务器全故障，处理过程如下：

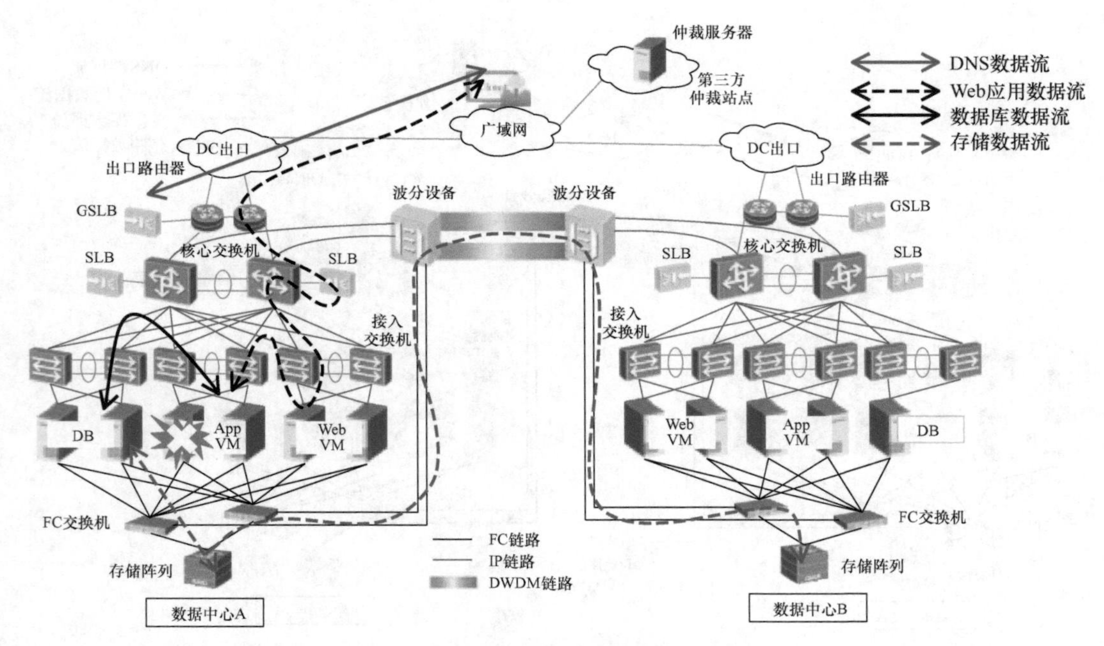

图 4-6 一台应用服务器故障测试方案

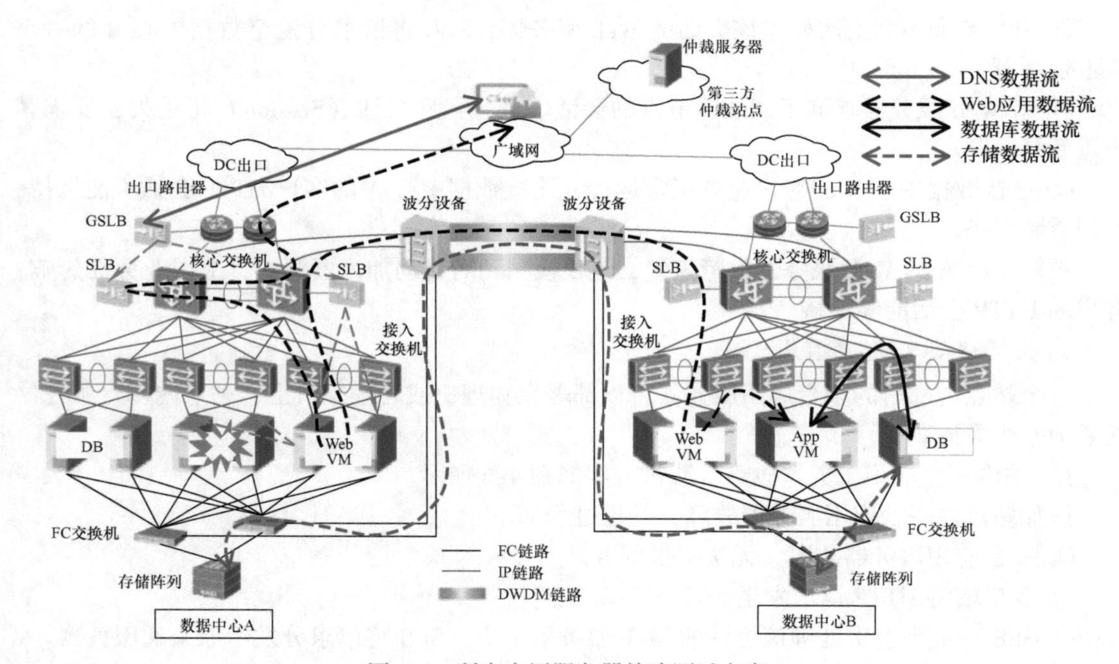

图 4-7 所有应用服务器故障测试方案

① 数据中心 A 的应用服务器无法提供服务。

② 数据中心 A 的 Web 服务器探测到应用服务器无法访问，修改负载均衡策略，分流业务到数据中心 B 的应用集群。

③ 客户端将 HTTP 请求发至 SLB 的浮动 IP。

④ SLB 根据查询上次处理该会话的 Web 服务器，分发至该 Web 服务器。

⑤ 数据中心 A 的 Web 服务器探测到本中心的应用服务器均无法访问，修改负载均衡策略，分流业务到数据中心 B 的应用集群。

数据中心 A 的应用服务器故障恢复后，上层业务无影响，客户的 HTTP 会话能够保持。

5. 阵列故障测试方案

1）阵列单控故障测试方案如图 4-8 所示。

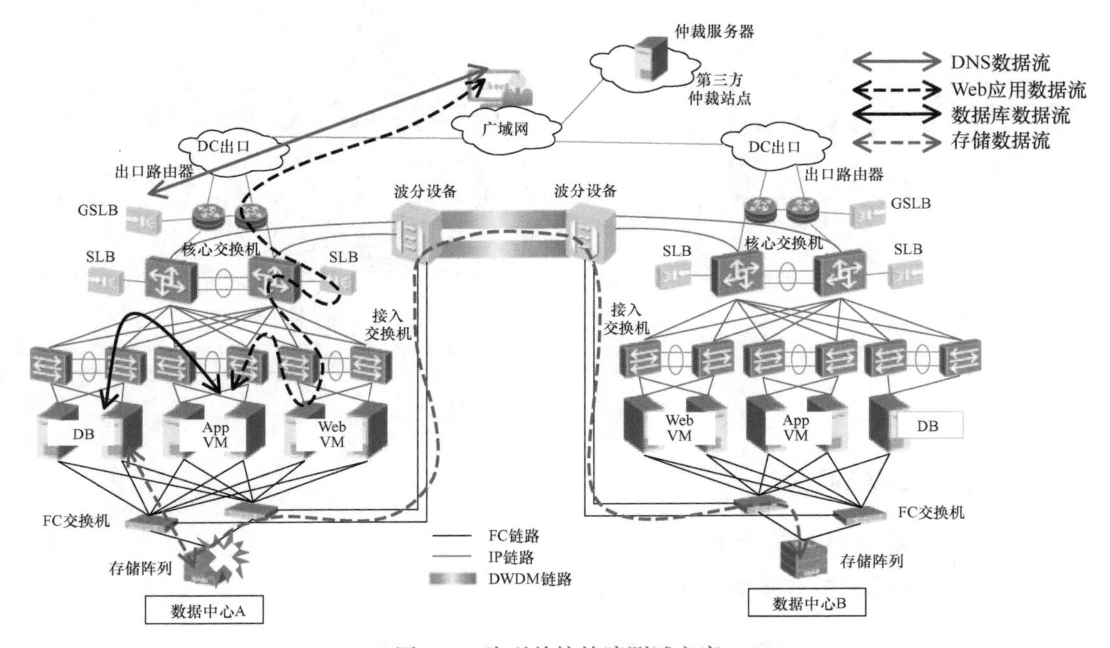

图 4-8　阵列单控故障测试方案

当一个数据中心阵列单控故障时，业务 I/O 自动切换到其他正常的阵列控制器处理，业务无中断。假设数据中心 A 的阵列单控故障，处理过程如下：

① 数据中心 A 阵列单控掉电。

② 多路径检测到单控路径中断，业务 I/O 自动切换至其他控制器继续运行。

数据中心 A 的阵列单控恢复上电后，业务自动重新负载均衡，上层业务无影响。

2）阵列双控故障测试方案如图 4-9 所示。

当一个数据中心阵列双控故障时，阵列心跳中断，发生仲裁，另一个数据中心获得仲裁，继续提供读写访问，业务无中断。假设数据中心 A 的阵列双控故障，处理过程如下：

① 如果是数据中心 A 阵列主动通过管理软件下电，则自身发送命令至数据中心 B 阵列，告知其接管业务。如果不是主动掉电，则会发生仲裁。

② 数据中心 A 阵列同时停工所有双活 Lun。

③ 多路径检测到所有到数据中心 A 阵列的路径均不可用，所有 I/O 直接转发至数据中心 B 阵列。

④ 数据中心 B 阵列对新接收 I/O 记录差异位图。

数据中心 A 的阵列恢复上电后，双活关系自动恢复，根据差异位图的记录自动同步新增数据，上层业务无影响。

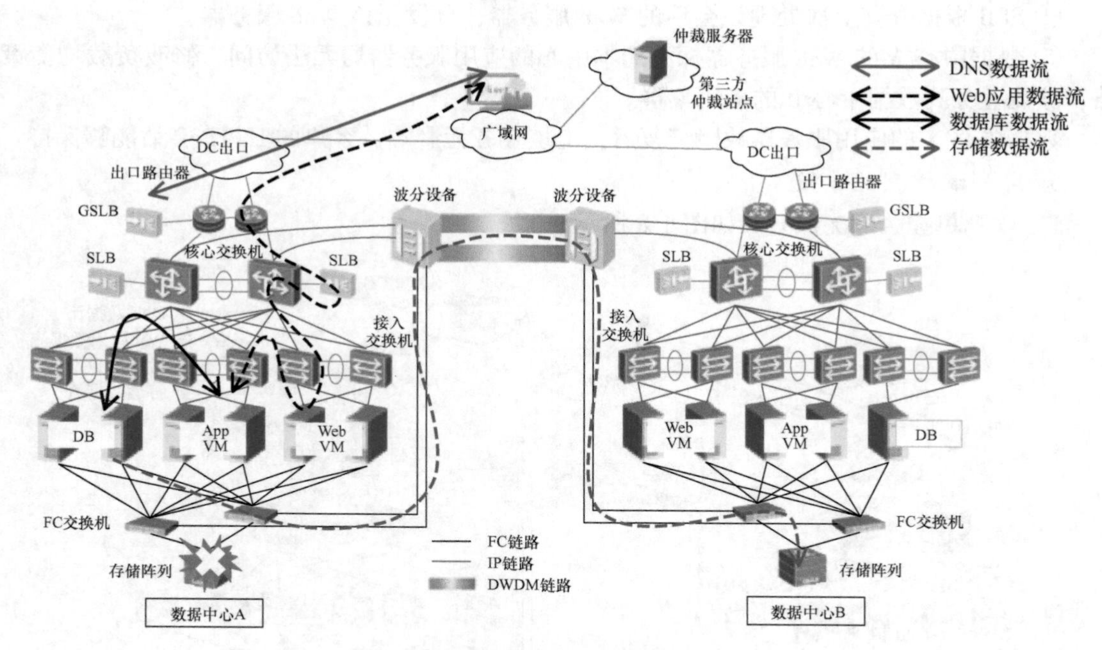

图 4-9　阵列双控故障测试方案

三、业务外部故障测试

1. 广域网链路故障测试方案

广域网链路故障测试方案如图 4-10 所示。

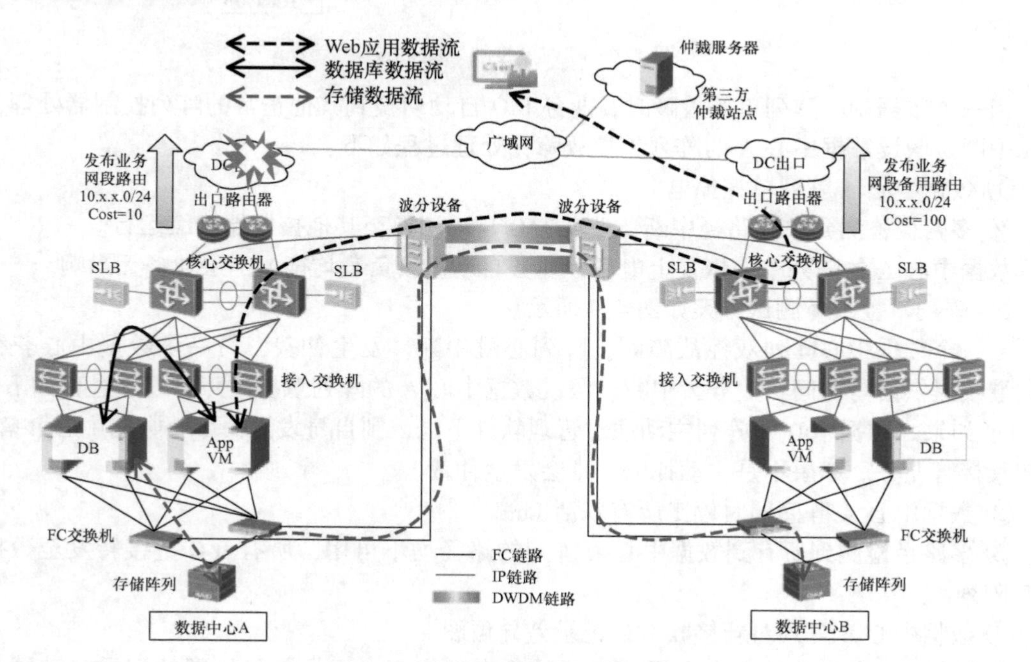

图 4-10　广域网链路故障测试方案

如果 DC 网关采用集中网关，正常情况下，数据中心 A 发布 Cost 为 10 的网段路由，数据中心 B 发布 Cost 为 100 的网段路由。故障发生后处理过程如下：

1）数据中心 A 的主网段路由撤销，数据中心 B 发布 Cost 为 100 的网段路由，经收敛后变为首选路由。

2）客户端根据路由访问数据中心 B，通过数据中心 B 二层交换系统到达数据中心 A 的 Web 服务器，实现客户端的访问。

3）两个数据中心业务不发生切换，正常运行。

数据中心出口故障切换与广域网链路故障切换相同。

2. 站点间链路故障测试方案

站点间链路故障测试方案，如图 4-11 所示。

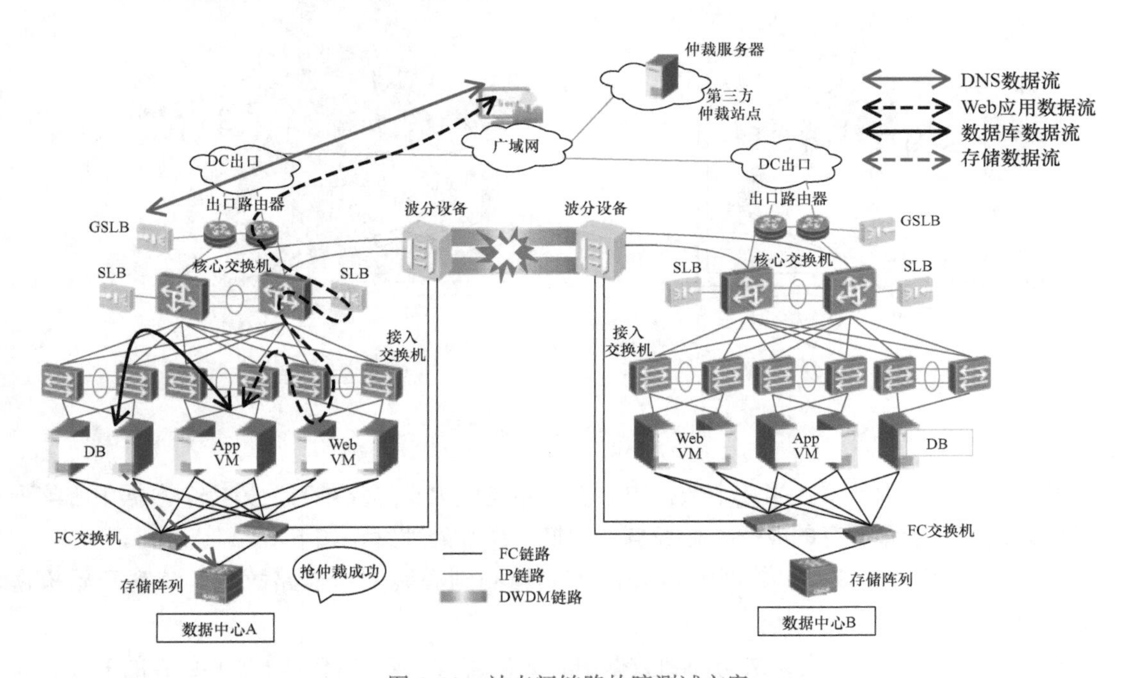

图 4-11　站点间链路故障测试方案

同城网络包括业务数据同步网络、阵列心跳网络和 Oracle RAC 私有网络，当同城网络故障时，两个数据中心的阵列均发现心跳中断，设置为优先的阵列抢占仲裁成功，接管所有的业务，另一套阵列停止提供业务，数据库同时发生仲裁，由于只有一个数据中心能提供 Lun 供读写，业务自动切换至该中心。详细处理过程如下：

1）同城网络链路故障，阵列检测到心跳网络链路故障，阵列开始抢占仲裁。

2）如果数据中心 A 的阵列仲裁抢占胜利，数据中心 B 的阵列停止所有双活 Lun。

3）阵列将该数据中心 B 的 Lun 状态置为不可用，阵列双活关系故障。

4）对于 Oracle 来说，数据中心 B 的服务器到数据中心 A 的阵列链路故障，业务 I/O 不能正常访问，数据中心 B 的服务自动切换到数据中心 A。

5）数据中心 B 的 Web 和应用服务器无法访问数据库。

6）GSLB 的健康检测发现 Web 和应用服务器出现异常，修改负载均衡策略，GSLB 不分发到数据中心 B。

3. 站点故障测试方案

站点故障测试方案如图 4-12 所示。

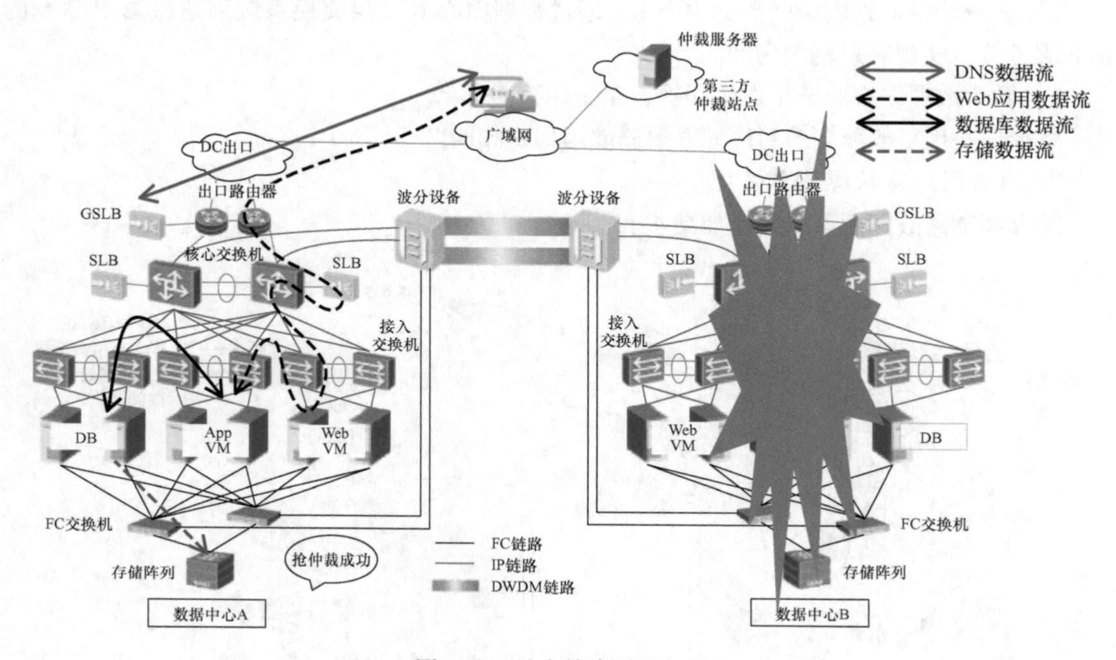

图 4-12 站点故障测试方案

设备全冗余架构部署，当一个数据中心发生停电或火灾等灾难时，另一个数据中心阵列抢占仲裁胜利，接管所有的业务，业务自动切换。详细处理过程如下：

1）同城网络链路故障，数据中心 A 的阵列检测到心跳网络链路故障，阵列开始抢占仲裁。

2）数据中心 A 的阵列无法访问到数据中心 B 的阵列，阵列将该数据中心 B 的 Lun 状态置为不可用，阵列双活关系故障。

3）对于 Oracle 来说，数据中心 B 的服务自动切换到数据中心 A。

4）GSLB 的健康检测发现 Web 和应用服务器出现异常，修改负载均衡策略，GSLB 不分发到数据中心 B。

4.4 能力拓展

一、容灾测试工作流程

容灾测试需要容灾管理员与租户协调完成，容灾管理员负责准备测试资源，租户负责检查业务，总共包含四大步骤，容灾管理员和租户除了发起测试和检查测试结果外，其他都由系统在后台自动完成，工作流程如图4-13所示，具体过程描述如下：

1）租户向管理员提出容灾测试申请，并知会要进行容灾测试的VM。当前暂未将容灾测试作为服务发放给租户，租户需要做容灾测试时，需要租户通过其他途径向容灾管理员申请，由容灾管理员进行容灾测试。

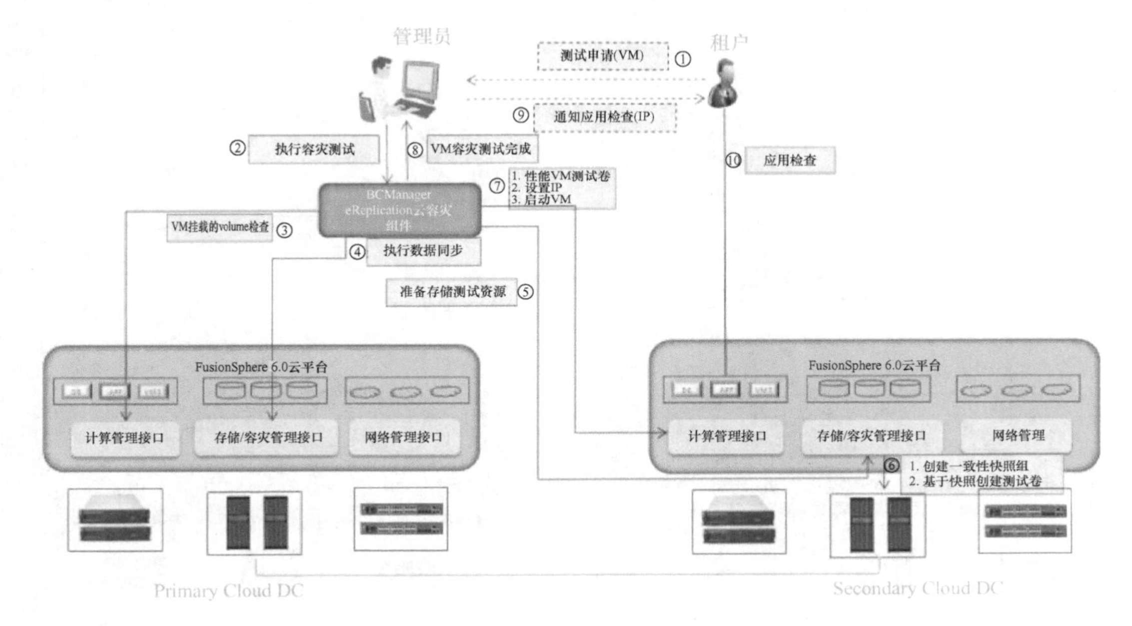

图4-13　容灾系统测试流程图

2）容灾管理员收到租户容灾测试申请后，登录到BCManager eReplication，执行VM容灾测试。

① 查询定位需要容灾测试的VM。

② 管理员执行VM容灾测试操作。

③ BCManager eReplication查询Primary Cloud DC里容灾测试VM上挂载的volume与BC-Manager eReplication保护组里VM关联的volume是否一致，如果不一致性，终止测试。

④ BCManager eReplication查询容灾测试VM挂载的存储一致性Lun组的复制状态，检测数据库是否需要进行数据同步，如需要则执行数据同步。

⑤ 数据同步完成后，在Secondary Cloud DC的存储系统上创建测试存储资源，调用存储接口，创建一致性快照组，然后根据一致性快照组创建快照副本供VM挂载。

⑥ BCManager eReplication调用计算管理接口将快照副本挂载给容灾测试VM，然后设置IP，启动VM。

⑦ BCManager eReplication将VM测试状态反馈给容灾管理员。

3）容灾管理员完成VM容灾测试后，将结果通知到租户，让租户进行应用测试。

4）租户登录到虚拟机上启动租户应用，进行应用检查。

二、容灾演练

容灾演练用于检测Secondary Cloud DC的灾备设施和数据是否可用，在实际灾难发生时能否在 Secondary Cloud DC 中启动业务。

容灾演练与测试的主要差别有两个：第一个是容灾演练需要 VM 停止在 Primary Cloud DC 中的运行，并转移到 Secondary Cloud DC 中运行，演练完成后需要将 VM 切回到 Primary Cloud DC 中继续承担业务。第二个是容灾测试在 Secondary Cloud DC 中生成的快照组中执行，而容灾演练直接在 Lun 组上执行，如图 4-14 所示。

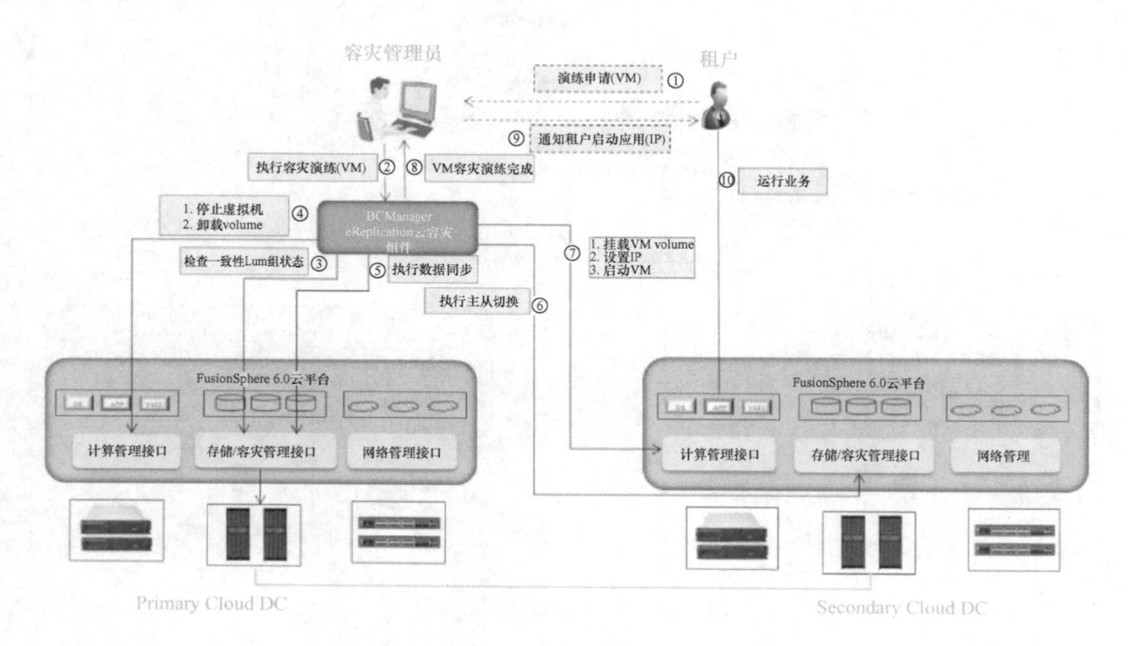

图 4-14 容灾演练流程图

容灾演练的整个原理描述如下：

1）租户向容灾管理员申请容灾演练，并知会要进行容灾演练的 VM。当前暂未将容灾演练作为服务发放给租户，租户需要做容灾演练时，需要通过其他途径向容灾管理员申请，由容灾管理员进行容灾演练。

2）容灾管理员收到租户容灾演练申请后，登录到 BCManager eReplication，执行 VM 容灾演练，其过程如下：

① 查询定位需要容灾演练的 VM。

② 管理员执行 VM 容灾演练操作。

③ BCManager eReplication 查询 Primary Cloud DC 里容灾演练 VM 关联的相应存储设备中的 Lun 组复制状态是否正常，如果不正常则终止演练。

④ BCManager eReplication 调用计算管理接口，由 BCManager eReplication 相应的组件卸载 VM 上的 volume。

⑤ BCManager eReplication 调用计算管理接口，由 BCManager eReplication 相应的组件停止 VM。

⑥ BCManager eReplication 调用容灾管理接口，由 BCManager eReplication 相应的组件调用 Secondary Cloud DC 中相应的存储设备，按照 Lun 组一致性原则，进行数据同步。

⑦ 数据同步完成后，BCManager eReplication 调用容灾管理接口，由 BCManager eReplication 相应的组件执行容灾主从切换。

⑧ BCManager eReplication 调用计算管理接口，由 BCManager eReplication 相应的组件将 Secondary Cloud DC 的一致性 Lun 组挂载给容灾演练 VM，然后设置 IP，启动 VM。

⑨ BCManager eReplication 将 VM 测试状态反馈给容灾管理员。

3）容灾管理员完成 VM 容灾演练操作后，将结果通知到租户，让租户在 Secondary Cloud DC 上运行业务。

4）租户登录到 Secondary Cloud DC VM 上启动租户应用，检查业务能否正常运行。

三、故障切换

故障切换与容灾测试和容灾演练不同，容灾测试和容灾演练均是在云平台和容灾管理系统均正常运行的情况下进行的，而故障切换是在 Primary Cloud DC 发生故障的情况下进行的，Primary Cloud DC 里的云平台、服务发放系统、容灾管理系统等均不能正常运行，需要将服务发放系统、容灾管理系统切换在 Secondary Cloud DC 里运行，确保能在 Secondary Cloud DC 里执行资源发放和业务运行等正常的云数据中心的功能，Primary Cloud DC 正常运行时，DNS 状态是指向 Primary Cloude IP 地址的，如图 4-15 所示。

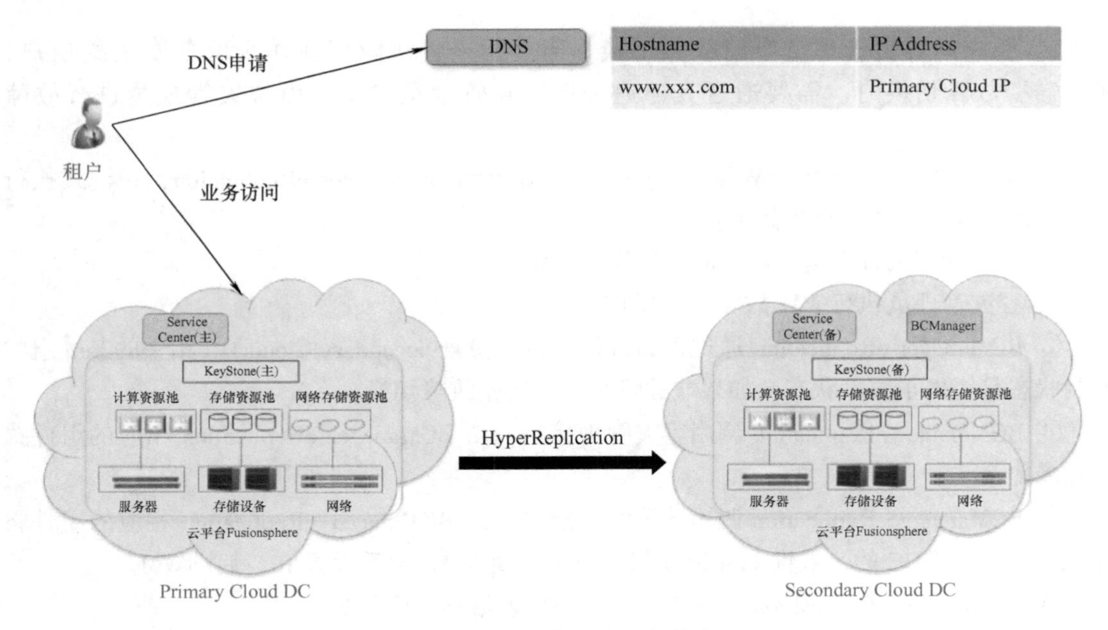

图 4-15 云平台正常运行状态

采用主备容灾方案时，当主站点故障后，需要手工进行切换。故障切换主要分成三个部分：切换容灾基础环境、切换业务系统和切换 DNS 系统。在基础环境准备好后，业务系统的切换，容灾管理员可通过 BCManager eReplication 一键式完成。

1. 切换容灾基础环境

BCManager eReplication 切换容灾基础环境交互的详细过程如图 4-16 所示。

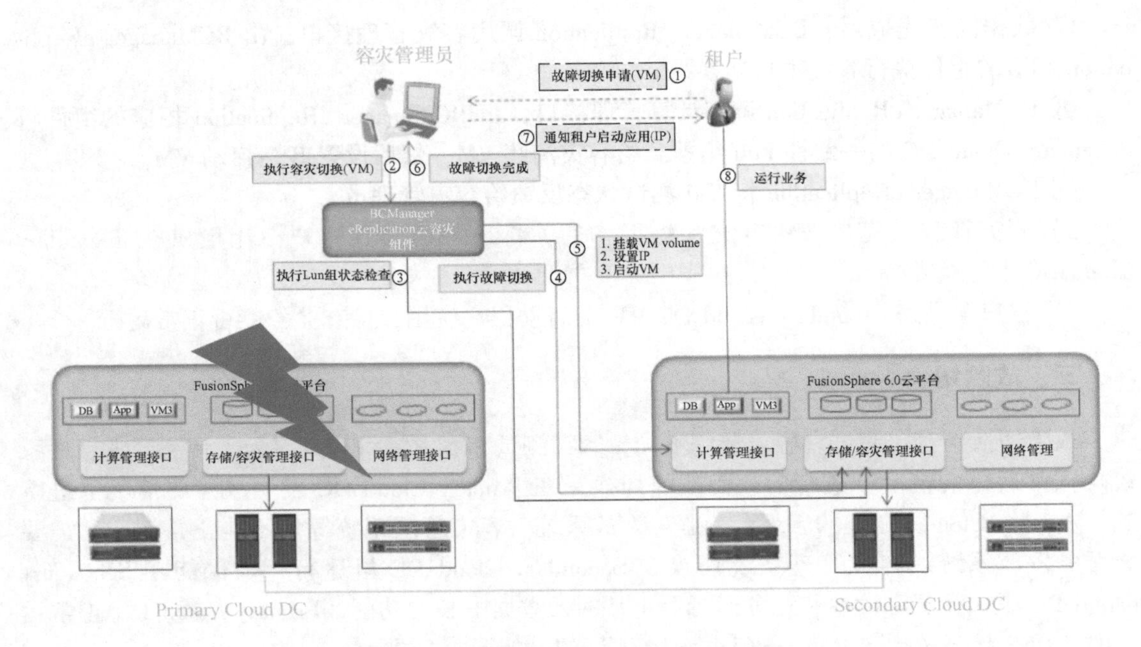

图 4-16　容灾基础环境交互的详细过程图

1）租户向容灾管理员申请故障切换。当前暂未将故障切换作为服务发放给租户，租户需要故障切换时，需要通过其他途径向容灾管理员申请，由容灾管理员进行故障切换。

2）容灾管理员收到租户故障切换申请后，登录到 BCManager eReplication，一键式执行故障切换，其内部执行流程如下：

① 容灾管理员查询定位需要故障切换的 VM。

② 容灾管理员执行 VM 故障切换操作。

③ BCManager eReplication 通过存储查询接口，检查 Secondary Cloud DC 相关的 Lun 组的复制状态是否处于故障状态，如果非故障状态则终止故障切换。

④ BCManager eReplication 调用容灾管理接口，由 BCManager eReplication 相应的组件执行故障切换。

⑤ BCManager eReplication 调用计算管理接口，由 BCManager eReplication 相应的组件将 Secondary Cloud DC 的一致性 Lun 组挂载给故障切换 VM。然后设置 IP，启动 VM。

⑥ BCManager eReplication 将 VM 执行状态反馈给容灾管理员。

3）容灾管理员完成 VM 故障切换操作后，将结果通知到租户。

2. 切换业务系统

租户登录到 Secondary Cloud DC VM 上启动租户应用，将业务接入到 Secondary Cloud DC。

3. 切换 DNS 系统

当上述流程执行完毕后，管理员将 DNS 切换为 Secondary Cloud DC IP 地址，从而实现故障切换。DNS 系统切换流程图如图 4-17 所示。

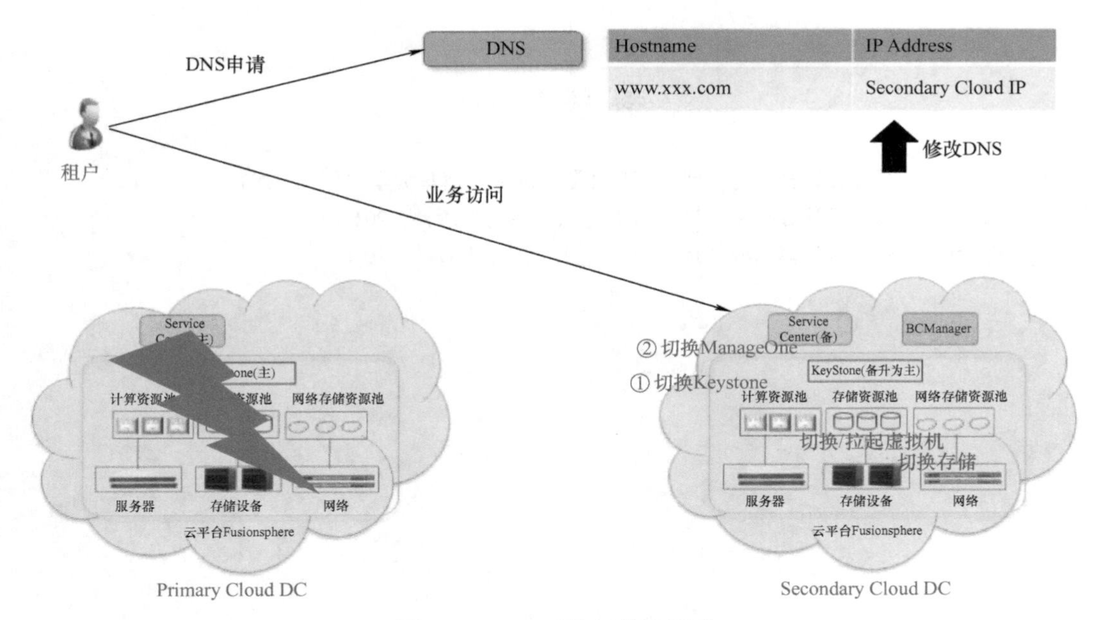

图 4-17　DNS 系统切换流程图

习　题　4

一、名词解释

1. RPO
2. RTO

二、简答题

1. 站点内 SLB 主节点故障，简述处理过程。
2. 站点内一台 Web 服务器故障，简述处理过程。
3. 数据中心某台阵列双控故障，简述处理过程。

参 考 文 献

[1] 顾炯炯. 云计算架构技术与实践 [M]. 2版. 北京：清华大学出版社，2016.
[2] 林康平，王磊. 云计算技术 [M]. 北京：人民邮电出版社，2017.
[3] 陈国良，明仲. 云计算工程 [M]. 北京：人民邮电出版社，2016.